一图一算之建筑工程造价

第 2 版

张国栋　主编

机 械 工 业 出 版 社

本书主要内容包括建筑面积，土石方工程，砌筑工程，混凝土及钢筋混凝土工程，屋面及防水工程，防腐、保温、隔热工程，桩与地基基础工程，金属结构工程。本书按照《建设工程工程量清单计价规范》（GB 50500—2013）和《房屋建筑与装饰工程工程量计算规范》（GB 50854—2013）中"建筑工程工程量清单项目及计算规则"，以规则—图形—算量的方式，对建筑工程各分项工程的工程量计算方法作了较详细的解答说明。

本书可供建筑工程造价人员参考使用，也可供高职高专院校教学参考使用。

图书在版编目（CIP）数据

一图一算之建筑工程造价/张国栋主编．—2版．—北京：机械工业出版社，2013.12（2022.7重印）

ISBN 978-7-111-44897-6

Ⅰ．①一…　Ⅱ．①张…　Ⅲ．①建筑工程—工程造价　Ⅳ．①TU723.3

中国版本图书馆CIP数据核字（2013）第283241号

机械工业出版社（北京市百万庄大街22号　邮政编码100037）
策划编辑：汤　攀　责任编辑：汤　攀
封面设计：张　静　责任印制：郜　敏
中煤（北京）印务有限公司印刷
2022年7月第2版·第8次印刷
184mm×260mm·13印张·297千字
标准书号：ISBN 978-7-111-44897-6
定价：34.80元

电话服务	网络服务
客服电话：010-88361066	机　工　官　网：www.cmpbook.com
010-88379833	机　工　官　博：weibo.com/cmp1952
010-68326294	金　书　网：www.golden-book.com
封底无防伪标均为盗版	机工教育服务网：www.cmpedu.com

编写人员名单

主　编　张国栋

参　编　高继伟　高松海　李海军　孙兰英　谈亚辉
文辉武　文学红　王新州　张国喜　李曼华
张国选　张浩杰　张慧芳　张麦妞　张晴倩
张清森　张业翠　张玉花　左新红　刘振慧
单晓静　程珍珍　杜跃菲　张雁冰　王芳芳

前　言

为了帮助造价工作者进一步加深对国家最新颁布的《房屋建筑与装饰工程工程量计算规范》(GB 50854—2013)的了解和应用,快速提高造价工作者的实际操作水平,我们特组织编写了此书。

本书依据《房屋建筑与装饰工程工程量计算规范》(GB 50854—2013)和《全国统一建筑工程基础定额》编写,采用规则—图形—算量的形式,以实例阐述各分项工程的工程量计算方法,同时对一些题中的疑难点加有“注”,进一步解释说明,目的是帮助造价工作人员解决实际操作问题,提高工作效率。在每章的最后一节是关于该章清单工程量和定额工程量计算规则的汇总,汇总包括相似点和易错点,方便读者快速查阅学习。

本书与同类书相比,其显著特点是:

(1)新。即捕捉《房屋建筑与装饰工程工程量计算规范》的最新信息,对新规范出现的新情况、新问题加以分析,使实践工作者能及时了解新规范的最新动态,跟上实际操作步伐。

(2)精。即囊括了建筑工程里所有重要项目,以实例的形式系统地列举出来,加深对建筑工程工程量计算规则的理解。

(3)实际操作性强。即主要以实例说明实际操作中的有关问题及解决方法,便于提高读者的实际操作水平。

本书在编写过程中得到了许多同行的支持与帮助,在此表示感谢。由于编者水平有限和时间的限制,书中难免有错误和不妥之处,望广大读者批评指正。如有疑问,请登录 www.gclqd.com(工程量清单计价网)或 www.jbjsys.com(基本建设预算网)或 www.jbjszj.com(基本建设造价网)或 www.gczjy.com(工程造价员网校)或发邮件至 zz6219@163.com 或 dlwhgs@tom.com 与编者联系。

编　者

目　　录

第1章　建筑面积

1.1　总说明

本章采用计算规则与案例相对照的形式，阐述了单层建筑物建筑面积，多层建筑物建筑面积，地下室、地下车间等建筑面积，门厅、大厅、回廊建筑面积，橱窗、门斗、挑廊、走廊等建筑面积，阳台建筑面积，屋顶楼梯间、水箱间、电梯机房等建筑面积，高低联跨建筑物建筑面积，雨篷建筑面积，车棚、货棚、站台等建筑面积，架空层建筑面积、室内楼梯间、电梯井、垃圾道等建筑面积，立体书库、仓库建筑面积，露台灯光控制室建筑面积的计算规则和计算方法，并对其中的重点、难点、易错点、易混淆点以"注"的形式加以分析、解释、说明，有效地帮助读者学习该部分内容。

1.2　单层建筑物建筑面层

工程量计算规则：建筑物的建筑面积应按自然层外墙结构外围水平面积之和计算。结构层高在2.20m及以上的，应计算全面积；结构层高在2.20m以下的，应计算1/2面积。

【例1】　试计算某单层住宅(图1-1)建筑面积。

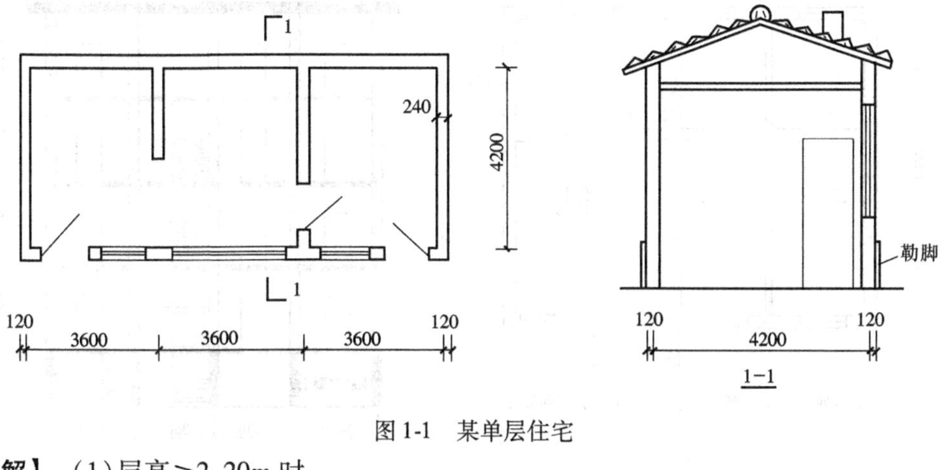

图1-1　某单层住宅

【解】　(1)层高≥2.20m时

$F=(3.6\times3+0.12\times2)\times(4.2+0.12\times2)\text{m}^2=49.02\text{m}^2$

【注释】　层高大于等于2.20m时计算全面积。0.12表示轴线到外边线的长度，建筑面积是按照外边线来计算的，所以计算时每边都加上墙厚。$(3.6\times3+0.12\times2)$表示建筑物外墙长边方向外边线的长度，$(4.2+0.12\times2)$表示建筑物外墙短边方向外边线的长度。

(2)层高<2.20m时

$F=(3.6\times3+0.12\times2)\times(4.2+0.12\times2)\times\frac{1}{2}\text{m}^2=24.51\text{m}^2$

【注释】 层高小于2.20m时只计算一半的建筑面积。(3.6×3+0.12×2)×(4.2+0.12×2)表示建筑物外墙外边线的长度乘以建筑物外墙外边线的宽度。1/2表示计算建筑面积的一半。

【例2】 试计算某小学教室(单层,图1-2)的建筑面积。

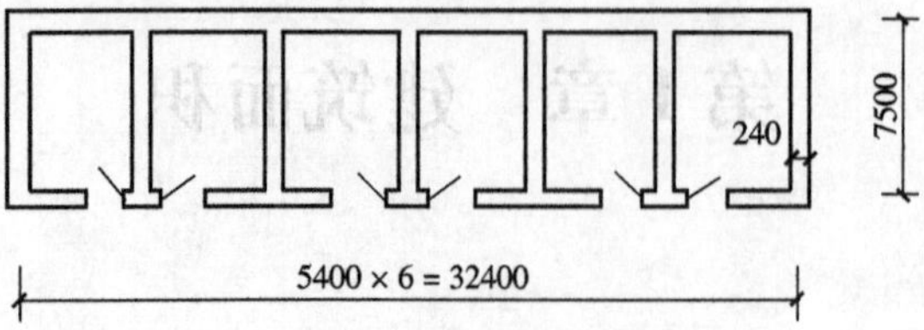

图1-2 某小学教室

【解】 建筑面积 $F=(32.4+0.12\times2)\times(7.5+0.12\times2)m^2=252.63m^2$

【注释】 0.12表示轴线到外边线的长度,计算时按照外边线的长度来计算。(32.4+0.12×2)表示建筑物外墙长边方向的长度,(7.5+0.12×2)表示建筑物外墙短边方向的长度。两部分相乘就得出该建筑物的建筑面积。

注:计算单层建筑物的建筑面积时,应区别其层高分别计算。

1.3 多层建筑物建筑面积

工程量计算规则:建筑物的建筑面积应按自然层外墙结构外围水平面积之和计算。结构层高在2.20m及以上的,应计算全面积;结构层高在2.20m以下的,应计算1/2面积。地下室、半地下室应按其结构外围水平面积计算。结构层高在2.20m及以上的,应计算全面积;结构层高在2.20m以下的,应计算1/2面积。

【例3】 如图1-3所示,试计算该建筑物的建筑面积。

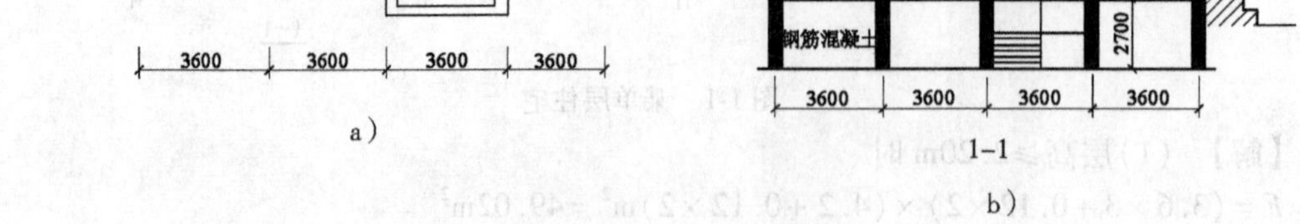

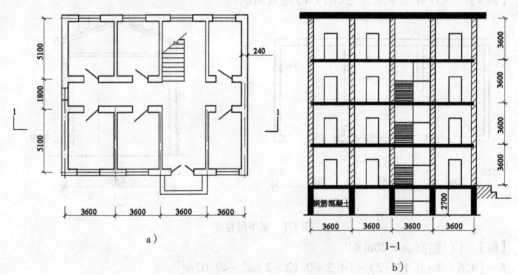

图1-3 两层楼平顶房屋示意图

a)标准层平面图 b)1-1剖面图

【解】 $F=[(3.6\times4+0.24)\times(5.1\times2+1.8+0.24)\times4+(3.6\times4+0.24)\times(5.1\times2+1.8+0.24)]m^2$
$=895.97m^2$

【注释】 0.24 =0.12 ×2 表示轴线两端所增加的轴线到外墙边的距离。(3.6 ×4 +0.24)表示建筑物外墙长边方向外边线的长度,(5.1 ×2 +1.8 +0.24)表示建筑物外墙短边方向的长度,两部分相乘即得建筑物的首层建筑面积。4 表示地上有四层。(3.6 ×4 +0.24) ×(5.1 ×2 +1.8 +0.24)表示地下室的面积,因为地下室的高度为 2.70m,大于 2.20m,故应该计算全面积。

【例 4】 如图 1-4 所示,求有技术层的多层建筑物的建筑面积。

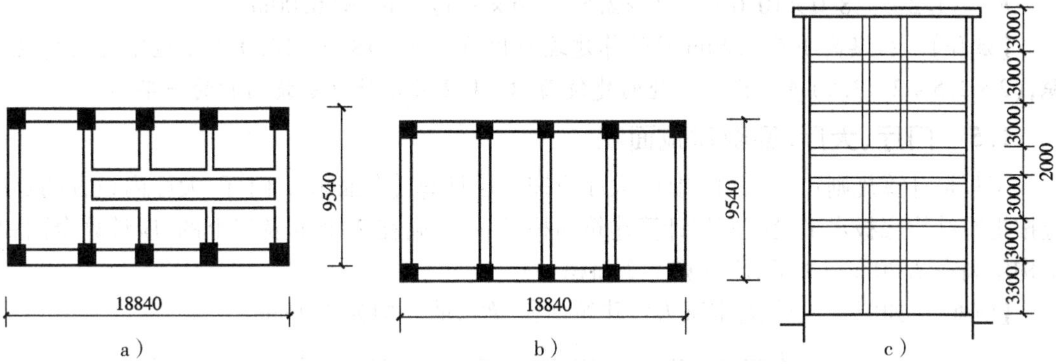

图 1-4 有技术层的多层建筑示意图

a)标准层平面图 b)技术层平面图 c)剖面图

【解】 总建筑面积:$F = 18.84 \times 9.54 \times 6\text{m}^2 = 1078.40\text{m}^2$

【注释】 18.84 表示建筑物长边方向的长度,9.54 表示建筑物短边方向的长度。18.84 × 9.54表示首层建筑面积,6 表示共有六层。因中间层的高度不足 2.20m,所以不计算建筑面积。

注:当技术层层高小于 2.2m,而且不用作办公室、仓库等时,其建筑面积不予计算,但用作办公室、仓库时,要计算其建筑面积;

当技术层层高大于 2.2m 时,按普通层计算建筑面积;

技术层建筑面积仍以外围水平投影面积计算。

1.4 地下室、地下车间等建筑物建筑面积

工程量计算规则:地下室、半地下室应按其结构外围水平面积计算。结构层高在 2.20m 及以上的,应计算全面积;结构层高在 2.20m 以下的,应计算 1/2 面积。

【例 5】 求如图 1-5 所示地下室的建筑面积。

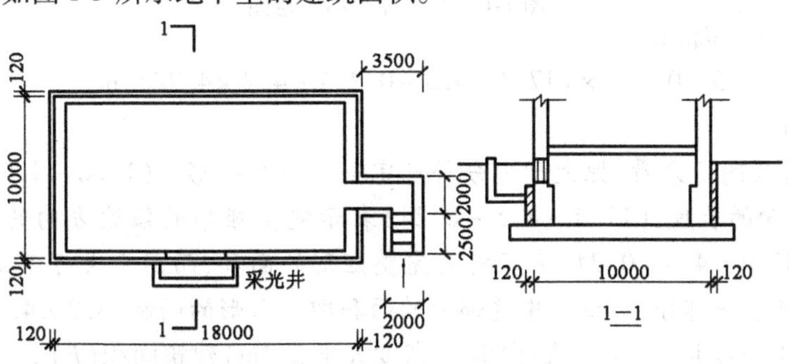

图 1-5 地下室平面图和剖面图

【解】 建筑面积：

(1)层高≥2.20m 时

$F=[18.0\times10.0+2\times2.5+2.0\times3.5]\text{m}^2=192.00\text{m}^2$

【注释】 18.0 表示地下室外墙长边方向的长度，10.0 表示地下室外墙短边方向的长度。18.0×10.0 表示地下室的建筑面积，(2×2.5+2.0×3.5)表示出入口处的建筑面积。

(2)层高<2.20m 时

$F=\{1/2\times[18.0\times10.0+(2.0\times2.5+2.0\times3.5)]\}\text{m}^2=96.00\text{m}^2$

【注释】 当层高小于2.20m 时计算建筑面积的一半。18.0×10.0 表示地下室的建筑面积，(2×2.5+2×3.5)表示出入口处的建筑面积。1/2 表示计算建筑面积的一半。

1.5 门厅、大厅、回廊建筑面积

工程量计算规则：建筑物的门厅、大厅应按一层计算建筑面积。门厅、大厅内设置的走廊应按走廊结构底板水平投影面积计算建筑面积，结构层高在 2.20m 及以上的，应计算全面积，结构层高在 2.20m 以下的，应计算 1/2 面积。

【例 6】 如图 1-6 所示，求某大厅建筑面积(F)，墙厚均为 240mm。

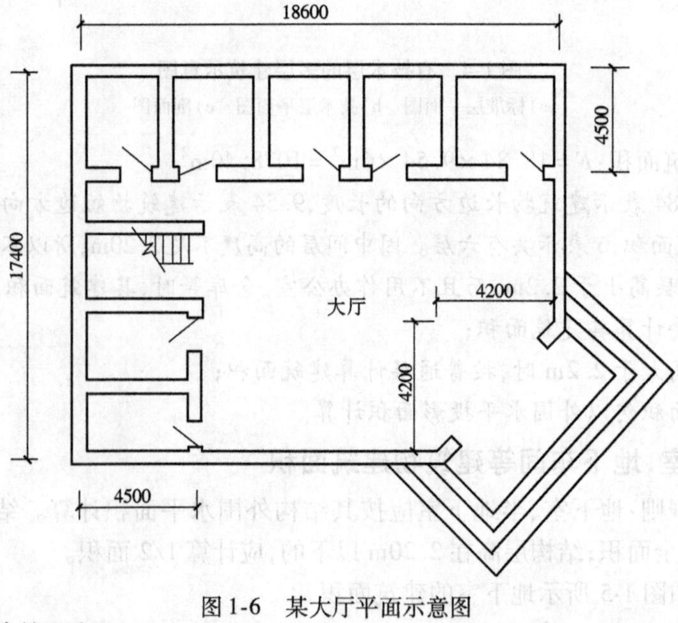

图 1-6 某大厅平面示意图

【解】 大厅建筑面积：

$F=[(18.6-4.5-0.24)\times(17.4-4.5-0.24)-4.2\times4.2/2]\text{m}^2$
$=166.65\text{m}^2$

【注释】 对应图示来看：把大厅部分补充完整为一个矩形。(18.6-4.5-0.24)表示完整矩形的长边方向的长度，(17.4-4.5-0.24)表示完整矩形的短边方向的长度。(18.6-4.5-0.24)×(17.4-4.5-0.24)表示补充完整矩形的面积，而图中大厅不是一个完整的矩形，所以前面多算了一部分，应该扣除这部分的面积即三角形的面积(4.2×4.2/2)。

【例 7】 如图 1-7 所示，求某大厅回廊(高度大于 2.2m)建筑面积(F)。

【解】 回廊建筑面积：

$F=[13.86\times12.66-4.2\times4.2/2-(11.76\times10.56-4.2\times4.2/2)]\text{m}^2=51.28\text{m}^2$

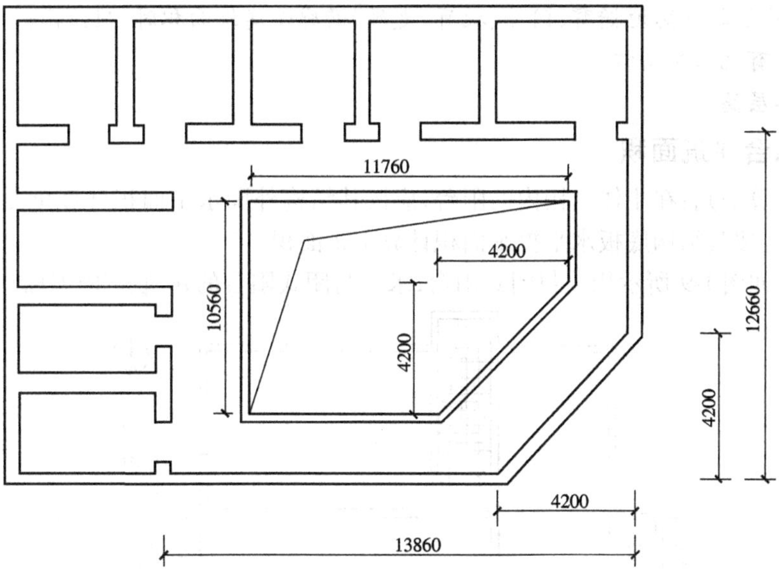

图 1-7　某大厅平面示意图

【注释】 $(13.86\times12.66-4.2\times4.2/2)$表示矩形的面积减去多算的三角形的面积就是大厅的建筑面积，$(11.76\times10.56-4.2\times4.2/2)$表示中间洞口建筑面积，计算回廊的建筑面积只需用大厅的建筑面积减去中间洞口的建筑面积即可。

1.6　橱窗、门斗、挑廊、走廊等建筑面积

工程量计算规则：附属在建筑物外墙的落地橱窗应按其围护结构外围水平面积计算。结构层高在2.20m及以上的，应计算全面积；结构层高在2.20m以下的，应计算1/2面积。有围护设施的室外走廊（挑廊），应按其结构底板水平投影面积计算1/2面积；有围护设施（或柱）的檐廊，应按其围护设施（或柱）外围水平面积计算1/2面积。门斗应按其围护结构外围水平面积计算建筑面积。结构层高在2.20m及以上的，应计算全面积；结构层高在2.20m以下的，应计算1/2面积。

【例8】 如图1-8所示，求室外门斗的建筑面积（F）。

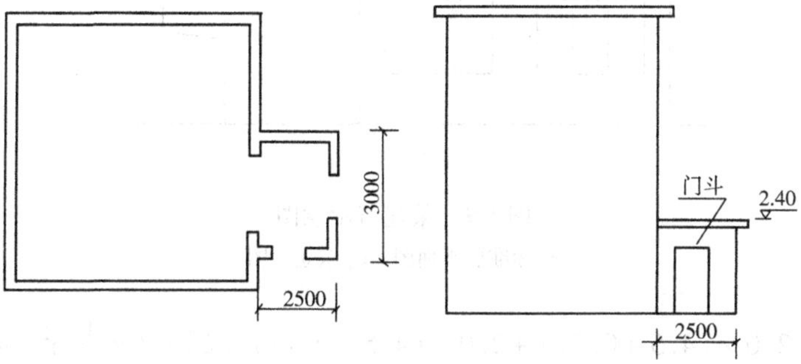

图 1-8　室外门斗

【解】 因门斗高2.40m>2.20m，故按全面积计算。

$F=2.5\times3\text{m}^2=7.50\text{m}^2$

【注释】 当层高大于2.20m时计算全面积。2.5表示门斗短边方向的长度，3表示门斗长边方向的长度。2.5×3就表示门斗的建筑面积。

注:计算建筑物外落地橱窗、门斗、挑廊、走廊、檐廊等建筑面积时,应注意:

①区分其有无围护结构;

②区分其层高。

1.7 阳台建筑面积

工程量计算规则:在主体结构内的阳台,应按其结构外围水平面积计算全面积;在主体结构外的阳台,应按其结构底板水平投影面积计算 1/2 面积。

【例 9】 如图 1-9 所示均为封闭式阳台,求其封闭式阳台的建筑面积(F)。

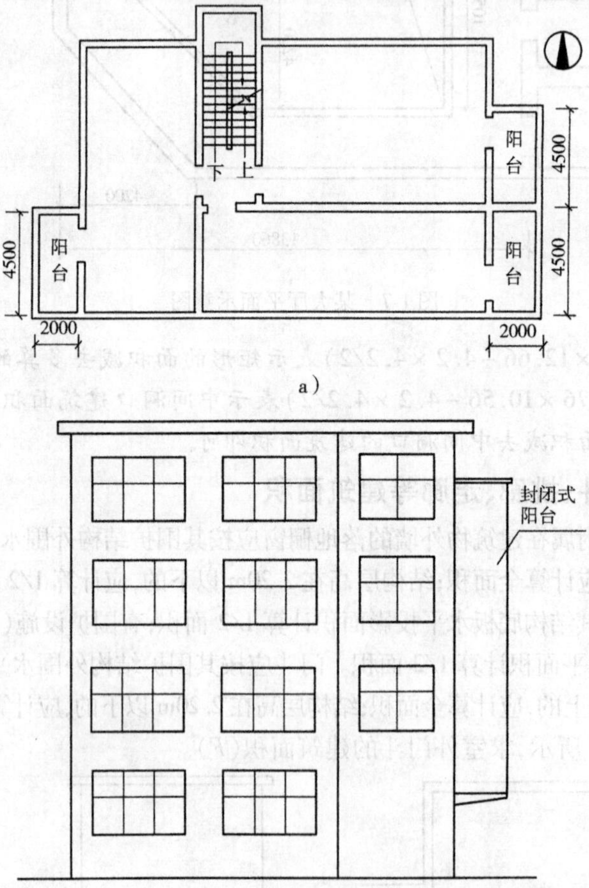

图 1-9 某建筑示意图

a)标准层平面图 b)东立面图

【解】 $F=[2.0\times(4.5+0.24)+2.0\times(4.5+0.12)\times2]\times3\times\frac{1}{2}m^2=41.94m^2$

【注释】 $2.0\times(4.5+0.24)$表示平面图中左边部分一个阳台的面积,$2.0\times(4.5+0.12)\times2$表示平面图中右边部分两个阳台的面积。3 表示一共三个阳台,因为本题中阳台为主体结构外的阳台,计算规则中计算阳台的建筑面积是算一半的建筑面积,所以要乘以 1/2。

【例 10】 如图 1-10 所示,求某三层住宅无围护外挑阳台的建筑面积(底层无阳台)。

【解】 $F=2.7\times1.8\times2\times1/2m^2=4.86m^2$

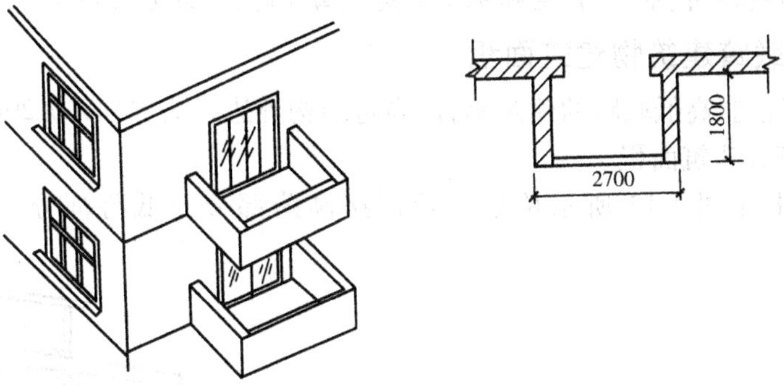

图 1-10　无围护外挑阳台

【注释】 在主体结构外的阳台应按其结构底板水平投影面积的 1/2 计算。2.7 表示阳台长边方向的长度，1.8 表示阳台短边方向的长度，2.7×1.8 就表示阳台的水平投影面积。2 表示有两个阳台，1/2 表示阳台的建筑面积是按阳台的水平投影面积的一半来计算的。

1.8　屋顶楼梯间、水箱间、电梯机房等建筑面积

工程量计算规则：设在建筑物顶部有围护结构的楼梯间、水箱间、电梯机房等，结构层高在 2.20m 及以上的，应计算全面积；结构层高在 2.20m 以下的，应计算 1/2 面积。

【例 11】 如图 1-11 所示，求屋面水箱间建筑面积(F)的工程量。

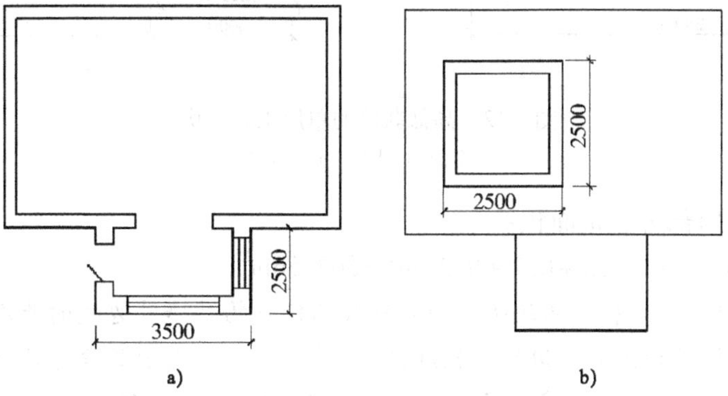

图 1-11　某建筑示意图

a) 底层平面示意图　b) 水箱间平面示意图

【解】 (1)若层高大于 2.2m，按全面积计算：

$F = 2.50 \times 2.50\text{m}^2 = 6.25\text{m}^2$

【注释】 凸出屋面有围护结构的部分且层高大于 2.2m 时按围护结构外围计算全面积。2.5 表示屋面水箱的边长，2.5×2.5 表示屋面水箱的水平投影面积。

(2)若层高小于 2.2m，按其 1/2 面积计算：

$$F = \frac{1}{2} \times 2.5 \times 2.5\text{m}^2 = 3.13\text{m}^2$$

【注释】 当层高小于 2.20m 时，按水平投影面积的一半计算其建筑面积。2.5×2.5 就表示屋面水箱的水平投影面积，1/2 表示计算屋面水箱水平投影面积的一半。

注:计算屋顶楼梯间、水箱间、电梯机房等建筑面积时,应区分其层高。

1.9 高低联跨建筑物建筑面积

工程量计算规则:高低联跨的建筑物,以高跨结构外边线为界(以2.20m为分界线,区别其层高)分别计算其建筑面积。

【例12】 求如图1-12所示单层工业厂房高跨部分及低跨部分的建筑面积(墙厚240mm)。

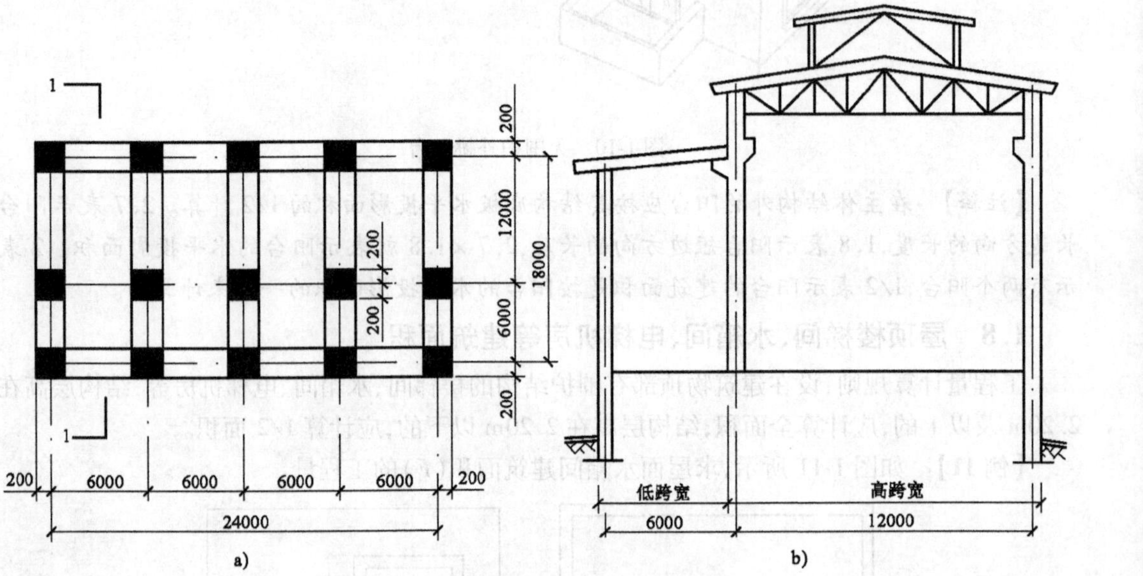

图1-12 高低联跨的单层工业厂房

a)平面图 b)1-1剖面图

【解】 (1)高跨部分建筑面积:

$F_1 = (24 + 2 \times 0.2) \times (12 + 0.2 + 0.2)\mathrm{m}^2 = 302.56\mathrm{m}^2$

【注释】 2×0.2表示轴线两端所增加的轴线到建筑物外墙外边线的长度。(24+2×0.2)表示高跨建筑物外墙长边方向外边线的长度,(12+0.2+0.2)表示高跨建筑物外墙短边方向的外边线长度(12表示轴线间的长度,0.2=0.4/2表示所增加的轴线到建筑物外墙外边线的长度,0.2表示所增加的半个柱子的边长)。两部分相乘就得出高跨建筑物的建筑面积。

(2)低跨部分建筑面积:

$F_2 = (24 + 2 \times 0.2) \times (12 + 6 + 2 \times 0.2) - F_1 = (448.96 - 302.56)\mathrm{m}^2 = 146.40\mathrm{m}^2$

【注释】 总的建筑面积减去高跨部分的建筑面积就是低跨部分的建筑面积。2×0.2表示轴线两端所增加的轴线到建筑物外墙外边线的长度。(24+2×0.2)表示建筑物长边方向的长度,(12+6+2×0.2)表示建筑物短边方向的长度。F_1表示高跨建筑物的建筑面积(漆面已经计算过)。

或 $F_2 = (24 + 2 \times 0.2) \times (6 - 0.2 + 0.2)\mathrm{m}^2 = 146.40\mathrm{m}^2$

【注释】 2×0.2表示轴线两端所增加的轴线到建筑物外墙外边线的长度。(24+2×0.2)表示低跨建筑物的长边方向的长度,(6-0.2+0.2)表示低跨建筑物短边方向的长度。(24+2×0.2)×(6-0.2+0.2)就表示低跨建筑物的建筑面积。

注:(1)建筑物内的变形缝,按自然层合并在建筑物面积内。

(2)高低跨内部连通时,变形缝合并在低跨面积内。

1.10 雨篷建筑面积

工程量计算规则:有柱雨篷应按其结构板水平投影面积的1/2计算建筑面积;无柱雨篷的结构外边线至外墙结构外边线的宽度,在2.10m及以上的,应按雨篷结构板的水平投影面积的1/2计算建筑面积。

【例13】 如图1-13所示,求有柱雨篷建筑面积(F)。

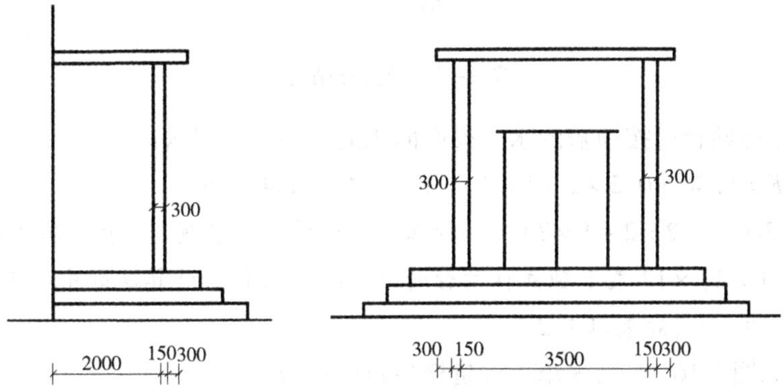

图1-13 雨篷立面示意图

【解】 有柱雨篷应按雨篷结构板的水平投影面积的1/2计算。

雨篷建筑面积 $F = [(2.0+0.15+0.3)\times(3.5+0.15\times2+0.3\times2)\times1/2]\text{m}^2$

$=5.39\text{m}^2$

【注释】 $(2.0+0.15+0.3)$表示雨篷短边方向的长度,$(3.5+0.15\times2+0.3\times2)$表示雨篷长边方向的长度。$(2.0+0.15+0.3)\times(3.5+0.15\times2+0.3\times2)$表示雨篷的水平投影面积。

【例14】 根据图1-14计算有柱雨篷建筑面积。

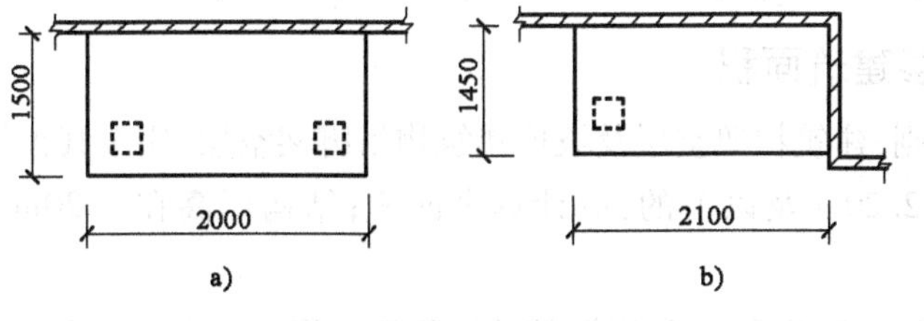

图1-14 有柱雨篷平面示意图

【解】 有柱雨篷应按其结构板水平投影面积的1/2计算建筑面积。

图1-14a,雨篷建筑面积 $=2\times1.5\text{m}^2=3\text{m}^2$

图1-14b,雨篷建筑面积 $=2.1\times1.45\text{m}^2=3.05\text{m}^2$

1.11 车棚、货棚、站台等建筑面积

工程量计算规则:有顶盖无围护结构的车棚、货棚、站台、加油站、收费站等的建筑面积,按

其顶盖水平投影面积的1/2计算。

【例15】 如图1-15所示,求独立柱站台的建筑面积。

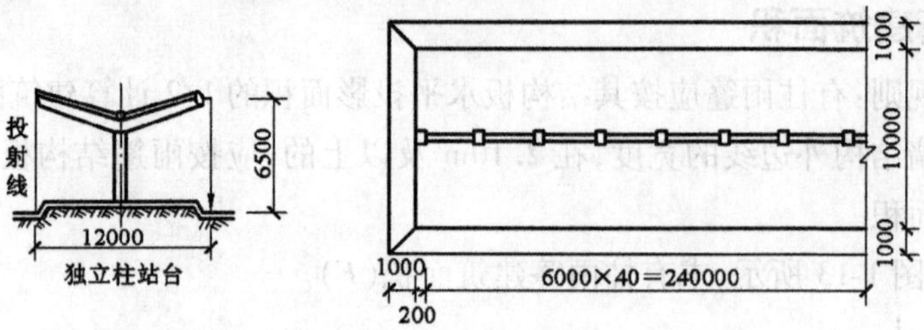

图1-15 独立柱站台

【解】 独立柱站台应按顶盖的水平投影面积的一半计算建筑面积。

建筑面积:$F=(240+0.2\times2+1\times2)\times12/2\text{m}^2=1454.40\text{m}^2$

【注释】 $(240+0.2\times2+1\times2)$表示独立柱站台的水平长度,12表示独立柱站台的宽度。$(240+0.2\times2+1\times2)\times12$表示独立柱站台的水平投影面积。计算规则中规定有永久性顶盖时计算建筑面积的一半,故乘以1/2。

【例16】 如图1-16所示,求单排柱货棚建筑面积(F)。

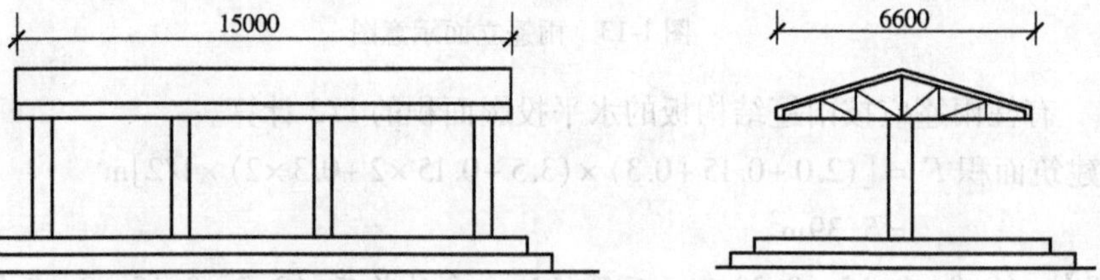

图1-16 单排柱货棚平面示意图

【解】 单排柱货棚建筑面积:$F=15\times6.6/2\text{m}^2=49.50\text{m}^2$

【注释】 15表示货棚的长边方向的长度,6.6表示货棚的短边方向的长度。计算规则中规定有永久性顶盖时计算建筑面积的一半,所以需要乘以1/2。

1.12 架空层建筑面积

工程量计算规则:建筑物架空层及坡地建筑物吊脚架空层,应按其顶板水平投影计算建筑面积。结构层高在2.20m及以上的,应计算全面积;结构层高在2.20m以下的,应计算1/2面积。

【例17】 如图1-17所示,求利用深基础地下架空层(F)建筑面积。

【解】 建筑面积:$F=(18.00+0.40)\times(8.00+0.40)\text{m}^2=154.56\text{m}^2$

【注释】 $0.4=0.4/2\times2$表示轴线两端所增加的长度。$(18.00+0.40)$表示深基础地下架空层长边方向的长度,$(8.00+0.40)$表示深基础地下架空层短边方向的长度。$(18.00+0.40)\times(8.00+0.40)$就表示地下架空层的建筑面积(因为架空层的层高是3.0m大于2.20m,所以计算全面积)。

【例 18】 如图 1-18 所示，求深基础地下架空层的建筑面积。

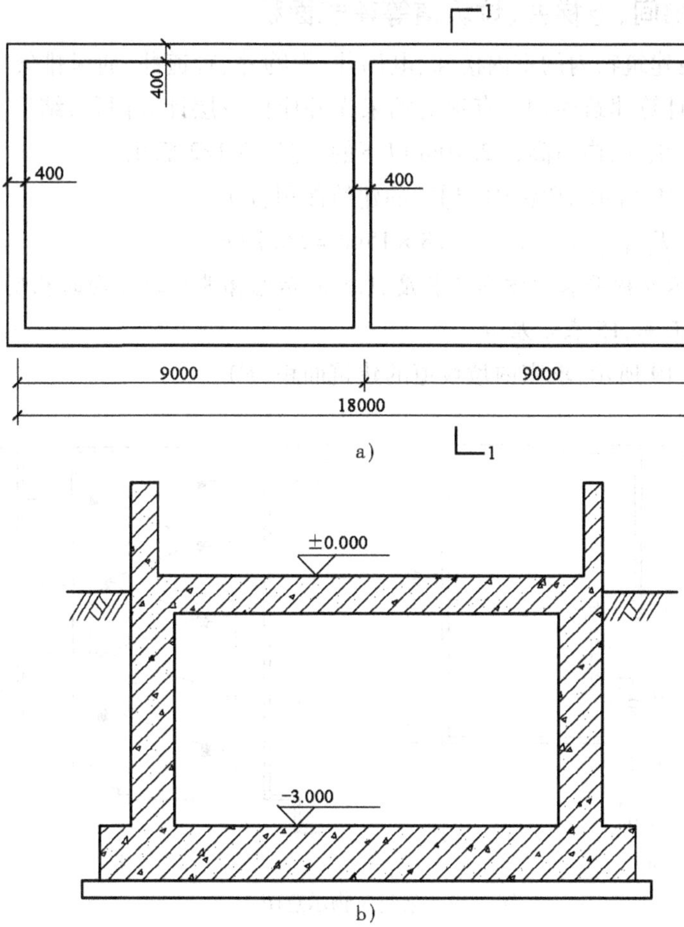

图 1-17 深基础地下架空层示意图

a)架空层平面图 b)1－1 剖面图

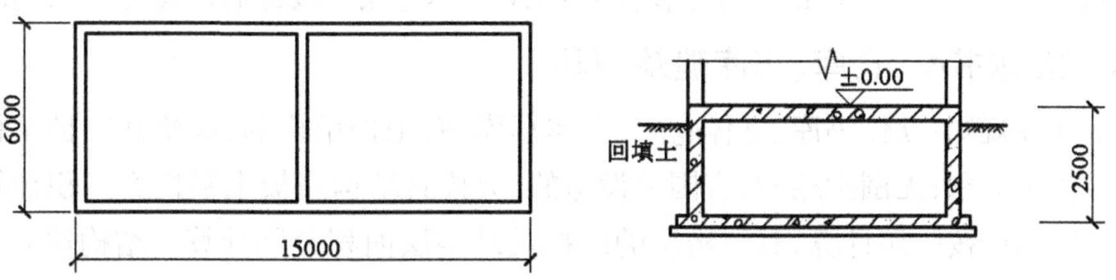

图 1-18 地下架空层示意图

【解】 对深基础地下架空层（图 1-18）加以利用，其层高超过 2.2m 的，按其顶板水平投影面积计算建筑面积。

建筑面积：$F=(15.0\times6.0)\mathrm{m}^2=90.0\mathrm{m}^2$

【注释】 15.0 表示地下架空层长边方向的长度，6.0 表示地下架空层短边方向的长度，(15.0×6.0) 表示地下架空层的建筑面积（因为架空层的层高是 2.5m，大于 2.20m，所以计算全面积）。

注：架空层建筑面积，按其是否利用，是否有围护结构，并区分其高度分别计算。

1.13 室内楼梯间、电梯井、垃圾道等建筑面积

工程量计算规则：建筑物内的室内楼梯、电梯井、提物井、管道井、通风排气竖井、烟道，应并入建筑物的自然层计算建筑面积。有顶盖的采光井应按一层计算面积，结构净高在 2.10m 及以上的，应计算全面积，结构净高在 2.10m 以下的，应计算 1/2 面积。

【例 19】 如图 1-19 所示，求室内电梯井的建筑面积（F）。

【解】 建筑面积：$F_{电梯井(室内)} = 2.1 \times 1.8 \times 15\text{m}^2 = 56.70\text{m}^2$

【注释】 2.1 表示电梯井长边方向的长度，1.8 表示电梯井短边方向的长度，2.1×1.8 表示每层电梯井的建筑面积，15 表示层数。

【例 20】 如图 1-19 所示，求室内垃圾道的建筑面积（F）。

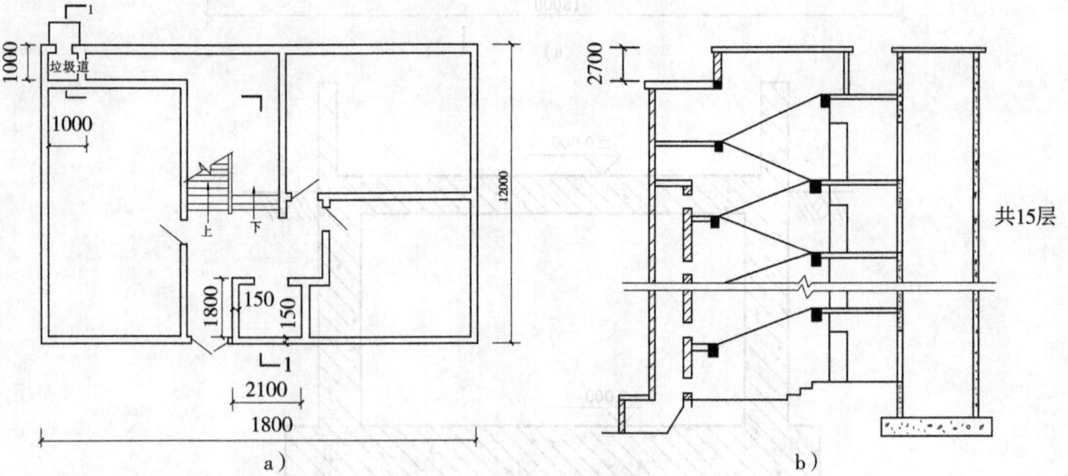

图 1-19 某建筑物示意图

a）平面图 b）1－1 剖面图

【解】 建筑面积：$F_{室内垃圾道} = 1.0 \times 1.0 \times 15\text{m}^2 = 15\text{m}^2$

【注释】 1.0 表示室内垃圾道的边长，1.0×1.0 表示每层垃圾道的建筑面积，15 表示层数。

1.14 立体书库、仓库、车库建筑面积

工程量计算规则：立体书库、立体仓库、立体车库，有围护结构的，应按其围护结构外围水平面积计算建筑面积；无围护结构，有围护设施的，应按其结构底板水平投影面积计算建筑面积。无结构层的应按一层计算，有结构层的应按其结构层面积分别计算。结构层高在 2.20m 及以上的，应计算全面积；结构层高在 2.20m 以下的，应计算 1/2 面积。

【例 21】 求如图 1-20 所示的有书架层（层高 2.7m）的图书馆书库的建筑面积。

【解】 图书馆书库建筑面积：

$$F = [6 \times 9 + 6 \times (12 + 6)] \times 10\text{m}^2 = 1620\text{m}^2$$

【注释】 对应图示来看：把书库分为两个矩形部分计算建筑面积。6×9 表示书库下面的小矩形部分的建筑面积，6×(12+6) 表示书库上面的大矩形部分的建筑面积。[6×9+6×(12+6)] 表示每层书库所占的总建筑面积，10 表示有十层书库。

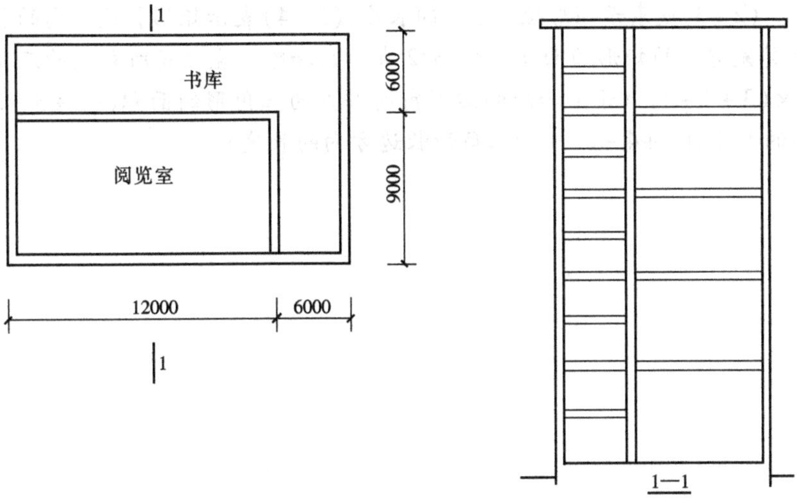

图 1-20　某图书馆示意图

1.15　舞台灯光控制室建筑面积

工程量计算规则：有围护结构的舞台灯光控制室，层高在 2.20m 及以上者，按其围护结构外围水平面积计算，层高不足 2.20m 者，按其围护结构外围水平面积的 1/2 计算。

【例 22】　如图 1-21 所示，求某舞台灯光控制室（高 2.7m）建筑面积（F）的工程量。

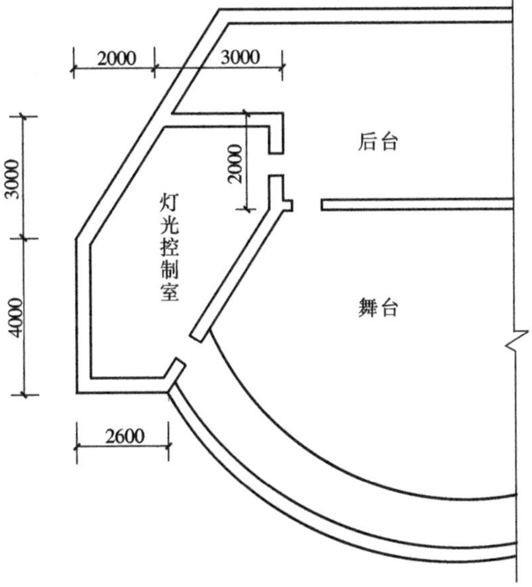

图 1-21　某舞台灯光控制室

【解】　灯光控制室的建筑面积以外围结构水平面积计算：

F = 长方形面积 - 左上角三角形面积 - 右下角三角形面积

$$F = [(2+3)\times(3+4) - 2\times3/2 - (2+3-2.6)\times(3+4-2)/2]\,\text{m}^2$$

$$= 26.00\text{m}^2$$

【注释】　因层高大于 2.20m，所以计算全面积。对应图示来看：把灯光控制室补充完整成为一个矩形。(2 +3)就表示矩形短边方向的长度,(3 +4)表示矩形长边方向的长度,(2 +3)×(3 +4)表示补充完整的矩形的面积。2 ×3/2 表示应扣除的左上角所补充的三角形的面积。(2 +3 −2.6) ×(3 +4 −2)表示应扣除的右下角所补充的三角形的面积((2 +3 −2.6)表示三角形短边方向的长度,(3 +4 −2)表示三角形长边方向的长度)。

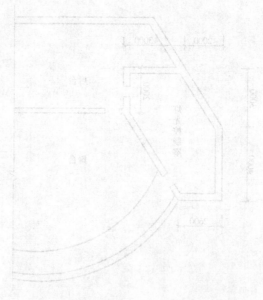

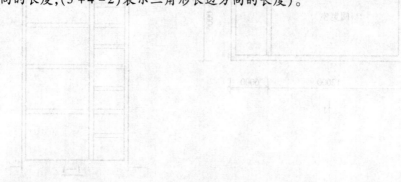

第2章　土石方工程

2.1　总说明

本章主要说明土石方工程的平整场地、挖土方、挖基础土方、土方回填等的定额及清单的计算规则以及定额与清单算量的区别等内容。

2.2　平整场地工程量

定额工程量计算规则：平整场地工程量按建筑物外墙外边线每边各加2m，以面积（平方米）计算。

清单工程量计算规则：平整场地工程量按设计图示尺寸以建筑物的首层建筑面积计算。

【例1】　如图2-1所示，土壤类别为二类土，求建筑物人工平整场地工程量。

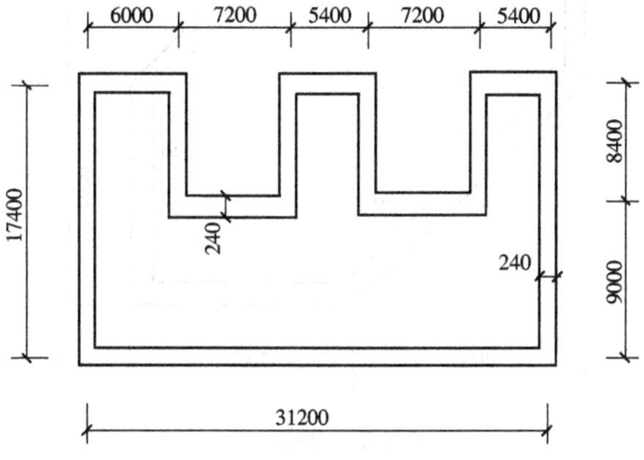

图2-1　某建筑物底层平面示意图

【解】　(1)定额工程量

人工平整场地工程量 $=\{(31.2+0.24)\times(17.4+0.24)-8.4\times(7.2-0.24)\times2+[(31.2+0.24+17.4+0.24)\times2+8.4\times4]\times2+16\}\text{m}^2$

$=717.19\text{m}^2$

套用基础定额1-48。

【注释】　计算公式：$S=S_{底}+2\times L_{外}+16$。对应图示易看出：$0.24=0.12\times2$ 表示轴线两端所增加的轴线到外边线的长度。$(31.2+0.24)$表示建筑场地长边方向的长度，$(17.4+0.24)$表示建筑场地短边方向的长度。把图示补充完整成为一个矩形，$(31.2+0.24)\times(17.4+0.24)$表示补充完整以后矩形的水平投影面积。8.4表示建筑场地北侧凹进去部分的长度，$(7.2-0.24)$表示建筑场地北侧凹进去部分的宽度。$8.4\times(7.2-0.24)\times2$表示扣除所补充的两部分场地的水平投影面积，$[(31.2+0.24+17.4+0.24)\times2+8.4\times4]$表示建筑场地外边线的总长度。$16=2\times2\times4$表示建筑场地四个角所增加的建筑面积。

(2)清单工程量

人工平整场地工程量 = $(31.2+0.24)\times(17.4+0.24)-(7.2-0.24)\times8.4\times2m^2$
$=437.67m^2$

【注释】 清单工程量中人工平整场地工程量式按设计图示尺寸以建筑物的首层面积计算,所以直接求出建筑物首层的建筑面积即可。$(31.2+0.24)\times(17.4+0.24)$表示补充完整以后的矩形建筑场地的建筑面积(详细的注释在定额计算中已经注释过,这里不再重复),$(7.2-0.24)\times8.4\times2$表示扣除所补充的两个小矩形的建筑面积。

清单工程量计算见表2-1。

表2-1 清单工程量计算表

项目编码	项目名称	项目特征描述	计量单位	工程量
010101001001	平整场地	1. 土壤类别 2. 弃土运距 3. 取土运距	m^2	437.67

【例2】 如图2-2所示,土壤类别为三类土,求某构筑物人工场地平整工程量。

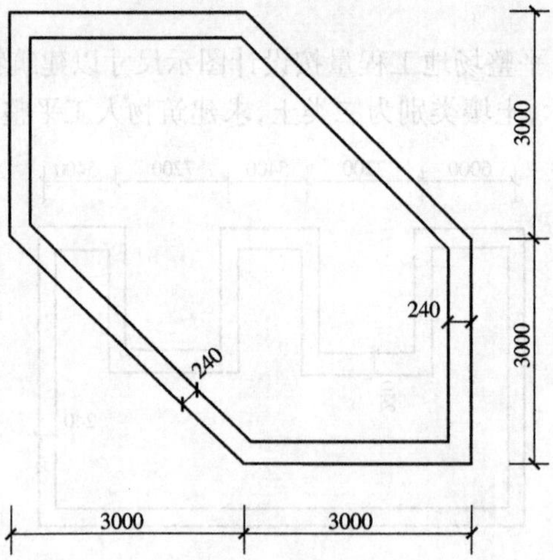

图2-2 某构筑物

【解】 (1)定额工程量

构筑物人工场地平整工程量 = $[(3\times2)\times(3\times2)-(3\times3/2)\times2+(3\times4+3\times1.4142\times2)\times2+16]m^2$
$=83.97m^2$

套用基础定额1-48。

【注释】 计算公式:$V=S_{底}+2\times L_{外}+16$。对应图示来看:把图示补充完整成为一个正方形。3×2就表示补充完整以后的正方形场地的边长,$(3\times2)\times(3\times2)$表示补充完整正方形场地的面积,$(3\times3/2)\times2$表示扣除所补充的右上角和左下角的两个三角形的面积,$(3\times4+3\times1.4142\times2)\times2$表示建筑场地的外边线的总长度[$(3\times4)$表示该建筑场地四段直角边的长度,$3\times1.4142\times2$表示利用直角三角线的性质计算出两段斜边的长度]。$16=2\times2\times4$表示建筑场地四个角所增加的建筑面积。即:平整场地定额工程量 = 首层建筑面积 + 2 × 图形外边线之和 + 16

(2)清单工程量

平整场地工程量 = $3\times2\times3\times2-(3\times3/2)\times2m^2=27.00m^2$

【注释】 平整场地清单工程量=首层建筑面积。3×2×3×2 表示补充完整正方形建筑场地的面积，(3×3/2)×2 表示扣除所补充的两个三角形的面积。

清单工程量计算见表 2-2。

表 2-2 清单工程量计算表

项目编码	项目名称	项目特征描述	计量单位	工程量
010101001001	平整场地	1. 土壤类别 2. 弃土运距 3. 取土运距	m^2	27.00

【例 3】 计算如图 2-3 所示平整场地工程量，土壤类别为二类土。

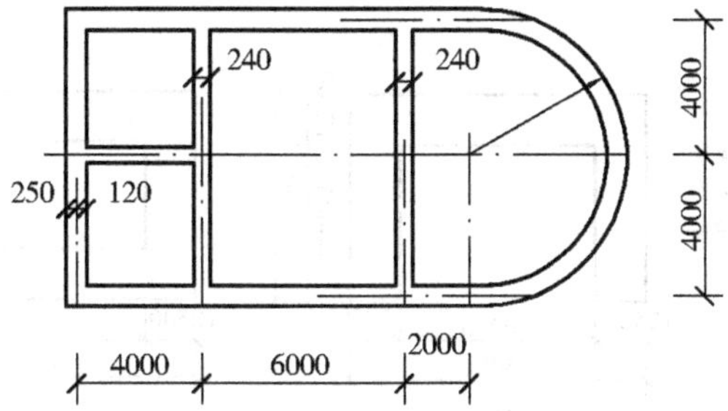

图 2-3 某构筑物

(1)定额工程量

平整场地是指厚度在 ±30cm 以内的就地挖、填找平，其工程量(F)按建筑物(或构筑物)底面积的外边线每边各增加 2m 计算。

$$F = \{(4.0+6.0+2.0+0.25+2.0)\times(4.0+4.0+0.50+2.0+2.0)+[\frac{1}{4}\times3.1416\times(4.0+4.0+0.50+2.0+2.0)^2]/2\}\text{m}^2$$

$$=239.49\text{m}^2$$

套用基础定额 1-48。

【注释】 对应图示来看：(4.0+6.0+2.0+0.25+2.0)表示构筑物左边矩形部分长边方向外边线左端加上 2m 以后的长度[(4.0+6.0+2.0)对应图示直接可以读出，0.25 表示所增加的左端轴线到构筑物外边线的长度，2.0 表示定额计算平整场地外边线每边各加的 2m]。(4.0+4.0+0.50+2.0+2.0)表示构筑物左边矩形部分短边方向外边线每端各加 2m 以后长度[(4.0+4.0)对应图形直接可以读出，0.50=0.25×2 表示轴线两端所增加的轴线到构筑物外边线的长度，(2.0+2.0)表示定额计算平整场地外边线两边各加的 2m]。后面一部分的式子表示构筑物右边半圆形的建筑面积。(4.0+4.0+0.50+2.0+2.0)表示半圆的直径[0.50=0.25×2 表示轴线两端所增加的轴线到构筑物外边线的长度，(2.0+2.0)表示定额计算平整场地工程量是按外边线两边各增加的 2m 来计算的]。除以 2 表示计算的是半圆面积。

(2)清单工程量

$$F = [(4.0+6.0+2.0+0.25)\times(4.0+4.0+0.25\times2)+3.14\times(4+0.25)^2\times\frac{1}{2}]\text{m}^2$$

$$=132.48\text{m}^2$$

【注释】 直接计算首层建筑面积。(4.0+6.0+2.0+0.25)表示构筑物左端矩形场地的长边方向的长度，(4.0+4.0+0.25×2)表示构筑物左端矩形场地的短边方向的长度。两部分相乘就是构筑物左端矩形场地的建筑面积。$3.14\times(4+0.25)^2\times1/2$ 表示构筑物右端半圆形场地的建筑面积[(4+0.25)表示半圆形的半径]。

清单工程量计算见表2-3。

表2-3　清单工程量计算表

项目编码	项目名称	项目特征描述	计量单位	工程量
010101001001	平整场地	1. 土壤类别 2. 弃土运距 3. 取土运距	m^2	132.48

【例4】 如图2-4所示，土壤类别为三类土，计算下列图形的平整场地面积，图中尺寸线均为外墙外边线。

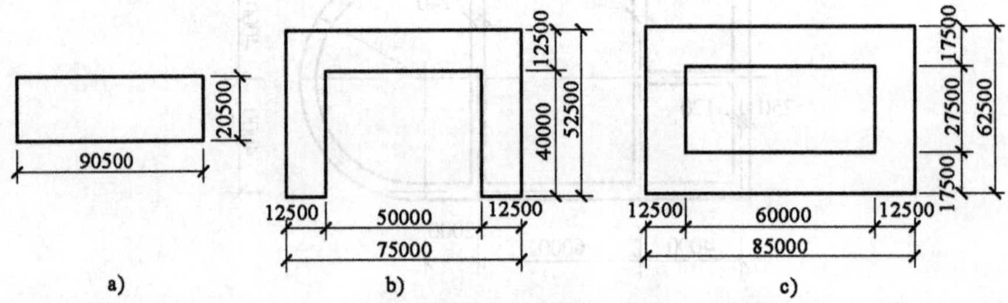

图2-4　平整场地面积计算

a)矩形　b)凹形　c)封闭形

【解】 (1)定额工程量

矩形：$F_1=[90.5\times20.5+(90.5+20.5)\times2\times2+16]m^2=2315.25m^2$

【注释】 工程量计算规则中平整场地定额工程量 $V=S_{底}+2\times L_{外}+16$。90.5×20.5 表示建筑物首层的建筑面积，$(90.5+20.5)\times2$ 表示建筑物外墙外边线的总长度。$16=2\times2\times4$ 表示四个角所增加的建筑面积。

凹形：$F_2=[(52.5\times12.5\times2+50\times12.5)+(75+52.5+40)\times2\times2+16]m^2$

$=2623.50m^2$

【注释】 工程量计算规则中平整场地定额工程量 $V=S_{底}+2\times L_{外}+16$。对应图示来看：$52.5\times12.5\times2$ 表示建筑场地左边和右边两部分的建筑面积。50×12.5 表示建筑场地中间部分的建筑面积。$(75+52.5+40)\times2$ 表示建筑物外墙外边线的总长度。$16=2\times2\times4$ 表示四个角所增加的建筑面积。

封闭形：$F_3=[(85.0\times62.5-60.0\times27.5)+(62.5+85.0+27.5+60.0)\times2\times2+16]m^2$

$=4618.50m^2$

套用基础定额1-48。

【注释】 工程量计算规则中平整场地定额工程量 $V=S_{底}+2\times L_{外}+16$。对应图示来看：(85.0×62.5)表示建筑场地外面的大矩形的建筑面积，(60.0×27.5)表示扣除建筑场地中间小矩形的建筑面积。$(62.5+85.0+27.5+60.0)\times2$ 表示建筑物外墙外边线的总长度。$16=2\times2\times4$ 表示建筑场地四个角所增加的面积。

(2)清单工程量

矩形：$F_1=90.5\times20.5m^2=1855.25m^2$

【注释】 90.5表示建筑场地长边方向的长度，20.5表示建筑场地短边方向的长度，90.5×20.5表示建筑物的首层建筑面积。

凹形：$F_2 = 52.5 \times 12.5 \times 2 + 50 \times 12.5\text{m}^2 = 1937.50\text{m}^2$

【注释】 52.5×12.5×2表示建筑场地左边和右边两部分的的建筑面积。50×12.5表示建筑场地中间部分的建筑面积。

封闭形：$F_3 = 85.0 \times 62.5 - 60.0 \times 27.5\text{m}^2 = 3662.50\text{m}^2$

【注释】 工程量计算规则中平整场地清单工程量＝首层建筑面积。(85.0×62.5)表示建筑场地外面的大矩形的建筑面积，(60.0×27.5)表示扣除建筑场地中间小矩形的建筑面积。

清单工程量计算见表2-4。

表2-4 清单工程量计算表

序号	项目编码	项目名称	项目特征描述	计量单位	工程量
1	010101001001	平整场地	1.土壤类别 2.弃土运距 3.取土运距	m^2	1855.25
2	010101001002	平整场地	1.土壤类别 2.弃土运距 3.取土运距	m^2	1937.50
3	010101001003	平整场地	1.土壤类别 2.弃土运距 3.取土运距	m^2	3662.50

2.3 挖填土方工程量

清单和定额中的工程量计算规则相同。

工程量计算规则：挖填土方工程量按设计图示尺寸以体积计算。

【例5】 某建筑物场地地形图和方格网（边长 $a = 20.0\text{m}$）布置如图2-5所示。土壤为二类土，场地地面泄水坡度 $i_x = 0.3\%$，$i_y = 0.2\%$。试确定场地设计标高（不考虑土的可松性影响，余土加宽边坡），计算各方格挖、填土方工程量。

【解】 (1)计算场地设计标高 H_0

$\sum H_1 = (9.45 + 10.71 + 8.65 + 9.52)\text{m} = 38.33\text{m}$

【注释】 H_1 表示一个方格仅有的角点地面标高。9.45表示角点1处的地面标高，10.71表示角点4处的地面标高，8.65表示角点13处的地面标高，9.52表示角点16处的地面标高。

$2\sum H_2 = 2 \times (9.75 + 10.14 + 9.11 + 10.27 + 8.80 + 9.86 + 8.91 + 9.14)\text{m}$
$= 151.96\text{m}$

【注释】 H_2 表示两个方格共有的角点地面标高。9.75表示角点2处的地面标高，10.14表示角点3处的地面标高，9.11表示角点5处的地面标高，10.27表示角点8处的地面标高，8.80表示角点9处的地面标高，9.86表示角点12处的地面标高，8.91表示角点14处的地面标高，9.14表示角点15处的地面标高。

$4\sum H_4 = 4 \times (9.43 + 9.68 + 9.16 + 9.41)\text{m} = 150.72\text{m}$

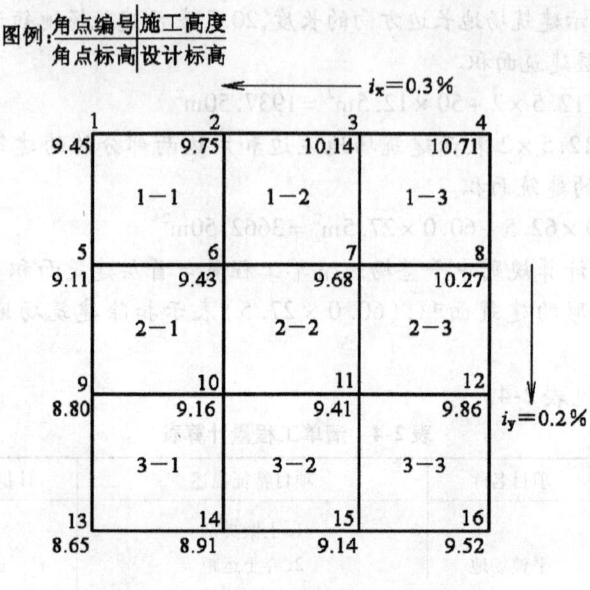

图 2-5　某场地地形图和方格网布置

【注释】 H_4 表示四个方格共有的角点地面标高。9.43 表示角点 6 处的地面标高，9.68 表示角点 7 处的地面标高，9.16 表示角点 10 处的地面标高，9.41 表示角点 11 处的地面标高。

$$H_0=\frac{\sum H_1+2\sum H_2+4\sum H_4}{4N}=\frac{38.33+151.96+150.72}{4\times 9}\text{m}=9.47\text{m}$$

【注释】 把上面计算出的数值逐次代入公式即可求出场地的设计标高，$N=9$ 表示方格数。

(2)根据泄水坡度计算各方格角点的设计标高

以场地中心点（几何中心 O）为 H_0，计算各角点设计标高为

注：下面式子中的正、负号表示：该点比 H_0 高取“+”，反之取“-”。

$H_1=H_0-30\times 0.3\%+30\times 0.2\%=(9.47-0.09+0.06)\text{m}=9.44\text{m}$

【注释】 H_0 表示场地设计标高。30 表示水平方向上角点 1 到角点 0 处的水平距离。0.3% 表示水平方向上场地的泄水坡度。30 表示竖直方向上角点 1 到角点 0 的垂直距离，0.2% 表示竖直方向上场地的泄水坡度。

$H_2=H_1+20\times 0.3\%=(9.44+0.06)\text{m}=9.50\text{m}$

【注释】 20 表示水平方向上角点 2 到角点 1 的水平距离。0.3% 表示水平方向上的泄水坡度（因为角点 2 和角点 1 在一条水平线上，所以只考虑水平方向上的泄水坡度而不考虑竖直方向）。

$H_5=H_0-30\times 0.3\%+10\times 0.2\%=(9.47-0.09+0.02)\text{m}=9.40\text{m}$

【注释】 H_0 表示场地的设计标高。30 表示水平方向上角点 5 到角点 0 的水平距离。0.3% 表示水平方向上的泄水坡度。10 表示竖直方向上角点 5 到角点 0 的垂直距离。0.2% 表示竖直方向上场地的泄水坡度。

$H_6=H_5+20\times 0.3\%=(9.40+0.06)\text{m}=9.46\text{m}$

【注释】 0.3% 表示水平方向上的泄水坡度。20 表示水平方向上角点 6 到角点 5 的水平距离。

$H_9 = H_0 - 30 \times 0.3\% - 10 \times 0.2\% = (9.47 - 0.09 - 0.02)\text{m} = 9.36\text{m}$

【注释】 H_0 表示场地的设计标高。0.3%表示水平方向上的泄水坡度。30 表示水平方向上角点 9 到角点 0 的水平距离。0.2%表示竖直方向上场地的泄水坡度。10 表示竖直方向上角点 9 到角点 0 的垂直距离。

其余各角点设计标高均可求出,详见图 2-6。

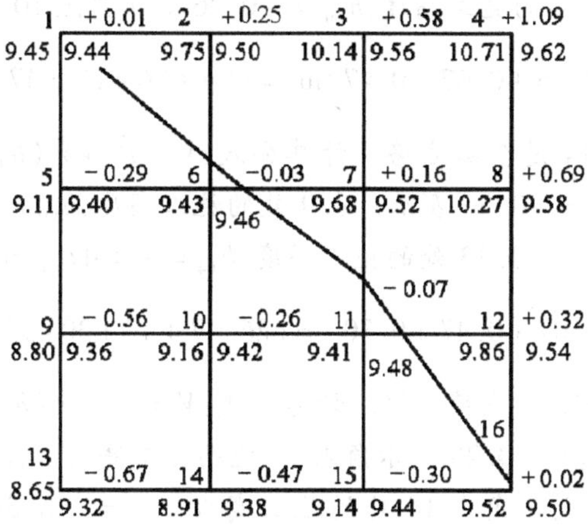

图 2-6 某场地计算土方工程量图

注:分别求出每个角点的设计标高。

(3)计算各角点的施工高度

各角点的施工高度(以"-"为填方,"+"为挖方):

$h_1 = (9.45 - 9.44)\text{m} = 0.01\text{m}$

【注释】 施工高度=地面标高-地面设计标高。若计算结果为正数,说明该角点需要挖方;若计算结果为负数,说明该角点需要填方。9.44 表示角点 1 处的设计标高,9.45 表示角点 1 处的地面标高。计算结果为正数,说明角点 1 处需要挖方。

$h_2 = (9.75 - 9.50)\text{m} = 0.25\text{m}$

【注释】 9.50 表示角点 2 处的设计标高,9.75 表示角点 2 处的地面标高。计算结果为正数,说明角点 2 处需要挖方。

$h_3 = (10.14 - 9.56)\text{m} = 0.58\text{m}$

【注释】 9.56 表示角点 3 处的设计标高,10.14 表示角点 3 处的地面标高。计算结果为正数,说明角点 3 处需要挖方。

各角点施工高度如图 2-6 所示。

注:再逐个比较每个角点的设计标高和施工标高,正数表示需要挖土,负数表示需要填土。

(4)确定"零线"(即挖、填方的分界线)

确定零点的位置,将相邻边线上的零点相连,即为"零线,如图 2-6 所示。如 1~5 线上:$X_1 = [0.01/(0.01 + 0.29)] \times 20\text{m} = 0.67\text{m}$,即零点距角点 1 的距离为 0.67m。

【注释】 计算公式:$ah_1/(h_1 + h_5)$。其中 $a = 20$ 表示方格的边长,$h_1 = 0.01$ 表示角点 1 处的施工高度,$h_5 = 0.29$ 表示角点 5 处的施工高度(施工高度取绝对值)。

(5)计算各方格土方工程量[以(+)为挖方,(-)为填方]

1)全填或全挖方格：

$$V_{2-1}^{(-)}=\frac{20^2}{4}\times(0.29+0.03+0.56+0.26))\mathrm{m}^3=(29+3+56+26)\mathrm{m}^3=114\mathrm{m}^3 \qquad (-)$$

【注释】 方格56910是全填方格。计算公式：$V=a^2/4\times(h_5+h_6+h_9+h_{10})$。其中$a=20$表示方格的边长，$h_5=-0.29$表示角点5处的施工高度，$h_6=-0.03$表示角点6处的施工高度，$h_9=-0.56$表示角点9处的施工高度，$h_{10}=-0.26$表示角点10处的施工高度。

$$V_{3-1}^{(-)}=\frac{20^2}{4}\times(0.56+0.26+0.67+0.47)\mathrm{m}^3=(56+26+67+47)\mathrm{m}^3=196\mathrm{m}^3 \qquad (-)$$

【注释】 方格9101314是全填方格。计算公式：$V=a^2/4\times(h_9+h_{10}+h_{13}+h_{14})$。其中$a=20$表示方格的边长，$h_9=-0.56$表示角点9处的施工高度，$h_{10}=-0.26$表示角点10处的施工高度，$h_{13}=-0.67$表示角点13处的施工高度，$h_{14}=-0.47$表示角点14处的施工高度。

$$V_{3-2}^{(-)}=\frac{20^2}{4}\times(0.26+0.07+0.47+0.30)=(26+7+47+30)\mathrm{m}^3=110\mathrm{m}^3 \qquad (-)$$

【注释】 方格10111415是全填方格。计算公式：$V=a^2/4\times(h_{10}+h_{11}+h_{14}+h_{15})$。其中$a=20$表示方格的边长，$h_{10}=-0.26$表示角点10处的施工高度，$h_{11}=-0.07$表示角点11处的施工高度，$h_{14}=-0.47$表示角点14处的施工高度，$h_{15}=-0.30$表示角点15处的施工高度。

$$V_{1-3}^{(+)}=\frac{20^2}{4}\times(0.58+1.09+0.16+0.69)=(58+109+16+69)\mathrm{m}^3=252\mathrm{m}^3 \qquad (-)$$

【注释】 方格3478为全挖方格。计算公式：$V=a^2/4\times(h_3+h_4+h_7+h_8)$。其中$a=20$表示方格的边长，$h_3=0.58$表示角点3处的施工高度，$h_4=1.09$表示角点4处的施工高度，$h_7=0.16$表示角点7处的施工高度，$h_8=0.69$表示角点8处的施工高度。

2)两挖、两填方格：

$$V_{1-1}^{(-)}=\frac{20^2}{4}\times(\frac{0.29^2}{0.29+0.01}+\frac{0.03^2}{0.03+0.25})\mathrm{m}^3=(\frac{29^2}{29+1}+\frac{3^2}{3+25})\mathrm{m}^3=28.35\mathrm{m}^3 \qquad (-)$$

【注释】 方格1256为两填两挖方格。计算公式：$V=a^2/4\times[h_5{}^2/(h_5+h_1)+h_6{}^2/(h_6+h_2)]$。其中$a=20$表示方格的边长。$h_1=0.01$表示角点1处的施工高度，$h_2=0.25$表示角点2处的施工高度。$h_5=-0.29$表示角点5处的施工高度。$h_6=-0.03$表示角点6处的施工高度。

$$V_{1-1}^{(+)}=\frac{20^2}{4}\times(\frac{0.01^2}{0.01+0.29}+\frac{0.25^2}{0.25+0.03})\mathrm{m}^3=(\frac{1^2}{1+29}+\frac{25^2}{25+3})\mathrm{m}^3=22.35\mathrm{m}^3 \qquad (+)$$

【注释】 计算公式：$V=a^2/4\times[h_1{}^2/(h_1+h_5)+h_2{}^2/(h_2+h_6)]$。其中$a=20$表示方格的边长。$h_1=0.01$表示角点1处的施工高度，$h_2=0.25$表示角点2处的施工高度。$h_5=-0.29$表示角点5处的施工高度。$h_6=-0.03$表示角点6处的施工高度。

$$V_{3-3}^{(-)}=\frac{20^2}{4}\times(\frac{0.07^2}{0.07+0.32}+\frac{0.30^2}{0.30+0.02})\mathrm{m}^3=(\frac{7^2}{7+32}+\frac{30^2}{30+2})\mathrm{m}^3=29.38\mathrm{m}^3 \qquad (-)$$

【注释】 计算公式：$V=a^2/4\times[h_{11}{}^2/(h_{11}+h_{12})+h_{15}{}^2/(h_{15}+h_{16})]$。其中$a=20$表示方格的边长。$h_{11}=-0.07$表示角点11处的施工高度，$h_{12}=0.32$表示角点12处的施工高度。$h_{15}=-0.30$表示角点15处的施工高度。$h_{16}=0.02$表示角点16处的施工高度。

$$V_{3-3}^{(+)}=\frac{20^2}{4}\times(\frac{0.32^2}{0.07+0.32}+\frac{0.02^2}{0.30+0.02})\mathrm{m}^3=(\frac{32^2}{32+7}+\frac{2^2}{30+2})\mathrm{m}^3=26.38\mathrm{m}^3 \quad (+)$$

【注释】 计算公式：$V=a^2/4\times[h_{12}{}^2/(h_{12}+h_{11})+h_{16}{}^2/(h_{16}+h_{15})]$。其中 $a=20$ 表示方格的边长。$h_{11}=-0.07$ 表示角点 11 处的施工高度，$h_{12}=0.32$ 表示角点 12 处的施工高度。$h_{15}=-0.30$ 表示角点 15 处的施工高度。$h_{16}=0.02$ 表示角点 16 处的施工高度。

3）三填一挖或三挖一填方格：

$$V_{1-2}^{(-)}=\frac{20^2}{6}\times\frac{0.03^3}{(0.03+0.25)\times(0.03+0.16)}\mathrm{m}^3=\frac{2}{3}\times\frac{3^3}{(3+25)\times(3+16)}\mathrm{m}^3$$
$$=0.03\mathrm{m}^3 \quad (-)$$

【注释】 方格 2367 三挖一填方格。填土工程量计算公式：$V=a^2/6\times[h_6{}^2/(h_6+h_2)\times(h_6+h_7)]$。其中 $a=20$ 表示方格的边长。$h_6=-0.03$ 表示角点 6 处的施工高度，$h_2=0.25$ 表示角点 2 处的施工高度，$h_7=0.16$ 表示角点 7 处的施工高度。

$$V_{1-2}^{(+)}=[\frac{20^2}{6}\times(2\times0.25+0.58+2\times0.16-0.03)+0.03]\mathrm{m}^3$$
$$=[\frac{2}{3}\times(2\times25+58+2\times16-3)+0.03]\mathrm{m}^3$$
$$=91.36\mathrm{m}^3 \quad (+)$$

【注释】 计算方格 2367 挖土工程量。计算公式：$V=a^2/6\times(2\times h_2+h_3+2\times h_7-h_6)+0.03$。其中 $a=20$ 表示方格的边长。$h_3=0.58$ 表示角点 3 处的施工高度，$h_6=-0.03$ 表示角点 6 处的施工高度，$h_2=0.25$ 表示角点 2 处的施工高度，$h_7=0.16$ 表示角点 7 处的施工高度。

$$V_{2-2}^{(-)}=\frac{2}{3}\times\frac{16^3}{(16+3)\times(16+7)}\mathrm{m}^3=6.25\mathrm{m}^3 \quad (+)$$

【注释】 方格 671011 为三填一挖方格。计算填土工程量：$V=a^2/6\times[h_7{}^2/(h_7+h_6)\times(h_7+h_1)]$。其中 $a=20$ 表示方格的边长。$h_6=-0.03$ 表示角点 6 处的施工高度，$h_{11}=-0.07$ 表示角点 11 处的施工高度，$h_7=0.16$ 表示角点 7 处的施工高度。

$$V_{2-2}^{(+)}=[\frac{2}{3}\times(2\times3+26+2\times7-16)+6.25]\mathrm{m}^3=26.25\mathrm{m}^3 \quad (-)$$

【注释】 计算方格 671011 的挖土工程量：$V=a^2/6\times(2\times h_6+h_{10}+2\times h_{11}-h_7)+6.25$。其中 $a=20$ 表示方格的边长。$h_{10}=-0.26$ 表示角点 10 处的施工高度，$h_6=-0.03$ 表示角点 6 处的施工高度，$h_{11}=-0.07$ 表示角点 11 处的施工高度，$h_7=0.16$ 表示角点 7 处的施工高度。

$$V_{2-3}^{(-)}=\frac{2}{3}\times\frac{7^3}{(7+16)\times(7+32)}\mathrm{m}^3=0.25\mathrm{m}^3 \quad (-)$$

【注释】 方格 781112 为三挖一填方格。$V=a^2/6\times[h_{11}{}^2/(h_{11}+h_7)\times(h_{11}+h_{12})]$。其中 $a=20$ 表示方格的边长。$h_7=0.16$ 表示角点 7 处的施工高度，$h_{11}=-0.07$ 表示角点 11 处的施工高度，$h_{12}=0.32$ 表示角点 12 处的施工高度。

$$V_{2-3}^{(+)}=[\frac{2}{3}\times(2\times16+69+2\times32-7)+0.25]\mathrm{m}^3=105.58\mathrm{m}^3 \quad (+)$$

【注释】 计算方格 781112 的挖土工程量：$V=a^2/6\times(2\times h_7+h_8+2\times h_{12}-h_{11})+0.25$。其中 $a=20$ 表示方格的边长。$h_{11}=-0.07$ 表示角点 11 处的施工高度，$h_{12}=0.32$ 表示角点

12 处的施工高度，$h_8=0.69$ 表示角点 8 处的施工高度，$h_7=0.16$ 表示角点 7 处的施工高度。

将算出的各方格土方工程量按挖、填方分别相加，得场地土方工程量总计：

挖方：503.92m^3

【注释】 分别把每个方格内的挖土工程量加起来即可。

填方：504.26m^3

【注释】 分别把每个方格内的填土工程量加起来即可。

挖方、填方基本平衡。

清单工程量计算见表 2-5。

表 2-5　清单工程量计算表

序号	项目编码	项目名称	项目特征描述	计量单位	工程量
1	010101002001	挖一般土方	1. 土壤类别 2. 挖土深度 3. 弃土运距	m^3	503.92
2	010103001001	回填方	1. 密实度要求 2. 填方材料品种 3. 填方粒径要求 4. 填方来源、运距	m^3	504.26

【例 6】 图 2-7 为一建设场地土石方方格图，方格边长 $a=10\text{m}$，各角点上方括号内的字及下方数字分别为设计标高和实测标高，二类土，试计算该场地土方量。

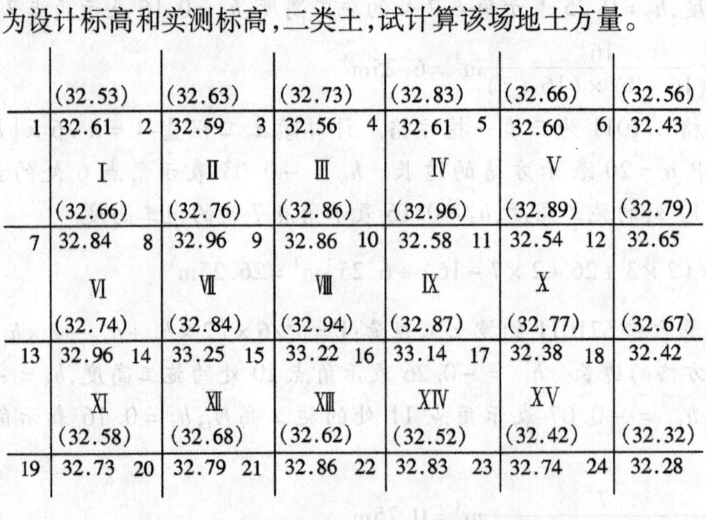

(32.53) (32.63) (32.73) (32.83) (32.66) (32.56)
1 32.61 2 32.59 3 32.56 4 32.61 5 32.60 6 32.43
Ⅰ Ⅱ Ⅲ Ⅳ Ⅴ
(32.66) (32.76) (32.86) (32.96) (32.89) (32.79)
7 32.84 8 32.96 9 32.86 10 32.58 11 32.54 12 32.65
Ⅵ Ⅶ Ⅷ Ⅸ Ⅹ
(32.74) (32.84) (32.94) (32.87) (32.77) (32.67)
13 32.96 14 33.25 15 33.22 16 33.14 17 32.38 18 32.42
Ⅺ Ⅻ XIII XIV XV
(32.58) (32.68) (32.62) (32.52) (32.42) (32.32)
19 32.73 20 32.79 21 32.86 22 32.83 23 32.74 24 32.28

图 2-7　某场地计算土方工程量图

【解】 (1)先计算施工高度：

施工高度 = 实测标高 − 设计标高

正号表示该角点需挖土，负号表示该角点需填土。

将计算出的施工高度记在各角点左上角，如图 2-8 所示。

(2)求零点，划零线：

在图 2-8 中，寻找方格图中正负号不一致的相邻角点。其间的方格线上必有零点，在 1 −2，

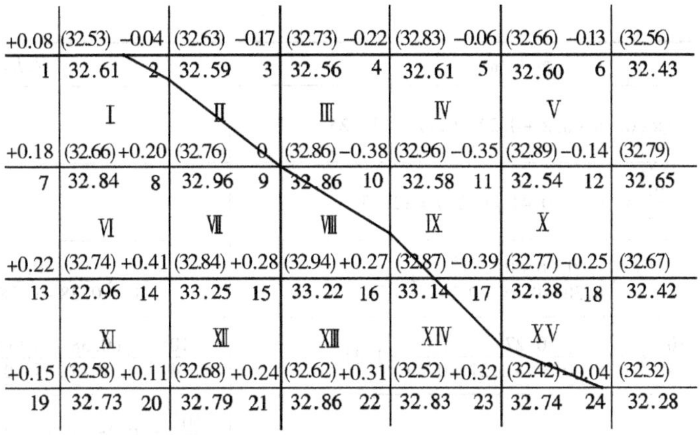

+0.08 (32.53) −0.04 (32.63) −0.17 (32.73) −0.22 (32.83) −0.06 (32.66) −0.13 (32.56)
1 32.61 2 32.59 3 32.56 4 32.61 5 32.60 6 32.43
Ⅰ Ⅱ Ⅲ Ⅳ Ⅴ
+0.18 (32.66) +0.20 (32.76) 0 (32.86) −0.38 (32.96) −0.35 (32.89) −0.14 (32.79)
7 32.84 8 32.96 9 32.86 10 32.58 11 32.54 12 32.65
Ⅵ Ⅶ Ⅷ Ⅸ Ⅹ
+0.22 (32.74) +0.41 (32.84) +0.28 (32.94) +0.27 (32.87) −0.39 (32.77) −0.25 (32.67)
13 32.96 14 33.25 15 33.22 16 33.14 17 32.38 18 32.42
Ⅺ Ⅻ XⅢ XⅣ XⅤ
+0.15 (32.58) +0.11 (32.68) +0.24 (32.62) +0.31 (32.52) +0.32 (32.42) −0.04 (32.32)
19 32.73 20 32.79 21 32.86 22 32.83 23 32.74 24 32.28

图 2-8　某场地计算土方工程量图

2－8，2－9，10－16，16－17，17－23，23－24 这些线上求零点。

$i-j$ 线的零点距 i 角点的距离为：

$$x=\frac{|H_i|}{|H_i|+|H_j|}\times a$$

式中　H_i，H_j——为 i、j 角点施工高程。

具体结果标在图 2-8 中。连接相邻零点的折线即为零线(零线上方为填方区，下方为挖方区)。

(3)计算各方格中挖(填)方土方量：

当四角点全部为挖方或填方时，如Ⅳ、Ⅺ方格，可采用公式：

$$V_{填(挖)}=\frac{a^2}{4}(h_1+h_2+h_3+h_4)$$

当四角点部分挖部分填时，如Ⅷ、XⅤ方格，可采用公式：

$$V_{填(挖)}=\frac{a^2}{4}\times\frac{[\Sigma h_{填(挖)}]^2}{\Sigma h}$$

以上两式中，h_i 为各角点施工高度，均取绝对值。

将计算结果填入表 2-6 土方量计算汇总表。

表 2-6　土方量计算汇总表

方格编号	挖方/m³	填方/m³
Ⅰ	$10\times10\times(0.08+0.18+0.2)^2/(4\times0.5)=10.58$	$\frac{10^2}{4}\times\frac{0.04^2}{0.08+0.04+0.18+0.2}=0.08$
Ⅱ	$\frac{10^2}{4}\times\frac{0.2^2}{0.04+0.17+0.2}=2.44$	$\frac{10^2}{4}\times\frac{(0.04+0.17)^2}{0.04+0.17+0.2}=2.69$
Ⅲ		$\frac{10^2}{4}\times(0.17+0.22+0.38)=19.25$
Ⅳ		$\frac{10^2}{4}\times(0.22+0.06+0.38+0.35)=25.25$
Ⅴ		$\frac{10^2}{4}\times(0.06+0.13+0.35+0.14)=17$

(续)

方格编号	挖方/m^3	填方/m^3
Ⅵ	$\frac{10^2}{4}\times(0.18+0.2+0.22+0.41)=25.25$	
Ⅶ	$\frac{10^2}{4}\times(0.2+0.41+0.28)=22.25$	
Ⅷ	$\frac{10^2}{4}\times\frac{(0.28+0.27)^2}{0.38+0.28+0.27}=8.13$	$\frac{10^2}{4}\times\frac{0.38^2}{0.38+0.28+0.27}=3.88$
Ⅸ	$\frac{10^2}{4}\times\frac{0.27^2}{0.38+0.35+0.27+0.39}=1.31$	$\frac{10^2}{4}\times\frac{(0.38+0.35+0.39)^2}{0.38+0.35+0.27+0.39}=22.56$
Ⅹ		$\frac{10^2}{4}\times(0.35+0.14+0.39+0.25)=28.25$
Ⅺ	$\frac{10^2}{4}\times(0.22+0.41+0.15+0.11)=22.25$	
Ⅻ	$\frac{10^2}{4}\times(0.41+0.28+0.11+0.24)=26$	
XⅢ	$\frac{10^2}{4}\times(0.28+0.27+0.24+0.31)=27.5$	
XⅣ	$\frac{10^2}{4}\times\frac{(0.27+0.31+0.32)^2}{0.27+0.39+0.31+0.32}=15.70$	$\frac{10^2}{4}\times\frac{0.39^2}{0.27+0.39+0.31+0.32}=2.95$
XⅤ	$\frac{10^2}{4}\times\frac{0.32^2}{0.39+0.25+0.32+0.04}=2.56$	$\frac{10^2}{4}\times\frac{(0.39+0.25+0.04)^2}{0.39+0.25+0.32+0.04}=11.56$
合计	163.97	133.47

余土外运量 = $(163.97-133.47)m^3=30.50m^3$

清单工程量计算见表 2-7。

表 2-7　清单工程量计算表

序号	项目编码	项目名称	项目特征描述	计量单位	工程量
1	010101002001	挖一般土方	1. 土壤类别 2. 挖土深度 3. 弃土运距	m^3	163.97
2	010103001001	回填方	1. 密实度要求 2. 填方材料品种 3. 填方粒径要求 4. 填方来源、运距	m^3	133.47

2.4　挖基础土方工程量

1. 挖沟槽、基坑土方工程

清单工程量计算规则：挖基础土方工程量按设计图示尺寸以基础垫层底面积乘以挖土深度，以体积立方米计算。

定额工程量计算规则有关规定：

①挖沟槽、基坑土方工程量需放坡时，放坡系数按表 2-8 计算。

表 2-8　放坡系数表

土壤类别	放坡起点/m	人工挖土	机械挖土	
			在坑内作业	在坑上作业
一、二类土	1.20	1:0.5	1:0.33	1:0.75
三类土	1.50	1:0.33	1:0.25	1:0.67
四类土	2.00	1:0.25	1:0.010	1:0.33

②挖沟槽、基坑需支挡土板时，其宽度按图示沟槽、基坑底宽，单面加 10cm，双面加 20cm 计算。支挡土板后，不再计算放坡。

③基础施工所需工作面，按表 2-9 计算。

表 2-9　基础施工所需工作面宽度表

基础材料	每边各增加工作面宽度/mm
砖基础	200
浆砌毛石，条石基础	150
混凝土基础垫层支模板	300
混凝土基础支模板	300
基础垂直面做防水层	1000(防水层面)

【例 7】 某建筑物的基础如图 2-9 所示，计算挖地槽工程量，土壤类别为三类土。

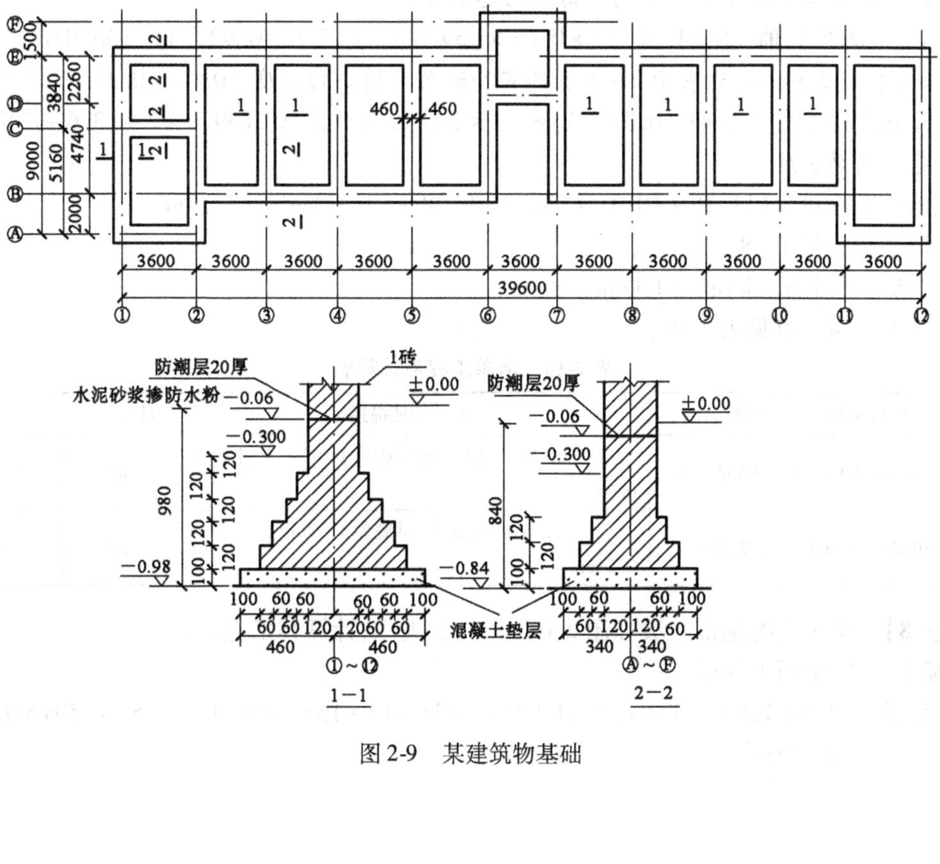

图 2-9　某建筑物基础

【解】 计算次序按轴线编号，从左至右，由下而上。基础宽度相同者合并。

(1)定额工程量

①、⑫轴：室外地面至槽底的深度×槽宽×长 $=(0.98-0.3)\times0.92\times9\times2m^3=11.26m^3$

【注释】 纵向轴线1和轴线12可一起计算，室外地面标高为0.3，所以基槽的标高减去室外地面标高。(0.98－0.3)表示1－1基础室外地面至槽底的深度(0.98表示基础垫层底面的标高，0.3表示室外地面的标高)。0.92＝0.46×2表示1－1基础断面垫层的宽度，9×2表示轴线1和轴线12墙下基础的长度。

②、⑪轴：$(0.98-0.3)\times0.92\times(9-0.68)\times2m^3=10.41m^3$

【注释】 纵向轴线2和轴线11可一起计算，0.68＝0.34×2把纵向基础和横向基础相交部分归为横向基础计算，所以要减去0.68。(0.98－0.3)表示1－1基础室外地面至槽底的深度。0.92＝0.46×2表示1－1基础断面垫层的宽度，(9－0.68)×2表示轴线2和轴线11墙下基础的长度。

③、④、⑤、⑧、⑨、⑩轴：$(0.98-0.3)\times0.92\times(7-0.68)\times6m^3=23.72m^3$

【注释】 计算时也要扣除纵横向基础相交的部分。(0.98－0.3)表示1－1基础室外地面至槽底的深度。0.92＝0.46×2表示1－1基础断面垫层的宽度，(7－0.68)×6表示轴线3、4、5、8、9、10六条轴线上墙下基础的总长度(纵、横墙相交部分归为横向基础计算，所以要扣除这部分所占的长度)。

⑥、⑦轴：$(0.98-0.3)\times0.92\times(8.5-0.68)\times2m^3=9.78m^3$

【注释】 (0.98－0.3)表示1－1基础室外地面至槽底的深度，0.92＝0.46×2表示1－1基础断面垫层的宽度，(0.98－0.3)×0.92表示1－1基础沟槽的断面面积。(8.5－0.68)×2表示轴线6和轴线7两条轴线上墙下基础的总长度。

A、B、C、D、E、F轴：$(0.84-0.3)\times0.68\times[39.6\times2+(3.6-0.92)]m^3=30.07m^3$

【注释】 (0.84－0.3)表示2－2基础室外地面至槽底的深度。0.68＝0.34×2表示2－2基础断面垫层的宽度。(0.84－0.3)×0.68表示基槽的截面面积。[39.6×2＋(3.6－0.92)]表示横向基础的总长度。

挖地槽工程量 $=(11.26+10.41+23.72+9.78+30.07)m^3=85.24m^3$

套用基础定额1－8。

(2)清单计算方法同定额工程量。

清单工程量计算见表2-10。

表2-10 清单工程量计算表

序号	项目编码	项目名称	项目特征描述	计量单位	工程量
1	010101003001	挖沟槽土方	三类土，条形基础，垫层底宽0.92m，挖土深度0.68m	m^3	55.17
2	010101003002	挖沟槽土方	三类土，条形基础，垫层底宽0.68m，挖土深度0.54m	m^3	30.07

【例8】 某工程挖地槽放坡如图2-10所示，二类土，计算其工程量。

【解】 (1)定额工程量

工程量 $=(1.5+1.5+0.594\times2)\times1.8/2\times[(21+12+15)\times2+(15-1.5-0.594\times2)]m^3$
$=408.25m^3$

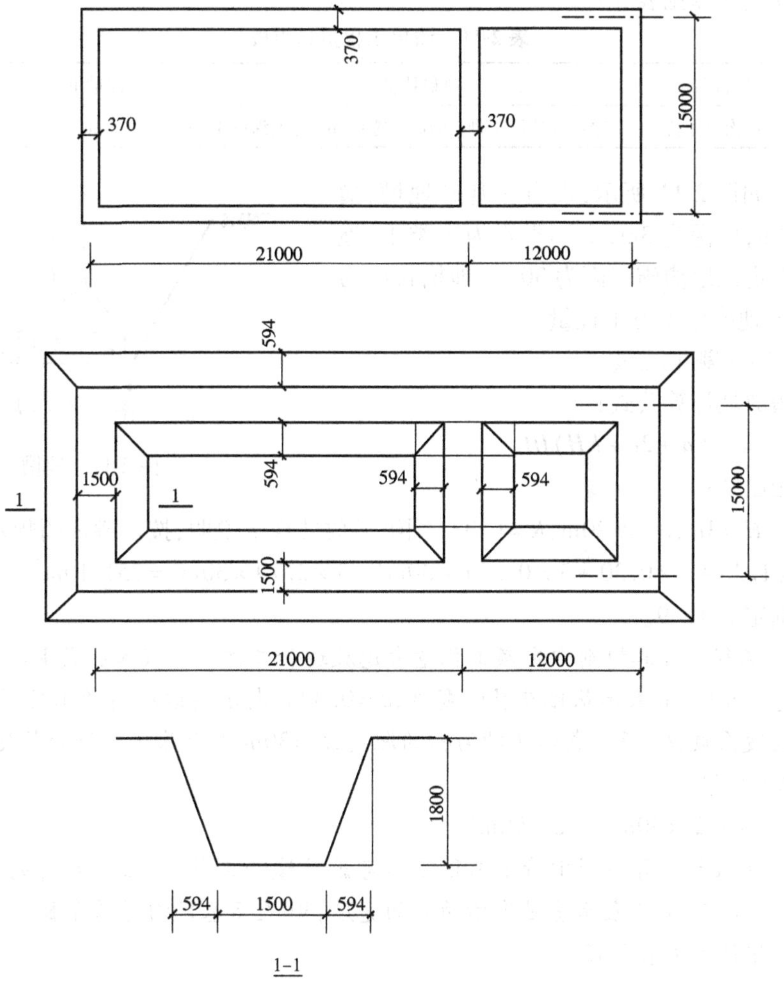

图 2-10　地槽开挖放坡示意图

套用基础定额 1 - 5。

【注释】 对应图示易看出：1.5 表示基础沟槽的下口宽度，(1.5 + 0.594 × 2) 表示基础沟槽的上口宽度，1.8 表示基础沟槽的挖土深度。(1.5 + 1.5 + 0.594 × 2) × 1.8/2 表示基础沟槽梯形截面的截面面积，[(21 + 12 + 15) × 2] 表示沟槽的总长度，其中 1.5 表示两边各减去半个槽的下底宽。(21 + 12) 表示外墙长边方向基础沟槽的长度，15 表示外墙短边方向基础沟槽的长度，两部分加起来乘以 2 就表示外墙基础沟槽的总长度。(15 - 1.5 - 0.594 × 2) 表示内墙基础沟槽的净长（1.5 表示扣除轴线两端外墙基础所占的长度）。

(2) 清单工程量

工程量 = $1.5 \times 1.8 \times [(21 + 12 + 15) \times 2 + (15 - 1.5)]\,m^3 = 295.65\,m^3$

【注释】 工程量计算规则中清单工程量不考虑放坡，所以只计算地槽的实体积。1.5 表示基础沟槽的底面宽度，1.8 表示沟槽的挖土深度，(21 + 12) 表示外墙长边方向基础沟槽的长度，15 表示外墙短边方向基础沟槽的长度，(21 + 12 + 15) × 2 就表示外墙基础沟槽的总长度，(15 - 1.5) 表示内墙基础沟槽的净长。

清单工程量计算见表 2-11。

表 2-11 清单工程量计算表

项目编码	项目名称	项目特征描述	计量单位	工程量
010101003001	挖沟槽土方	二类土,条形基础,垫层底宽 1.5m,挖土深度 1.8m	m^3	295.65

【例 9】 如图 2-11 所示,设有一基础地槽,槽底尺寸为 1.2m,槽深为 3m,土壤类别为三类土,施工组织设计规定该地槽施工面为 30cm,地槽长度为 30m,试计算该地槽挖土方工程量。

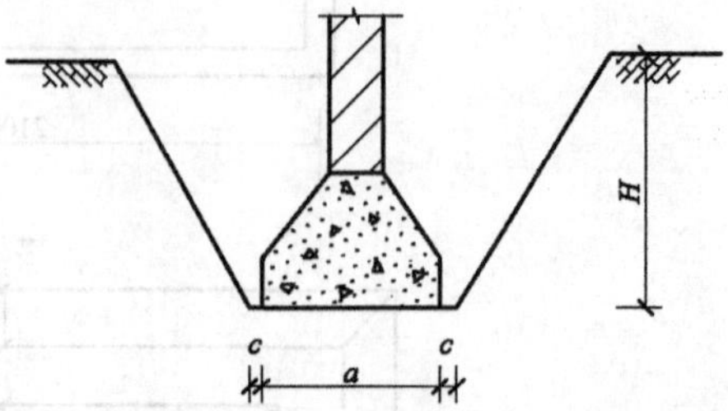

图 2-11 地槽

【解】 (1)定额工程量

依据地槽放坡计算公式:

$$V=(a+2c+KH)HL$$

式中依题已知:

$a=1.2\text{m}$, $H=3\text{m}$, $c=0.30\text{m}$, $K=0.33$(图纸无放坡规定说明,按定额说明规定取用),则

$V=3\times(1.20+2\times0.30+3\times0.33)\times30\text{m}^3=3\times2.79\times30\text{m}^3=251.10\text{m}^3$

套用基础定额 1-9。

【注释】 工程量计算规则中定额工程量考虑放坡和工作面。代入公式 $V=(a+2c+KH)HL$ 计算即可。$a=1.2\text{m}$ 表示基础垫层的宽度,$c=0.30\text{m}$ 表示两边所留的工作面,$K=0.33$ 表示三类土的放坡系数,$H=3\text{m}$ 表示基础沟槽的深度,$L=30\text{m}$ 表示基础沟槽的长度。

(2)清单工程量

工程量 $=3\times1.2\times30\text{m}^3=108.00\text{m}^3$

【注释】 工程量计算规则中清单工程量不考虑放坡和工作面,注意两者的区别。3 表示基础沟槽的挖土深度,1.2 表示基础沟槽的底面宽度,30 表示基础沟槽的净长。

清单工程量计算见表 2-12。

表 2-12 清单工程量计算表

项目编码	项目名称	项目特征描述	计量单位	工程量
010101003001	挖沟槽土方	三类土,条形基础,垫层底宽 1.2m,挖土深度 3m	m^3	108.00

【例 10】 如图 2-12 所示,求挖沟槽支木挡土板土方工程量(二类土)。

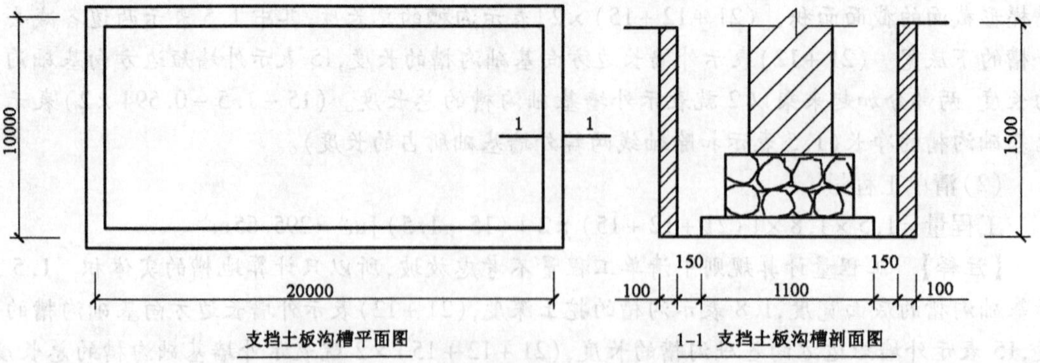

图 2-12 支挡土板沟槽平面示意图

【解】 (1)挖土方工程量:

1)定额工程量

$(1.4+0.1\times2)\times1.5\times(20+10)\times2m^3=1.6\times1.5\times60m^3=144.00m^3$

套用基础定额1-5。

【注释】 1.4表示基础垫层加工作面的宽度,0.1×2表示基础两边所留的工作面,1.5表示基础沟槽的挖土深度。(1.4+0.1×2)×1.5表示考虑工作面后沟槽截面面积,(20+10)×2表示沟槽的总长度(20表示建筑物长边方向沟槽的长度,10表示建筑物短边方向沟槽的长度)。因为沟槽中有木挡板,所以不用考虑放坡的工程量。

2)清单工程量

$1.1\times1.5\times(20+10)\times2m^3=99.00m^3$

【注释】 1.1表示基础垫层的宽度,1.5表示基础的挖土深度,(20+10)×2表示基础沟槽的总长度(20表示建筑物长边方向基础沟槽的长度,10表示建筑物短边方向基础沟槽的长度)。

(2)木挡土板工程量:

$1.5\times2\times(20+10)\times2m^2=3\times60m^2=180m^2$

套用基础定额1-55~1-58。

【注释】 木挡板的工程量是按面积来计算的,所以只需要计算出两侧木挡板的面积即可。1.5×2表示基础两侧的木挡板的高度之和,(20+10)×2表示所需木挡板的总长度(同基础沟槽的长度)。

人工挖地槽定额,一般以土壤类别和挖土深度划分定额子目,工作内容包括挖土、装土、抛土于槽边1m以外,修理槽壁、槽底。在编制工程预算时,没有地质资料,又不易确定土壤类别时暂按干土、坚土计算。在竣工结算时按实际土壤类别加以调整。

清单工程量计算见表2-13。

表2-13 清单工程量计算表

项目编码	项目名称	项目特征描述	计量单位	工程量
010101003001	挖沟槽土方	二类土,条形基础,垫层底宽1.4m,挖土深度1.5m	m^3	99.00

【例11】 如图2-13所示,土壤类别为四类土,求挖沟槽工程量。

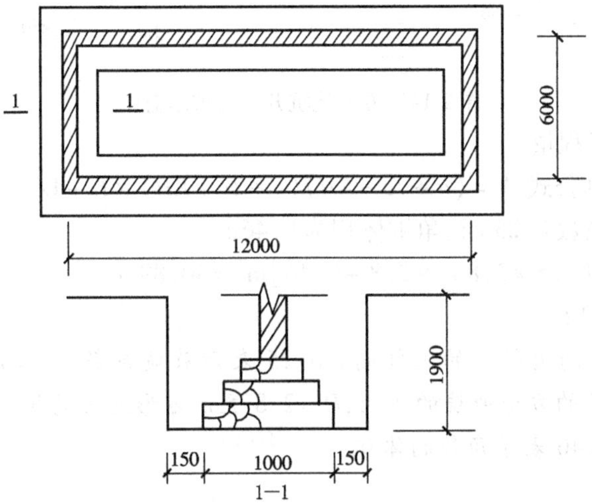

图2-13 某沟槽不需要放坡剖面图

【解】 (1)定额工程量

沟槽工程量 $=(1.0+0.15\times2)\times1.9\times(12+6)\times2m^3=88.92m^3$

套用基础定额1-11。

【注释】 1.0表示基础断面垫层的宽度,0.15×2表示基础两端所留的工作面的宽度。1.9表示基础沟槽的挖土深度,(1.0+0.15×2)×1.9表示考虑工作面后的截面面积,(12+6)×2表示沟槽的总长度(12表示建筑物长边方向基础沟槽的长度,6表示建筑物短边方向基础沟槽的长度)。

(2)清单工程量

工程量 $=1.0\times1.9\times(12+6)\times2m^3=68.40m^3$

【注释】 清单工程量中不考虑工作面和放坡。1.0表示基础垫层的宽度,1.9表示基础沟槽的挖土深度,(12+6)×2表示基础沟槽的总长度。

清单工程量计算见表2-14。

表2-14 清单工程量计算表

项目编码	项目名称	项目特征描述	计量单位	工程量
010101003001	挖沟槽土方	四类土,条形基础,垫层底宽1.0m,挖土深度1.9m	m^3	68.40

【例12】 挖方形地坑如图2-14所示,工作面宽度150mm,放坡系数1:0.25,四类土,求其工程量。

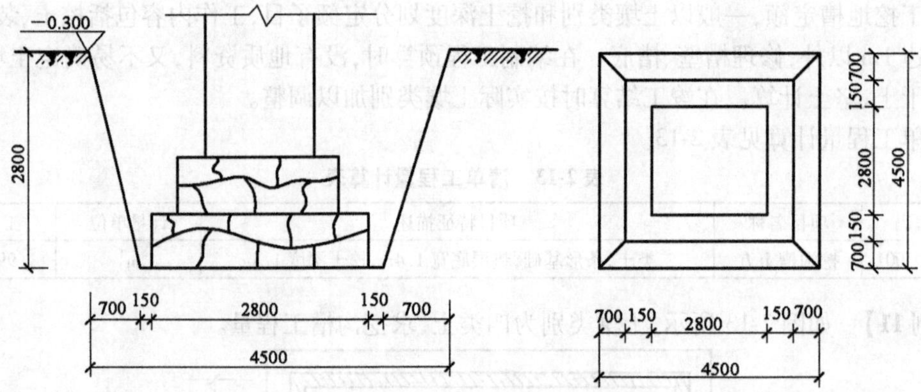

图2-14 方形地坑开挖放坡示意图

【解】 (1)定额工程量

方形放坡地坑计算公式: $V=(a+2c+KH)(b+2c+KH)\times H+1/3K^2H^3$

坑深2.8m,放坡系数0.25时,角锥体积为 $0.46m^3$。

$V=[(2.8+0.3+0.25\times2.8)^2\times2.8+0.46]m^3=40.89m^3$

套用基础定额1-12。

【注释】 0.3表示两边所加的工作面。0.25表示放坡系数。$a=b=2.8$,(2.8+0.3+0.25×2.8)表示放坡后的方形地坑的边长,$H=2.8$表示方形地坑的挖土深度。两部分相乘得出方形地坑的体积。0.46表示角锥的体积。

(2)清单工程量

$V=2.8\times2.8\times2.8m^3=21.95m^3$

【注释】 2.8×2.8 表示没有放坡的方形地坑的底面投影面积。2.8 表示方形地坑的挖土深度。

清单工程量计算见表 2-15。

表 2-15 清单工程量计算表

项目编码	项目名称	项目特征描述	计量单位	工程量
010101003001	挖沟槽土方	四类土，方形基础，垫层底宽 2.8m，挖土深度 2.8m	m^3	21.95

【例 13】 如图 2-15 所示，求矩形地坑工程量(三类土)。

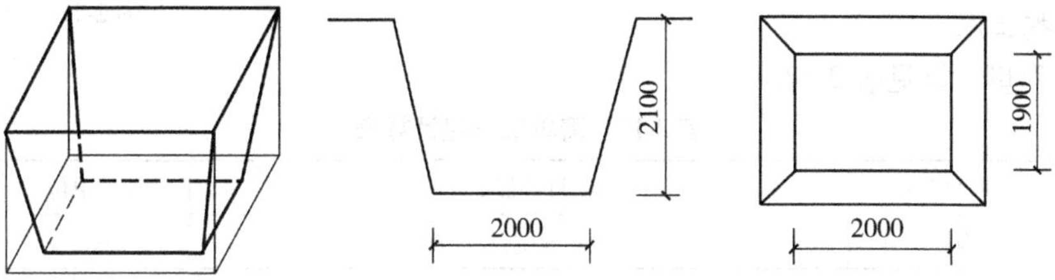

图 2-15 某矩形地坑

【解】 (1)定额工程量

矩形地坑工程量 $=[(2+2.1\times0.33)\times(1.9+2.1\times0.33)\times2.1+\frac{1}{3}\times0.33^2\times2.1^3]m^3$

$=15.00m^3$

套用基础定额 1－18。

【注释】 0.33 为放坡系数，再代入棱台的体积公式：$V=(a+KH)(b+KH)\times H+1/3K^2H^3$。其中 $a=2$ 表示地坑下底面的长度，$b=1.9$ 表示地坑下底面的宽度，$K=0.33$ 表示三类土的放坡系数，$H=2.1$ 表示地坑的挖土深度。

(2)清单工程量

矩形地坑工程量 $=2\times1.9\times2.1m^3=7.98m^3$

【注释】 清单工程量计算不考虑放坡和工作面。2 表示地坑的底面长度，1.9 表示地坑的底面宽度，2×1.9 表示地坑底面的水平投影面积。2.1 表示地坑的挖土深度。

清单工程量计算见表 2-16。

表 2-16 清单工程量计算表

项目编码	项目名称	项目特征描述	计量单位	工程量
010101003001	挖沟槽土方	三类土，矩形地坑，挖土深度 2.1m	m^3	7.98

【例 14】 如图 2-16 所示，已知圆形地坑：$R=2.2m$，$r=1.6m$，$H=2.1m$，土壤类别为三类土，求地坑工程量。

【解】 (1)定额工程量

工程量 $=\frac{1}{3}\pi H(R^2+r^2+Rr)$

$=\frac{1}{3}\times3.1416\times(2.2^2+1.6^2+2.2\times1.6)\times2.1m^3$

$=24.01m^3$

套用基础定额1－18。

【注释】 定额工程量中计算圆形基坑时直接代入公式即可。其中 $H=2.1\text{m}$ 表示圆形地坑的挖土深度，$R=2.2\text{m}$ 表示圆形地坑的上口半径，$r=1.6$ 表示圆形地坑的下口半径。

(2)清单工程量

工程量 $=3.14\times1.6^2\times2.1\text{m}^3=16.88\text{m}^3$

【注释】 清单工程量计算不考虑放坡，所以计算是按基底小圆的投影面积乘以高度来计算。1.6 表示圆形地坑底面圆的半径。2.1 表示圆形地坑的挖土深度。

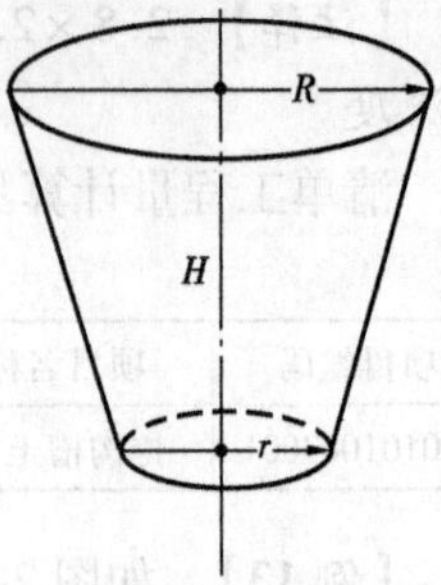

图 2-16　某圆形地坑

清单工程量计算见表 2-17。

表 2-17　清单工程量计算表

项目编码	项目名称	项目特征描述	计量单位	工程量
010101003001	挖沟槽土方	三类土，圆形地坑，挖土深度 2.1m	m^3	16.88

【例 15】 如图 2-17 所示，求沟槽挖土需二次放坡工程量（槽长 =40m，三类土）。

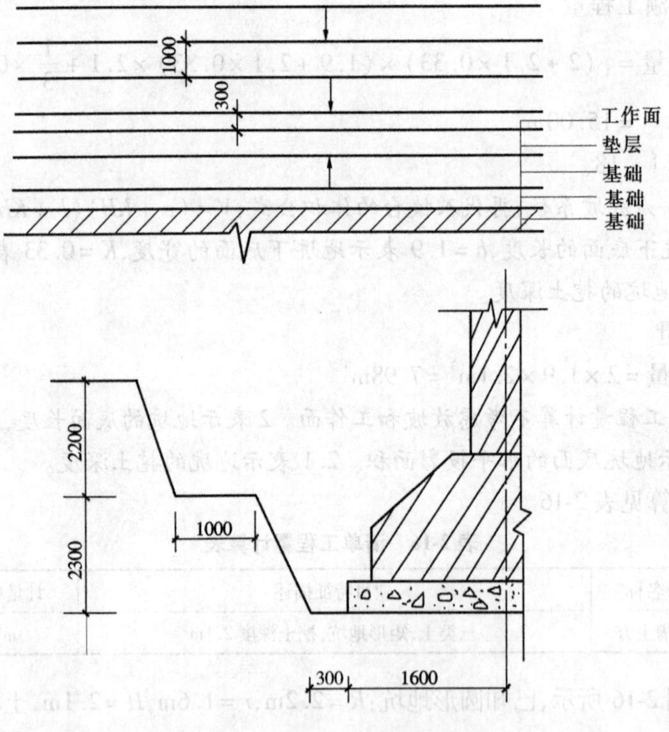

图 2-17　某基础二次放坡示意图

【解】 (1)定额工程量

$$\text{工程量}=\left\{\left[(1.6+0.3)\times2+(1.6+0.3)\times2+2.3\times0.33\times2\right]\times2.3/2+\left\{\left[(1.6+0.3)\times2+2.3\times0.33\times2+1.0\times2\right]\times2+2.2\times0.33\times2\right\}\times2.2/2\right\}\times40\text{m}^3$$

$=1127.30\text{m}^3$

套用基础定额 1－9。

【注释】 $[(1.6+0.3)\times2+(1.6+0.3)\times2+2.3\times0.33\times2]\times2.3/2$ 表示第一次放坡后的梯形截面面积，其中 $(1.6+0.3)\times2$ 表示梯形的下底宽，$(1.6+0.3)\times2+2.3\times0.33\times2$ 表示梯形的上底宽。$\{[(1.6+0.3)\times2+2.3\times0.33\times2+1.0\times2]\times2+2.2\times0.33\times2\}\times2.2/2$ 表示第二次放坡后的梯形截面面积，40 表示槽长。

(2)清单工程量

工程量 $=1.6\times2\times(2.3+2.2)\times40\text{m}^3=576.00\text{m}^3$

【注释】 清单工程量计算不考虑放坡和工作面。1.6×2 表示基础底面垫层的宽度，$(2.3+2.2)$ 表示基础沟槽的挖土深度，40 表示基础沟槽的长度。

清单工程量计算见表 2-18。

表 2-18 清单工程量计算表

项目编码	项目名称	项目特征描述	计量单位	工程量
010101003001	挖沟槽土方	三类土，条形基础，垫层底宽 3.2m，挖土深度 4.5m	m^3	576.00

挖基础土方时，根据基础类型应乘以系数，见表 2-19。

表 2-19 基础挖土方系数表

基础类型	系 数
砖 基 础	2
砖基础带垫层	2
毛石基础	1.9
砂 基 础	1
桩 基 础	6.7
杯形基础	9.3
灰土基础	1
基 础 梁	2.24

注：已知各类基础砌体中工程量乘表中系数，即得挖土方工程量。

【例 16】 如图 2-18 所示，槽长 60m，求挖该地槽二、三、四类土的工程量。

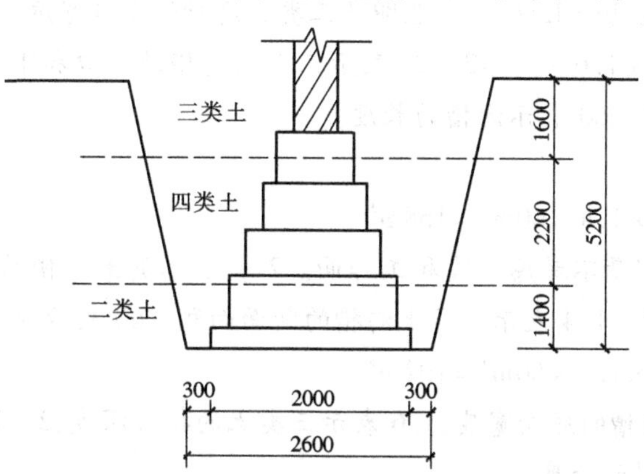

图 2-18 某地槽剖面

【解】 (1)定额工程量

二类土放坡系数 0.5，放坡起点 1.2m；三类土放坡系数 0.33，放坡起点 1.5m；四类土放坡系数0.25，放坡起点2.00m。

$$加权平均坡度系数=\frac{\sum f_i x_i}{\sum x_i}=\frac{0.5\times1.4+0.33\times1.6+0.25\times2.2}{5.2}=0.342$$

【注释】 每一类土的放坡系数乘以这类土的高度得出相应的三个数，再把这三个数加起来除以总高度即可。0.5表示二类土的放坡系数，1.4表示二类土的高度。0.33表示三类土的放坡系数，1.6表示三类土的高度，0.25表示四类土的放坡系数，2.2表示四类土的高度。5.2表示基础地槽的总高度。

二类土工程量 $=(2.6+2.6+1.4\times0.342\times2)\times1.4/2\times60m^3$

$=258.62m^3$

套用基础定额1－5。

【注释】 表示二类土层所在的地槽的截面面积乘以槽长。2.6表示二类土沟槽的下口宽度，$(2.6+1.4\times0.342\times2)$表示二类土沟槽的上口宽度。1.4表示二类土的深度。$(2.6+2.6+1.4\times0.342\times2)\times1.4/2$表示二类土基础沟槽的断面面积。60表示沟槽的长度。

四类土工程量 $=[(2.6+1.4\times0.342\times2)\times2+2.2\times0.342\times2]\times2.2/2\times60m^3$

$=568.92m^3$

套用基础定额1－12。

【注释】 表示四类土层所在的地槽的截面面积乘以槽长。$(2.6+1.4\times0.342\times2)$表示二类土沟槽的上口宽度也即是四类土沟槽的下口宽度，$[(2.6+1.4\times0.342\times2)+2.2\times0.342\times2]$表示四类土沟槽的上口宽度。2.2表示四类土沟槽的挖土深度。60表示沟槽的长度。

三类土工程量 $=[(2.6+1.4\times0.342\times2+2.2\times0.342\times2)\times2+1.6\times0.342\times2]\times1.6/2\times60m^3$

$=538.52m^3$

套用基础定额1－8。

【注释】 表示三类土层所在的地槽的截面面积乘以槽长。$(2.6+1.4\times0.342\times2+2.2\times0.342\times2)$表示四类土沟槽的上口宽度，也即是三类土沟槽的下口宽度，$[(2.6+1.4\times0.342\times2+2.2\times0.342\times2)\times2+1.6\times0.342\times2]$表示三类土沟槽的上口和下口宽度之和。1.6表示三类土沟槽的挖土深度。60表示沟槽的长度。

(2)清单工程量

二类土工程量 $=2\times1.4\times60m^3=168m^3$

【注释】 清单工程量不考虑放坡和工作面。2表示二类土沟槽的底面宽度，1.4表示二类土沟槽的挖土深度，2×1.4表示二类土沟槽的断面面积。60表示沟槽的长度。

三类土工程量 $=2\times1.6\times60m^3=192m^3$

【注释】 2表示沟槽的底面宽度，1.6表示三类土的挖土深度，2×1.6表示三类土沟槽的断面面积。60表示沟槽的长度。

四类土工程量 $=2\times2.2\times60m^3=264m^3$

【注释】 2表示沟槽的底面宽度，2.2表示四类土的挖土深度，2×2.2表示四类土沟槽的断面面积。60表示沟槽的长度。

清单工程量计算见表 2-20。

表 2-20　清单工程量计算表

序号	项目编码	项目名称	项目特征描述	计量单位	工程量
1	010101003001	挖沟槽土方	二类土,条形基础,垫层底宽 2.0m,挖土深度 1.4m	m^3	168
2	010101003002	挖沟槽土方	三类土,条形基础,垫层底宽 2.0m,挖土深度 1.6m	m^3	192
3	010101003003	挖沟槽土方	四类土,条形基础,垫层底宽 2.0m,挖土深度 2.2m	m^3	264

【例 17】　计算如图 2-19 所示人工挖地坑的工程量。三类土,已考虑坡度系数 $m=0.33$,不考虑工作面。

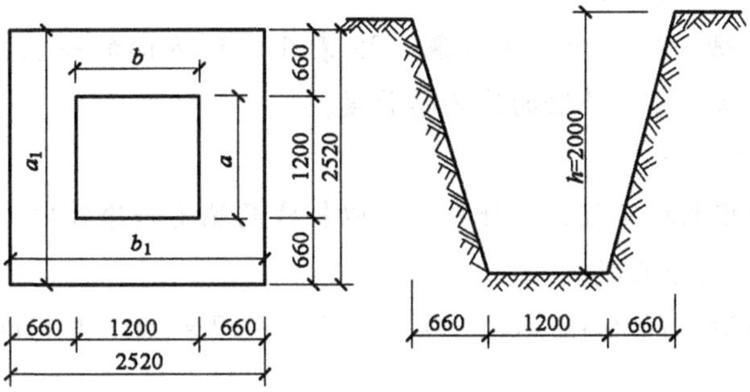

图 2-19　某地坑

【解】　(1)定额工程量

$$V=\frac{h}{6}[ab+(a+a_1)(b+b_1)+a_1b_1]$$

式中　a、b——下底边长;

a_1、b_1——上口边长。

人工挖地坑工程量 $=\frac{2}{6}\times[1.2^2+(1.2+2.52)^2+2.52^2]\text{m}^3=7.21\text{m}^3$

【注释】　直接代入上面所列的公式即可。其中 $h=2$ 表示地坑的挖土深度,$a=b=1.2$ 表示地坑底面的边长,$a_1=b_1=2.52$ 表示地坑上口的边长。

(2)清单工程量

工程量 $=1.2\times1.2\times2.0\text{m}^3=2.88\text{m}^3$

【注释】　1.2 表示地坑的底面边长,1.2×1.2 表示地坑的底面投影面积。2.0 表示地坑的挖土深度。

清单工程量计算见表 2-21。

表 2-21　清单工程量计算表

项目编码	项目名称	项目特征描述	计量单位	工程量
010101004001	挖基坑土方	三类土,方形地坑,挖土深度 2.0m	m^3	2.88

【例 18】　人工挖地槽,地槽尺寸如图 2-20 所示,墙厚 240mm,工作面每边放出 300mm,从垫层下表面开始放坡,二类土,计算地槽工程量。

【解】　(1)定额工程量

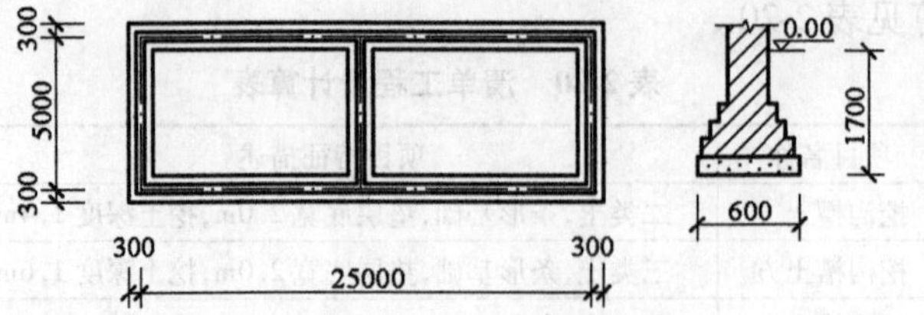

图 2-20　地槽工程量计算示意图

由于人工挖土深度为 1.7m,放坡系数取 0.5。

外墙槽长:(25 +5) ×2 =60m

【注释】　外墙的槽长按中心线来计算。25 表示长边方向的槽长,5 表示短边方向的槽长。两部分加起来乘以 2 表示外墙的沟槽总长度。

内墙槽长:5 −0.3 ×2 =4.4m

【注释】　内墙的槽长按净长线来计算。所以轴线两端要扣除外墙基础所占的长度。(5 −0.3 ×2)表示内墙槽长的净长线。

$V=(b+2c+KH)HL=(0.6+2\times0.3+0.5\times1.7)\times1.7\times(60+4.4)\text{m}^3=224.43\text{m}^3$

套用定额 1 −8。

【注释】　0.5 是放坡系数,64.4 =(60 +4.4)表示内外墙槽长之和。$b=0.6$ 表示基础底面垫层的宽度。$c=0.3$ 表示基础底面一侧所留的工作面宽度。$H=1.7$ 表示基础的挖土深度。

(2)清单工程量

$V=0.6\times1.7\times64.4\text{m}^3=65.69\text{m}^3$

【注释】　清单工程量不考虑放坡和工作面。0.6 表示基础底面的宽度,1.7 表示基础的挖土深度,0.6 ×1.7 表示基础沟槽的断面积。64.4 =(60 +4.4)表示内、外墙基础的总长度。

清单工程量计算见表 2-22。

表 2-22　清单工程量计算表

项目编码	项目名称	项目特征描述	计量单位	工程量
010101003001	挖沟槽土方	二类土,条形基础,垫层底宽 0.6m,挖土深度 1.7m	m^3	65.69

【例 19】　如图 2-21 所示,槽长 50m,槽深 1.5m,为三类土,在 0.3m 厚垫层上砌砖基础,砖基础宽 0.60m,每边增加 20cm 宽工作面,计算地槽挖土方工程量。

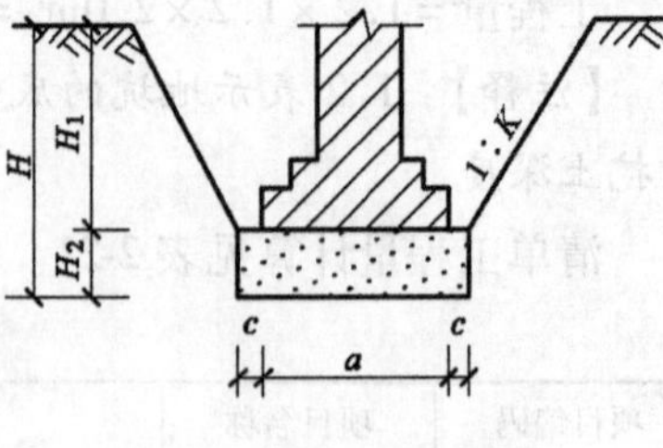

图 2-21　带垫层地槽剖面

【解】　(1)定额工程量

$$V=H_1(a+2c+KH_1)L+L(a+2c)H_2$$
$$=1.2\times(0.60+0.33\times1.2)\times50+50\times(2\times0.20+0.60)\times0.3\text{m}^3$$
$$=98.76\text{m}^3$$

套用基础定额 1 −8。

【注释】　工程量计算规则中双面放坡时地槽挖土方工程量 $=H_1(a+2c+KH_1)L+L(a+2c)H_2$。

其中 $H_1=1.2$ 表示垫层上面基础的挖土深度，$H_2=0.3$ 表示垫层的高度，$K=0.33$ 表示三类土的放坡系数，$L=50\text{m}$ 表示沟槽的长度。

(2)清单工程量

$V=aHL=(0.6+2\times0.2)\times1.5\times50\text{m}^3=75.00\text{m}^3$

【注释】 清单工程量不考虑放坡和工作面。$a=0.6$ 表示基础沟槽砖基础底面的宽度，$H=1.5$ 表示基础沟槽的总高度。$(0.6+2\times0.2)\times1.5$ 表示基础沟槽的断面面积。$L=50$ 表示基础沟槽的长度。

清单工程量计算见表 2-23。

表 2-23 清单工程量计算表

项目编码	项目名称	项目特征描述	计量单位	工程量
010101003001	挖沟槽土方	三类土，条形基础，垫层底宽 0.6m，挖土深度 1.5m	m^3	45.00

双面带挡土板（如图 2-22 所示）：

$V=H(a+2\times0.1+2c)L$

【例 20】 如图 2-22 所示，槽长 50m，槽深 1.5m，混凝土垫层宽 1.20m，每边增加 30cm 宽工作面，为二类土、双面支挡土板。计算地槽挖土方体积。

【解】 (1)定额工程量

$$\begin{aligned}V&=H(a+0.2+2c)L\\&=1.50\times(1.20+0.20+0.60)\times50\text{m}^3\\&=150\text{m}^3\end{aligned}$$

注：挡土板厚度，定额中规定为 0.10m，不得换算。

套用基础定额 1－5。

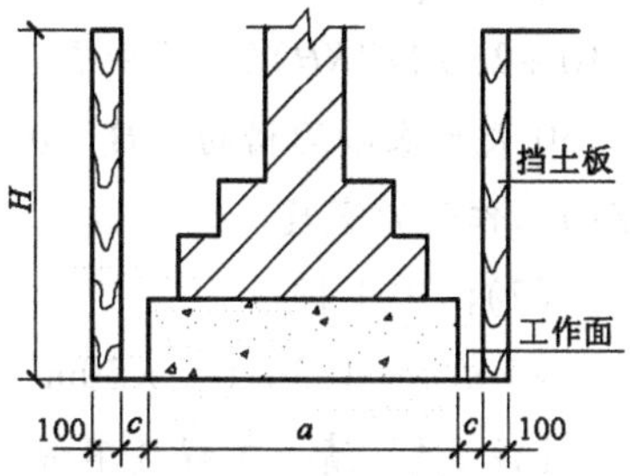

图 2-22 双面带挡土板地槽剖面

【注释】 工程量计算规则中双面带挡土板时地槽挖土方工程量 $V=H(a+2\times0.1+2c)L$。其中 $H=1.50$ 表示基础沟槽的总高度，$L=50$ 表示基础沟槽的长度。$a=1.2$ 表示混凝土垫层的厚度。$c=0.3$ 表示基础底面所留的工作面的宽度。

(2)清单工程量

$$V=aHL=1.2\times1.5\times50\text{m}^3=90.00\text{m}^3$$

【注释】 清单工程量不考虑放坡和工作面。其中 $a=1.2$ 表示基础底面的宽度，$H=1.5$ 表示基础沟槽的深度，1.2×1.5 表示基础沟槽的断面面积。$L=50$ 表示基础沟槽的长度。

清单工程量计算见表 2-24。

表 2-24 清单工程量计算表

项目编码	项目名称	项目特征描述	计量单位	工程量
010101003001	挖沟槽土方	二类土，条形基础，垫层底宽 1.2m，挖土深度 1.5m	m^3	90.00

一面放坡，一面带挡土板（如图 2-23 所示）。

$$V=H(a+0.1+2c+\frac{1}{2}KH)L$$

式中 V——挖土体积(m^3)；

H——槽面至垫层或基础底的深度或管道沟分段间的平均沟槽深度(m)；

a——基础宽度(m)；

c——工作面宽度(m)；

L——槽、沟长(m)；

K——坡度系数。

【例 21】 如图 2-23 所示，槽长 50m，槽深 1.50m，为二类土，混凝土垫层宽 1.20m，一面放坡，一面支挡板，求挖地槽土方体积。

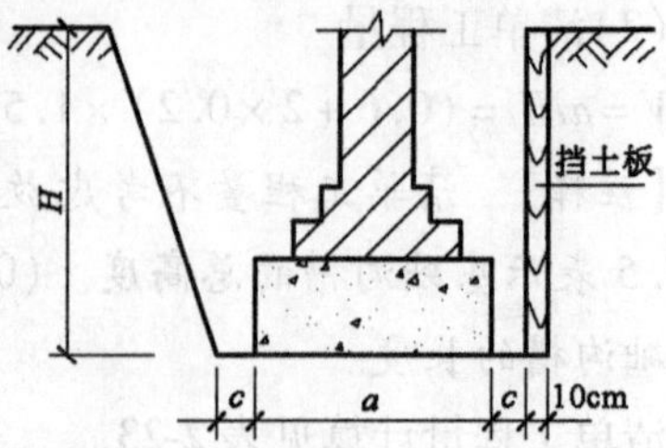

图 2-23 一面放坡、一面支挡地槽剖面图

【解】 (1)定额工程量

$$V = H(a + 0.10 + 2c + 1/2KH)L$$
$$= [1.50 \times (1.20 + 0.10 + 2 \times 0.30 + 1/2 \times 0.50 \times 1.50) \times 50]m^3$$
$$= 170.63m^3$$

套用基础定额 1－5。

【注释】 工程量计算规则中一面放坡，一面支挡土板时地槽挖土方工程量 $V = H(a + 0.10 + 2c + 1/2KH)L$。其中 $H = 1.50$ 表示基础沟槽的深度，$K = 0.50$ 表示二类土的放坡系数，$L = 50$ 表示基础沟槽的长度。$a = 1.2$ 表示混凝土垫层的宽度，$c = 0.30$ 表示基础底面一侧所留的工作面的宽度。

(2)清单工程量

$$V = aHL = 1.2 \times 1.5 \times 50m^3 = 90.00m^3$$

【注释】 清单工程量不考虑放坡和工作面。1.2 表示基础底面的宽度，1.5 表示基础沟槽的挖土深度，1.2×1.5 表示基础沟槽的断面面积。50 表示基础沟槽的长度。

清单工程量计算见表 2-25。

表 2-25 清单工程量计算表

项目编码	项目名称	项目特征描述	计量单位	工程量
010101003001	挖沟槽土方	二类土，条形基础，垫层底宽 1.20m，挖土深度 1.50m	m^3	90.00

2. 人工挖孔桩土方工程量

定额工程量计算规则：人工挖孔桩土方工程量按图示桩断面面积乘以设计桩孔中心线深度计算。

清单工程量计算规则：挖沟槽、基坑土方工程量按设计图示尺寸以基础垫层底面面积乘以挖土深度以立方米计算。

【例 22】 图 2-24、图 2-25 为某人工挖孔桩示意图，二类土，试计算其人工挖孔桩的土方工程量。

上部承台土方为圆形地坑，按圆台计算其土方量，执行挖地坑定额；下部孔底土方，由圆柱、圆台、球缺组成，应分别按圆桩、圆台和球缺计算其工程量，执行“人工挖孔桩”定额，故应分列两项进行计算。

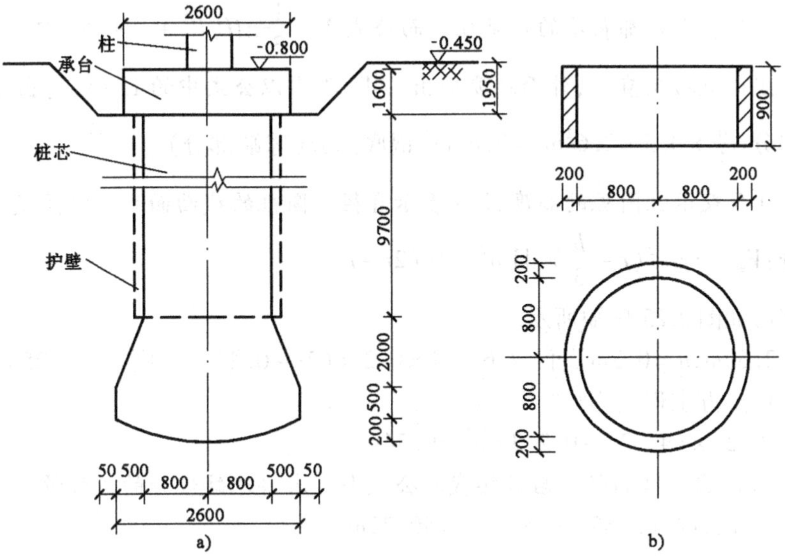

图 2-24　人工挖大孔桩示意图

a)桩　b)护壁(衬套)

【解】　(1)人工挖地坑土方

1)定额工程量

人工挖地坑,放坡系数 $K=0.5$,工作面取 $c=0.30\text{m}$,则

$$V=\frac{1}{3}\times\pi\times1.95\times[(3.2/2)^2+(5.15/2)^2+3.2/2\times5.15/2]\text{m}^3=27.17\text{m}^3$$

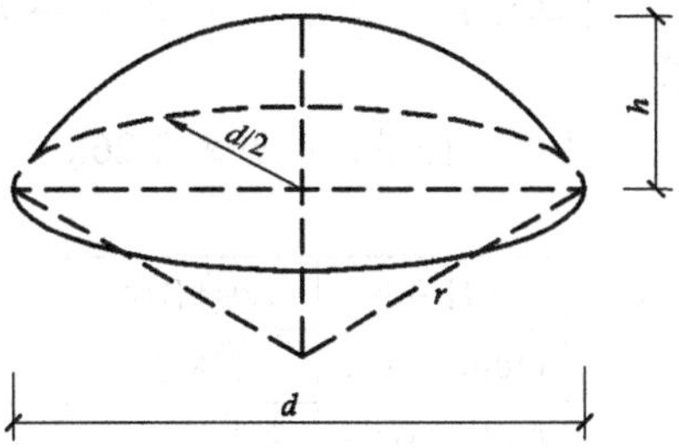

图 2-25　球缺计算示意图

套基础定额 1－17。

【注释】　式子中 $3.2=2.6+0.30\times2$,为开口处下底宽,$5.15=3.2+2\times0.5\times1.95$,为开口处上口宽,1.95 表示深度,0.5 表示放坡系数,然后代入公式:工程量 $V=\frac{1}{3}\pi H(R^2+r^2+Rr)$。

2)清单工程量

$V=1/4\pi\times2.6^2\times1.95\text{m}^3=10.35\text{m}^3$

【注释】　清单中计算的是无放坡、无工作面时的工程量。

(2)人工挖孔桩土方

1)定额工程量

桩身部分:$\frac{\pi}{4}\times9.7\times2.0^2\text{m}^3=30.47\text{m}^3$

【注释】　9.7 表示桩身的高度,2.0 表示直径,截面面积乘以高度即得出桩身的工程量。

圆台部分:$\frac{\pi}{12}\times2.0\times(1.6^2+2.6^2+1.6\times2.6)\text{m}^3=7.06\text{m}^3$

【注释】 1.6 和 2.6 都表示的是直径。而公式 $V=\frac{1}{3}\pi H(R^2+r^2+Rr)$ 中用的是半径，所以本题中括号里面直接用直径，外面就要提出 1/4，再乘以公式中的 1/3 就得出 1/12。

上圆桩部分：$\frac{\pi}{4}\times 0.5\times 2.6^2\text{m}^3=2.65\text{m}^3$ 锅底部分（球缺部分）

【注释】 0.5 表示上圆桩的高度，2.6 表示直径。圆桩的截面面积乘以高度。

计算部分：$V_{球缺}=\pi h^2(r-\frac{h}{3})$，且 $d^2=4h(2r-h)$

式中各字母如图 2-25 球缺所示。

已知：$d=2.60\text{m}$，$h=0.2\text{m}$，而 $2.6^2=4\times 0.2\times(2r-0.2)$ 则 $r=4.325\text{m}$

人工挖孔桩土方工程量为

$V_{球缺}=\pi\times 0.2^2\times(4.325-0.2/3)\text{m}^3=0.54\text{m}^3$

【注释】 计算出所需的数据后直接代入公式即可求得球缺部分的工程量。

$V_n=(30.47+7.06+2.65+0.54)\text{m}^3=40.72\text{m}^3$

套用基础定额 1-29。

2）清单工程量

$V=3.14\times 1.3^2\times(9.7+2+0.5+0.2+1.6)\text{m}^3=74.29\text{m}^3$

【注释】 1.3 表示半径，3.14×1.3^2 表示截面面积，$(9.7+2+0.5+0.2+1.6)$ 表示总高度。

清单工程量计算见表 2-26。

表 2-26 清单工程量计算表

序号	项目编码	项目名称	项目特征描述	计量单位	工程量
1	010101003001	挖沟槽土方	二类土，地坑，垫层底宽 2.6m，挖土深度 1.95m	m^3	10.35
2	010101003002	挖沟槽土方	二类土，桩基础，挖土深度 12.4m	m^3	74.29

【例 23】 根据图 2-26 中的有关数据和上述计算公式，计算挖孔桩土方工程量，土壤类别为二类土。

【解】 （1）定额工程量

1）桩身部分：

$$V=3.1416\times(\frac{1.15}{2})^2\times 10.90\text{m}^3=11.32\text{m}^3$$

【注释】 桩的截面面积乘以高度。$3.1416\times(\frac{1.15}{2})^2$ 表示桩的截面面积（其中 1.15 表示桩的直径）。10.90 表示桩的高度。

2）圆台部分：

$$\begin{aligned}V&=\frac{1}{3}\pi h(r^2+R^2+rR)\\&=\frac{1}{3}\times 3.1416\times 1.0\times[(\frac{0.80}{2})^2+(\frac{1.20}{2})^2+\frac{0.80}{2}\times\frac{1.20}{2}]\text{m}^3\\&=1.047\times(0.16+0.36+0.24)\text{m}^3\\&=1.047\times 0.76\text{m}^3=0.80\text{m}^3\end{aligned}$$

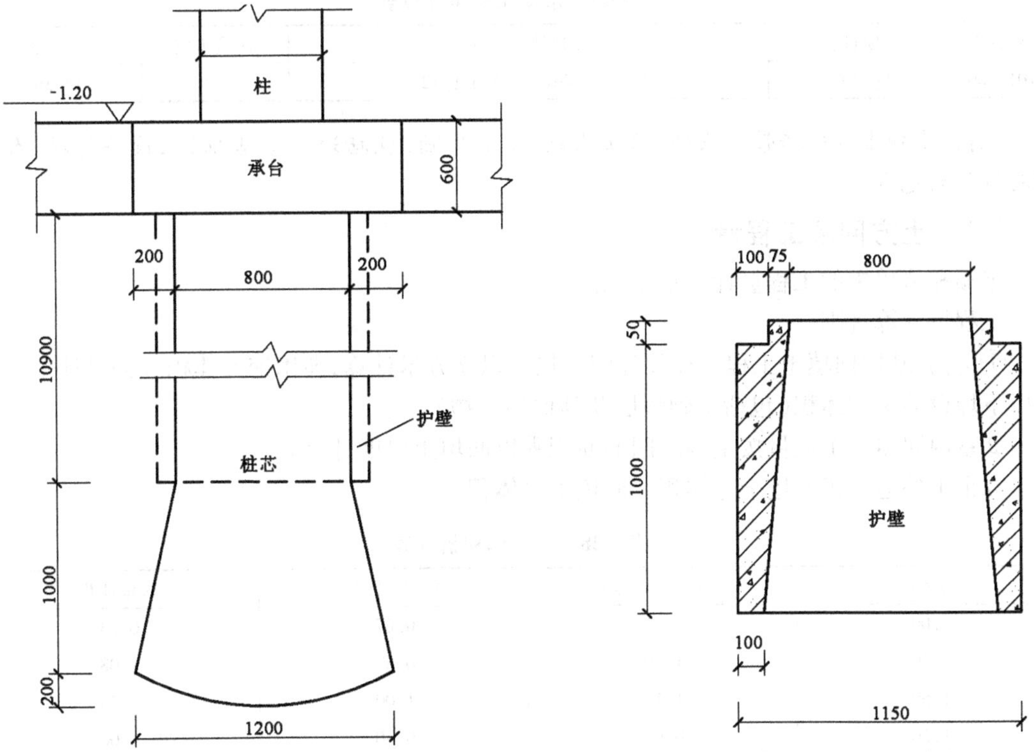

图 2-26　挖孔桩示意图

【注释】　把各个相应的数据代入公式：$V=1/3\pi h(r^2+R^2+rR)$。其中 $h=1.0$ 表示圆台的高度，$r=0.80/2$ 表示圆台上口处小圆的半径。$R=(0.8+0.2+0.2)/2$ 表示圆台下口处大圆的半径。

3）球冠部分：

$$R=\frac{(\frac{1.20}{2})^2+0.2^2}{2\times 0.2}\text{m}=\frac{0.40}{0.4}\text{m}=1\text{m}$$

$$V=\pi h^2(R-\frac{h}{3})=3.1416\times 0.20^2\times(1-\frac{0.20}{3})\text{m}^3=0.12\text{m}^3$$

【注释】　球冠的体积公式：$V=\pi h^2(R-h/3)$。其中 $\pi=3.1416$，$h=0.20$ 表示球冠的高度，$R=1.0$ 表示球冠的半径。

挖孔桩体积 $=(11.32+0.80+0.12)\text{m}^3=12.24\text{m}^3$

【注释】　分别把三部分的体积加起来就是挖孔桩土方工程量。11.32 表示桩身部分的工程量，0.80 表示圆台部分的工程量。0.12 表示球冠部分的工程量。

套用基础定额 1－26。

（2）清单工程量

$V=\pi\times 0.6^2\times(0.6+10.9+1+0.2)\text{m}^3=14.36\text{m}^3$

【注释】　$\pi\times 0.6^2$ 表示截面面积，$(0.6+10.9+1+0.2)$ 表示桩的总高度。

清单工程量计算见表 2-27。

表 2-27　清单工程量计算表

项目编码	项目名称	项目特征描述	计量单位	工程量
010101003001	挖沟槽土方	二类土，桩基础，挖土深度 12.7m	m^3	14.36

注：挖基础土方包括带形基础、独立基础、满堂基础（包括地下室基础）及设备基础、人工挖孔桩等的地方。

2.5　土方回填工程量

定额和清单中的工程量计算规则相同。

工程量计算规则：

①沟槽、基坑回填土工程量按设计图示尺寸以立方米计算，即用挖方体积减去设计室外地坪以下埋设的基础体积（包括基础垫层及其他构筑物）。

②室内回填土工程量按主墙之间的面积乘以回填土厚度计算。

③余土外运体积 = 挖土总体积 − 回填土总体积

表 2-28　土方体积折算表

虚方体积	天然密实度体积	夯实后体积	松填体积
1.00	0.77	0.67	0.83
1.30	1.00	0.87	1.08
1.50	1.15	1.00	1.25
1.20	0.92	0.80	1.00

【例 24】　以图 2-27 为例，其中①轴线、③轴线、A、B、C 轴线上外墙基础剖面如图 2-27 中 1−1 剖面所示，②轴线上内墙基础剖面如图 2-27 中 2−2 剖面所示。试计算人工挖基槽、回填土及余土运输工程量（根据施工方案，基槽由混凝土基础下表面开始放坡，混凝土基础支模，土壤为三类）。

【解】　(1)挖土工程量计算

挖基槽工程量计算公式为：

$$V = (a + 2c + KH)HL$$

其中，挖土深度：$H = (2.0 - 0.3)\text{m} = 1.7\text{m}$

【注释】　2.0 表示基础垫层底面标高，0.3 表示室外地坪标高。

混凝土基础底面宽度：$a = 0.8\text{m}$

加宽工作面：$c = 0.3\text{m}$

放坡系数（三类土）：$K = 0.33$

挖基槽长度 L 计算：

1)外墙取中心线长度：

从图 2-27 中可看出，由于墙厚为 365mm，外墙轴线都不在图形中心线上，所以应对外墙中心线进行调中处理。偏心距计算得

$\delta = (365/2 - 120)\text{mm} = 62.5\text{mm} = 0.0625\text{m}$

则　A 轴线（①—③）：$L_{中} = (8.4 + 0.0625 \times 2)\text{m} = 8.525\text{m}$

【注释】　8.4 = 5.7 + 2.7，对应图示易看出。0.0625 × 2 表示轴线两端所增加的偏心距长度。

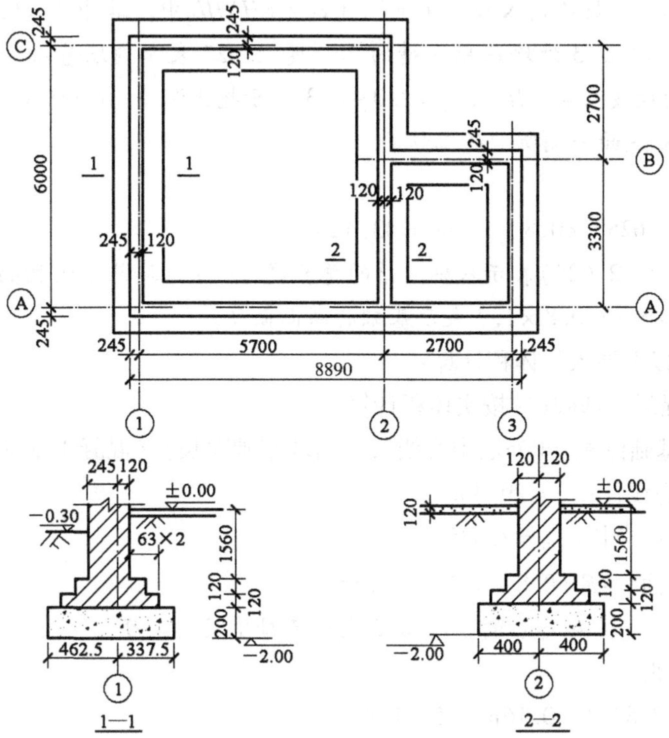

图 2-27　基础示意图

B 轴线(②—③):$L_{中} = (2.7 + 0.0625)\text{m} = 2.7625\text{m}$

C 轴线(①—②):$L_{中} = (5.7 + 0.0625)\text{m} = 5.7625\text{m}$

①轴线(Ⓐ—Ⓒ):$L_{中} = (6.0 + 0.0625 \times 2)\text{m} = 6.125\text{m}$

②轴线(Ⓑ—Ⓒ):$L_{中} = 2.7\text{m}$

③轴线(Ⓐ—Ⓑ):$L_{中} = (3.3 + 0.0625 \times 2)\text{m} = 3.425\text{m}$

【注释】　对照图形确定每条轴线应该加几个偏心距,计算出相应的数值。

总长度 $L_{中} = (8.525 + 2.7625 + 5.7625 + 6.125 + 2.7 + 3.425)\text{m} = 29.3\text{m}$

【注释】　把每条轴线上外墙中心线的长度加起来就是该建筑物外墙中心线的总长度。

外墙中心线长也可以更快捷计算,即

外墙中心线长:$L_{中} = [(8.4 + 6.0) \times 2 + 0.0625 \times 8]\text{m} = 29.3\text{m}$

式中　8——偏心距的个数,只要是四边形平面,均有 $4 \times 2 = 8$。

注:这种方法计算简捷并且不易出错,关键在于理解。

2)内墙用基础底面净长线计算:

$L_{内} = (3.3 - 0.3375 \times 2)\text{m} = 2.625\text{ m}$

【注释】　对应 1－1 截面可以看出:0.3375 表示轴线到混凝土基础底面边线的长度,因为内墙的计算按基础底面净长线来计算,所以两端都要减去这部分的长度。

①定额工程量

挖地槽体积:$V_{挖} = (29.3 + 2.625) \times (0.8 + 2 \times 0.3 + 0.33 \times 1.7) \times 1.7\text{m}^3 = 106.43\text{m}^3$

套用基础定额 1－8。

【注释】 把相应的数值代入公式 $V=(a+2c+KH)HL$ 中。其中 $L=(29.3+2.625)$，表示基础沟槽的总长度(29.3 外墙基础沟槽的总长度，2.625 表示内墙基础沟槽的净长)。$K=0.33$ 表示三类土的放坡系数。$H=1.7=2.0-0.3$ 表示挖土深度。$a=0.8$ 表示基础垫层的宽度，$c=0.3$ 表示基础底面一侧所留的工作面。

②清单工程量

$V_{挖}=(29.3+2.625)\times0.8\times1.7m^3=43.42m^3$

【注释】 (29.3+2.625)表示基础沟槽的总长度(29.3 外墙基础沟槽的总长度，2.625 表示内墙基础沟槽的净长)，0.8×1.7 表示基础的断面面积。

(2)室外地坪以下埋入物体积计算：

1)200mm 厚混凝土基础(应按实体积计算)：

混凝土基础体积 = (外墙中心线长 + 内墙基础净长) × 混凝土基础断面积

其中，外墙中心线长：$L_{中}=29.3m$

内墙混凝土基础净长：$L_{垫}=2.625m$

混凝土基础断面积：$F=0.8\times0.2m^2=0.16m^2$

【注释】 0.8 表示基础垫层的宽度，0.2 表示基础垫层的深度。

代入公式计算得

$V_{埋1}=(29.3+2.625)\times0.16m^3=5.11m^3$

【注释】 (29.3+2.625)表示内、外墙基础垫层的总长度。0.16 表示基础垫层的断面面积。

2)砖基础(算至室外地坪)：

砖基础体积 = 外墙中心线长 × 外墙砖基础断面积 + 内墙净长 × 内墙砖基础断面积

其中，外墙中心线长：$L_{中}=29.3m$

内墙净长：$L_{净}=(3.3-0.12\times2)m=3.06m$

外墙砖基础断面积：$F=[(1.56-0.3)\times0.365+(0.365+0.063\times2)\times0.12+(0.365+0.063\times4)\times0.12]m^2$

$=0.593m^2$

【注释】 砖基础是按照室外地坪开始计算的，所以计算高度时要减去室内外地坪高差 0.3，(1.56-0.3)表示大放脚基础上面的墙基的高度。0.365 表示外墙墙体的厚度。0.12 表示等高大放脚基础每阶放脚的高度，$(0.365+0.063\times2)$ 表示两阶等高大放脚基础的上面一阶放脚的宽度。$(0.365+0.063\times2)\times0.12$ 表示两阶等高大放脚基础上面一阶放脚的断面每阶。$(0.365+0.63\times4)$ 表示两阶等高大放脚基础下面一阶基础的宽度，0.12 表示高度。$(0.365+0.063\times4)\times0.12$ 表示两阶等高大放脚下面一阶基础的断面面积。

内墙砖基础断面积：$F=[(1.56-0.3)\times0.24+(0.24+0.063\times2)\times0.12+(0.24+0.063\times4)\times0.12]m^2$

$=0.41m^2$

【注释】 内墙的计算方法同外墙，只是内墙的墙厚是 0.24。(1.56-0.3)表示大放脚基础上面墙基的高度(0.3 表示室外地坪的标高)，0.24 表示内墙墙体的厚度，$(1.56-0.3)\times0.24$ 表示墙基的断面面积。$(0.24+0.063\times2)\times0.12$ 表示两阶等高大放脚基础上面一阶的断面面积。$(0.24+0.063\times4)\times0.12$ 表示两阶等高大放脚基础下面一阶放脚的断面面积。

代入公式计算得：

$V_{埋2}=(29.3\times0.593+3.06\times0.41)m^3=18.63m^3$

【注释】 29.3 表示外墙墙体中心线的长度，0.593 表示外墙砖基础的断面面积，29.3×0.593 就表示外墙砖基础的体积。3.06 表示内墙墙体净长线的长度，0.41 表示内墙砖基础的断面面积，3.06×0.41 就表示内墙砖基础的体积。

套用基础定额 4－1。

(3) 回填土方工程量计算：

1) 基槽回填土方工程量：

①定额工程量

$V_{填1}$ = 挖槽土方量－室外设计地坪以下埋入量

$=(106.43-5.11-18.63)m^3$

$=82.69\ m^3$

【注释】 106.43 表示挖地槽总体积，5.11 表示垫层所占的体积，18.63 表示垫层上面砖基础所占的体积。扣除垫层和基础所占的体积就等于基础回填土的体积。

②清单工程量

$V_{填1}=(43.42-5.11-18.63)m^3=19.68m^3$

【注释】 43.42 表示清单计算出的地槽挖土方工程量，扣除垫层和砖基础所占的体积就等于清单基础回填土的工程量。

2) 室内回填土工程量：

①定额工程量

$V_{填2}$ = 室内主墙间净面积×回填土厚度

其中，净面积：$F=[(5.7-0.12-0.12)\times(6.0-0.12\times2)+(2.7-0.12-0.12)\times(3.3-0.12\times2)]m^2$

$=38.98m^2$

【注释】 0.12 表示轴线到墙内边线的距离，计算净面积要扣除墙体部分所占的面积。$(5.7-0.12\times2)\times(6.0-0.12\times2)$ 表示左边大房间室内主墙间的净面积。$(5.7-0.12\times2)\times(6.0-0.12\times2)$ 表示右边大房间室内主墙间的净面积。

由基础剖面图可看出，室内外高差为 0.30m，地面面层及垫层总厚度为 0.12m，所以：

回填土厚度 $h=(0.3-0.12)m=0.18m$

室内回填土工程量：$V_{填2}=38.98\times0.18m^3=7.02m^3$

注：室内回填土的净面积乘以室内回填土的厚度等于室内回填土的体积。

②清单计算方法同定额工程量。

3) 回填土总工程量：

①定额工程量

$V_{填}=V_{填1}+V_{填2}=(82.69+7.02)m^3=89.71m^3$

注：把定额工程量计算出的两部分填土方的体积加起来就是总的回填土的体积。82.69

表示基槽回填土的体积，7.02 表示室内回填土的体积。

套用基础定额 1-46。

②清单工程量

$V_{填} = (19.68 + 7.02)m^3 = 26.70m^3$

【注释】 把清单工程量计算出的两部分填土方的体积加起来就是总的回填土的体积。19.68 表示清单计算出的基槽回填土工程量，7.02 表示室内回填土工程量。

(4) 土方运输工程量计算(1.15 为可松性系数)：

①定额工程量

余土外运体积：$V_{运} = V_{挖} - V_{填} = (106.43 - 89.71 \times 1.15)m^3 = 3.26m^3$

【注释】 1.15 表示可松性系数。用定额工程量计算出的挖方体积减去相应的填土方体积就是余土外运的体积。

②清单工程量

$V_{运} = (43.42 - 26.70 \times 1.15)m^3 = 12.72m^3$

【注释】 1.15 表示可松性系数，用清单工程量计算出的挖方体积减去相应的填土方体积就是余土外运的体积。

清单工程量计算见表 2-29。

表 2-29 清单工程量计算表

序号	项目编码	项目名称	项目特征描述	计量单位	工程量
1	010101003001	挖沟槽土方	三类土，条形基础，垫层底宽 0.8m，挖土深度 1.7m	m^3	43.42
2	010103001001	回填方	夯填	m^3	19.68
3	010103001002	回填方	夯填	m^3	7.02

挖地槽时，挖去的土在砌筑完基础等地下结构后，可用来回填。地槽回填土的体积等于挖土体积与室外地坪以下砌筑结构体积之差。挖去的土未填完，余土需外运，余土外运体积等于挖土体积与填土体积之差；挖去的土不够填，需取土运回，取土体积等于填土体积与挖土体积之差。

【例 25】 计算如图 2-28 所示建筑物地槽开挖的土方工程量，包括地槽挖土工程量、地槽回填土工程量、室内地面回填土工程量、余土外运或取土工程量(三类土，放坡系数为 0.33)。

【解】 (1) 定额工程量

地槽挖土工程量 $= (1.2 + 0.3 \times 2 + 1.7 \times 0.33) \times 1.7 \times (12 + 6) \times 2m^3 = 144.49m^3$

套用基础定额 1-8。

【注释】 利用公式 $V = L(a + 2c + KH)H$ 其中：$a = 1.2$ 表示基础垫层的宽度，$c = 0.3$ 表示基础底面所留的工作面的宽度，$K = 0.33$ 表示三类土的放坡系数，$H = 1.7$ 表示基础的挖土深度，$L = (12 + 6) \times 2$ 表示基础沟槽的总长度(12 表示建筑物长边方向基础沟槽的长度，6 表示建筑物短边方向基础沟槽的长度)。

$$\text{地槽回填土工程量} = \{144.49 - [1.2 \times 0.1 + 0.8 \times 0.4 + 0.4 \times 0.4 + 0.24 \times (1.7 - 0.1 - 0.4 - 0.4)] \times (12 + 6) \times 2\}m^3 = 115.98m^3$$

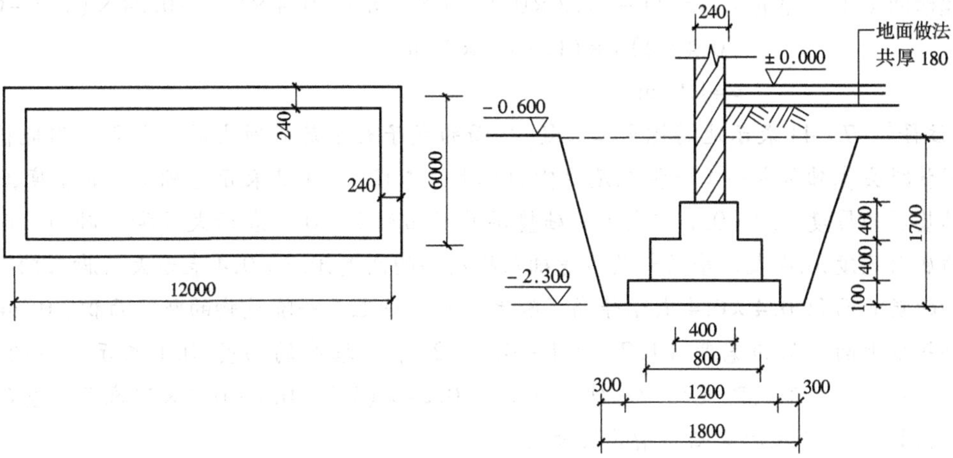

图 2-28　某地槽

套用基础定额 1-46。

【注释】 1.2 表示基础垫层的宽度,0.1 表示垫层的厚度,1.2×0.1 表示 100 厚垫层的断面积。(0.8×0.4+0.4×0.4)表示大放脚的断面积 (0.8 表示基础大放脚的下面一阶放脚的底面宽度,0.4 表示等高大放脚基础每阶放脚的高度,0.8×0.4 表示大放脚基础下面一阶放脚的断面面积,0.4×0.4 表示等高大放脚基础的上面一阶的断面面积)。0.24×(1.7-0.1-0.4-0.4)表示砖基础的断面积[0.24 表示砖基础的宽度,(1.7-0.1-0.4-0.4)表示砖基础的高度,其中 1.7=2.3-0.6 表示室外地坪到基础槽底的深度, 0.1 表示垫层的厚度,(0.4+0.4)表示等高二阶大放脚基础的高度],(12+6)×2 表示沟槽的总长度(12 表示建筑物长边方向沟槽的长度,6 表示建筑物短边方向的长度)。

室内地面回填土工程量 $=(0.6-0.18)\times(12-0.24)\times(6-0.24)\text{m}^3=28.45\text{m}^3$

【注释】 (0.6-0.18)表示回填土的厚度(0.6 表示室内外地坪高度差,0.18 表示地面做法共厚 180mm),0.24=0.12×2 表示扣除轴线两端墙体所占的长度。(12-0.24)表示建筑物长边方向的墙体内边线的净长,(6-0.24)表示建筑物短边方向的墙体内边线的净长。(12-0.24)×(6-0.24)表示室内主墙间净面积。

套用基础定额 1-46。

取土运输工程量 $=(115.98+28.45-144.49)\text{m}^3=-0.06\text{m}^3$

【注释】 115.98 表示地槽回填土的工程量,28.45 表示室内地面回填土工程量,144.49 表示地槽挖土工程量。计算结果为负数,表明土方回填多余,无需内运土方。

故余土外运工程量 $=0.06\text{m}^3$

套用基础定额 1-49。

(2)清单工程量

地槽挖土工程量 $=1.2\times1.7\times(12+6)\times2\text{m}^3=73.44\text{m}^3$

【注释】 1.2 表示基础底面的宽度,1.7 表示基础的挖土深度,(12+6)×2 表示基础沟槽的总长度(12 表示建筑物长边方向的基础沟槽长度,6 表示建筑物短边方向基础沟槽的长度)。

地槽回填土工程量 = $\{73.44 - [1.2\times0.1 + 0.8\times0.4 + 0.4\times0.4 + 0.24\times(1.7-0.1-0.4\times2)]\times(12+6)\times2\}\text{m}^3$

$= 44.93\text{m}^3$

【注释】 73.44表示地槽挖土工程量,后面的式子表示基础所占的工程量。用地槽挖土的工程量减去基础所占的工程量就是地槽回填土的工程量。1.2表示基础垫层的宽度,0.1表示基础垫层的厚度,1.2×0.1就表示基础垫层的断面面积。0.8表示大放脚基础的下面一阶放脚的底面宽度,0.4表示等高大放脚基础每阶放脚的高度,0.8×0.4表示大放脚基础下面一阶放脚的断面面积,0.4×0.4表示等高两阶大放脚基础上面一阶放脚的断面面积。0.24表示大放脚基础上面墙基的宽度,(1.7−0.1−0.4×2)表示墙基的高度(0.1表示垫层的厚度,(0.4+0.4)表示等高两阶大放脚基础的高度)。0.24×(1.7−0.1−0.4×2)表示墙基的断面面积。(12+6)×2表示基础沟槽的总长度。

室内地面回填土工程量 = $(0.6-0.18)\times(12-0.24)\times(6-0.24)\text{m}^3 = 28.45\text{m}^3$

【注释】 (0.6−0.18)表示基础回填土的厚度(0.6表示室内外高度差,0.18表示室内地面做法共厚180mm)。(12−0.24)×(6−0.24)表示室内回填地面的净面积。(12−0.24)表示建筑物长边方向墙体内边线的长度,(6−0.24)表示建筑物短边方向墙体内边线的长度。

取土运输工程量 = $(44.93+28.45-73.44)\text{m}^3 = -0.06\text{m}^3$

清单工程量计算见表2-30。

表2-30 清单工程量计算表

序号	项目编码	项目名称	项目特征描述	计量单位	工程量
1	010101003001	挖沟槽土方	三类土,条形基础,垫层底宽1.2m,挖土深度1.7m	m^3	73.44
2	010103001001	回填方	夯填	m^3	44.93
3	010103001002	回填方	夯填	m^3	28.45

【例26】 某建筑物基础的平面图、剖面图如图2-29所示。已知室外设计地坪以下各种工程量为:垫层体积2.4m^3,砖基础体积16.24m^3。试求该建筑物平整场地、挖土方、回填土、房心回填土、余(亏)土运输工程量(不考虑挖填土方的运输)。图中尺寸均以mm计,放坡系数$K=0.33$,工作面宽度$c=300\text{mm}$,二类土。

【解】 (1)定额工程量

平整场地面积:$F=(a+4)\times(b+4)=(3.2\times2+0.24+4)\times(6+0.24+4)\text{m}^2$

$=108.95\text{m}^2$

套用基础定额1−48。

【注释】 4表示每边各加2m,因为定额工程量计算规则中平整场地是按建筑物外墙外边线每边各加2m,以面积平方米计算的。0.24=0.12×2表示轴线两端所增加的轴线到建筑物外墙边的长度。$a=(3.2\times2+0.24)$就表示建筑物长边方向外墙外边线的长度,$b=(6+0.24)$表示建筑物短边方向外墙外边线的长度。

挖地槽体积(按垫层下表面放坡计算):

$V_1=H(a+2c+KH)L$

$=1.5\times(0.8+2\times0.3+0.33\times1.5)\times[(6.4+6)\times2+(6-0.4\times2)]\text{m}^3$

$=85.28\text{m}^3$

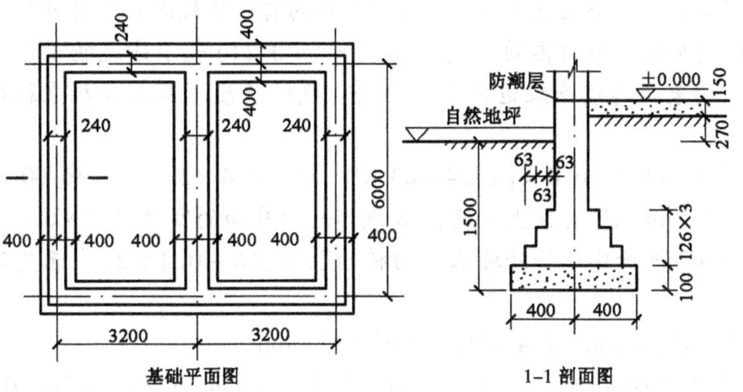

图 2-29 基础平面图、剖面图

套用基础定额 1 - 8。

【注释】 $H=1.5$ 表示地槽的挖土深度。$a=0.8$ 表示基础垫层的宽度，$c=0.3$ 表示基础底面所留的工作面的宽度，$K=0.33$ 表示放坡系数，$L=(6.4+6)\times2+(6-0.4\times2)$ 表示内、外墙基础沟槽的总长度[6.4 表示建筑物长边方向的基础沟槽长度，6 表示建筑物短边方向基础沟槽的长度，$(6.4+6)\times2$ 表示建筑物外墙基础沟槽的总长度]。$(6-0.4\times2)$ 表示建筑物内墙基础沟槽的净长）。

基础回填体积：V_2 = 挖土体积 - 室外地坪以下埋设的砌筑量

$= (85.28-2.4-16.24)\text{m}^3$

$= 66.64\text{m}^3$

套用基础定额 1 - 48。

【注释】 $2.4=0.8\times0.1\times[(6.4+6)\times2+(6-0.4\times2)]$ 表示的是基础下面的垫层所占的体积[0.8 表示基础垫层的宽度，0.1 表示基础垫层的厚度，0.8×0.1 表示基础垫层的断面面积。$(6.4+6)\times2+(6-0.4)\times2$ 表示基础沟槽的总长度]，16.24 表示的是室外设计标高以下的砖基础所占的体积。

房心回填土体积：V_3 = 室内地面面积 $\times h$

$= (3.2-0.24)\times(6-0.24)\times2\times0.27\text{m}^3$

$= 9.21\text{m}^3$

套用基础定额 1 - 48。

【注释】 $0.24=0.12\times2$ 表示应扣除两端墙体所占的长度。$(3.2-0.24)\times(6-0.24)$ 表示室内主墙间的净面积，×2 表示两个房间内室内回填地面的总面积。0.27 表示室内回填土的厚度。

余(亏)土运输体积：V_4 = 挖土体积 - 基础回填土体积 - 房心回填土体积

$= (85.28-66.64-9.21)\text{m}^3$

$= 9.43\text{m}^3$

【注释】 85.28 表示挖地槽总体积，66.64 表示基础回填体积，9.21 表示房心回填土体积。

套用基础定额 1 - 49。

(2)清单工程量

平整场地：$(3.2\times2+0.24)\times(6+0.24)\text{m}^2=41.43\text{m}^2$

【注释】 清单计算平整场地工程量是按建筑物的首层建筑面积来计算的。0.24 =0.12 ×2 表示轴线两端所增加的墙体所占的长度。(3.2 ×2 +0.24)表示建筑物长边方向外墙外边线的长度,(6 +0.24)表示建筑物短边方向外墙外边线的长度。两部分相乘就得出平整场地的工程量。

挖地槽体积:$V_1 = 1.5 \times 0.8 \times [(6.4+6) \times 2 + (6-0.4 \times 2)] m^3 = 36.00m^3$

【注释】 1.5 表示地槽的挖土深度,0.8 表示地槽底面的宽度,1.5 ×0.8 表示地槽的断面面积。(6.4 +6) ×2 表示建筑物外墙基础沟槽的长度,(6 −0.4 ×2)表示建筑物内墙基础沟槽的净长。

基础回填体积:$V_2 = (36 - 2.4 - 16.24) m^3 = 17.36m^3$

【注释】 36 表示挖地槽体积 ,2.4 =0.8 ×0.1 ×[(6.4 +6) ×2 +(6 −0.4 ×2)]表示的是基础下面的垫层所占的体积(0.8 表示基础垫层的宽度,0.1 表示基础垫层的厚度,0.8 ×0.1 表示基础垫层的断面面积。(6.4 +6) ×2 +(6 −0.4) ×2 表示基础沟槽的总长度),16.24 表示的是室外设计标高以下的砖基础所占的体积。

房心回填土体积:$V_3 = (3.2 - 0.24) \times (6 - 0.24) \times 2 \times 0.27m^3 = 9.21m^3$

【注释】 对应图示易看出:0.24 =0.12 ×2 表示应扣除两端墙体所占的长度。(3.2 −0.24) ×(6 −0.24)表示室内主墙间的净面积,2 表示两个房间内室内回填地面的总面积。0.27 表示室内回填土的厚度。

余(方)土运输体积:$V_4 = (36 - 17.36 - 9.21) m^3 = 9.43m^3$

【注释】 清单工程量计算规则中平整场地不考虑每边各加 2m 的工程量,就等于首层的建筑面积。挖地槽体积不考虑放坡和工作面,是按设计图示尺寸以基础垫层底面积 × 挖土深度计算的。

清单工程量计算见表 2-31。

表 2-31 清单工程量计算表

序号	项目编码	项目名称	项目特征描述	计量单位	工程量
1	010101001001	平整场地	1. 土壤类别 2. 弃土运距 3. 取土运距	m^2	41.43
2	010101003001	挖沟槽土方	二类土,条形基础,垫层底宽 0.8m,挖土深度 1.5m	m^3	36.00
3	010103001001	回填方	夯填	m^3	17.36
4	010103001002	回填方	夯填	m^3	9.21

2.6 土石方工程清单工程量和定额计算规则的区别

1. 平整场地工程量

平整场地工程量定额与清单都以平方米(m^2)计,但是具体计算的规则是不同的,具体见本章对应章节说明。

2. 挖填土方工程量

按设计图示尺寸以体积计算。计算时注意地下常水位的位置(以地下常水位为准),以便区别干、湿土,套用相应的定额子目。

3. 挖基础土方工程量

分挖沟槽、基坑土方和挖孔桩土方工程量。

(1)挖沟槽、基坑土方定额和清单是不同的。清单按设计图示尺寸以基础垫层底面积 ×

挖土深度,以立方米(m^3)计算。

定额计算时要按土质,区别是否放坡和留工作面,或支挡土板和留工作面考虑,以立方米(m^3)计。

注:要区分挖土深度,定额深度最深为6m,超过6m另作补充定额。

(2)挖孔桩土方定额和清单也是不同的,清单按设计图示尺寸以基础垫层底面积×挖土方深度,以立方米(m^3)计。

定额计算按图示桩断面积×设计桩孔中心线深度计算。

注:套定额时的系数变化,多查看定额上的说明,避免少算、漏算或错误计算。

4. 土方回填工程量

不管是定额算法,还是清单算法,计算规则都相同。区分如下:

(1)沟槽、基坑回填土工程量,按设计图示尺寸以立方米(m^3)计。即用 $V_{挖方}-V_{基础(基础垫层及其他构筑物)}$。

注:基础体积是按设计室外地坪以下计算的。

(2)室内回填工程量,按主墙间净面积×回填土厚度。

(3)余土外运,余土外运体积 $=V_{挖总}-V_{回总}$。

注:余土外运体积、挖土总体积、回填总体积都是按天然密实体积计算的。

第3章 砌筑工程

3.1 总说明

本章先规则(定额工程量计算规则和清单工程量计算规则)后案例(紧跟规则,一图一算、简单易懂),介绍了砌筑工程中常用项目的计算规则和计算案例。

其中包括清单基础工程、实心砖墙工程、空斗墙工程、空心砖墙、砌块墙工程、砖砌围墙工程、实心砖柱工程、砖烟囱、水塔工程、砖烟道工程、石基础工程、石挡土墙工程等,计算规则的叙述详实,易懂,计算案例步骤清晰,计算过程详细,图文并茂地解释了砌筑工程的基本项目的计算规则。

3.2 砖基础

定额和清单中计算砖基础工程量均以设计图示尺寸以体积(m^3)计算。不扣除基础大放脚T形接头处的重叠部分及嵌入基础内的钢筋、铁件、管道、基础砂浆防潮层和单个面积$0.3m^2$以内的孔洞所占体积,但靠墙暖气沟的挑檐不增加。扣除地梁(圈梁)、构造柱所占体积。附墙垛基础宽出部分体积应并入基础工程量内。

基础长度:外墙按中心线,内墙按净长线计算。

【例1】 某建筑(如图3-1所示)采用M5水泥砂浆砌砖基础,试计算砖基础工程量(墙厚均为240mm)。

【解】 (1)定额工程量

外墙中心线长:$(24.6+13.5)\times 2m=76.2m$,即$A-A$基础长。

【注释】 24.6表示建筑物长边方向外墙中心线的长度,13.5表示建筑物短边方向外墙中心线的长度。$(24.6+13.5)\times 2$表示建筑物外墙中心线的总长度。

内墙净长:$(5.7-0.24)\times 8m=43.68m$

【注释】 0.24表示两个半墙厚。$(5.7-0.24)$表示扣除两端墙体所占的部分以后纵向内墙的净长。8表示有八条纵向内墙。

即$B-B$基础长。

$C-C$基础长为:$[(24.6-0.24)+(7.2+2.1)\times 2+0.24]m=43.20m$

【注释】 $0.24=0.12\times 2$表示扣除两端墙体所占的长度。$(24.6-0.24)$表示下面的横向内墙的净长,$[(7.2+2.1)\times 2+0.24]$表示上面的横向内墙的净长。

砖基础体积:

$A-A$基础:$0.24\times(1.2-0.4+0.394)\times 76.2m^3=21.84m^3$

【注释】 对应图示$A-A$来看:0.24表示墙厚,1.2表示大放脚基础的高度,0.4为室内外高差,0.394是等高三阶大放脚的折加高度,这个数据是查表得到的,本书中未给出表格,可以借助工具书查得。$0.24\times(1.2-0.4+0.394)$表示$A-A$砖基础的断面面积,76.2表示$A-A$基础的总长度。

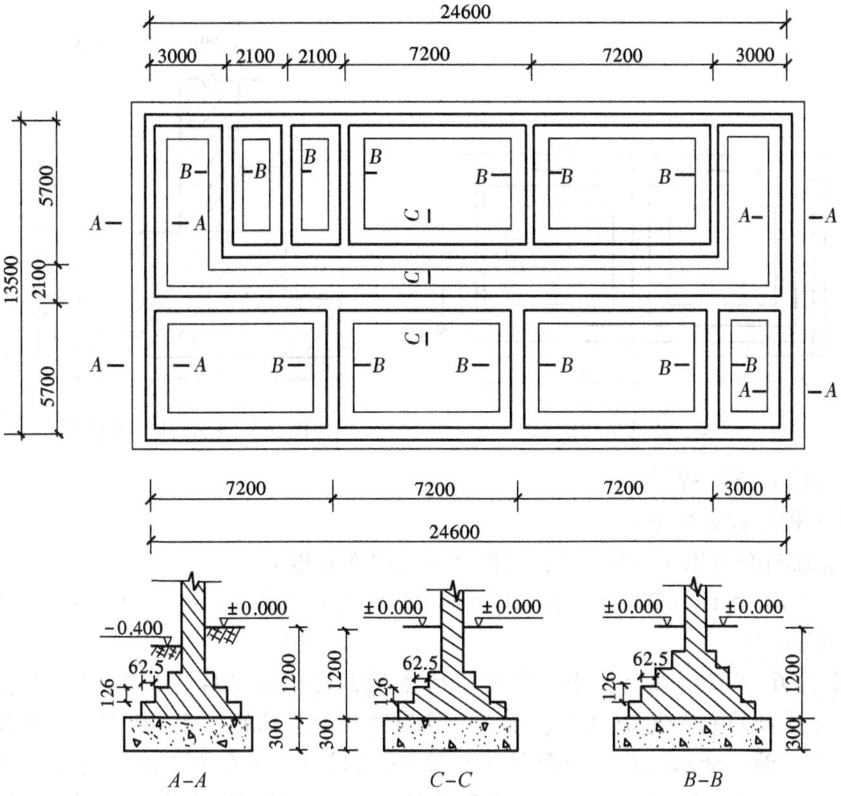

图 3-1　某建筑示意图

$B-B$ 基础：$0.24\times(1.2+0.656)\times43.68\text{m}^3=19.46\text{m}^3$

【注释】　对应图示 $B-B$ 来看：0.24 表示墙基的厚度，1.2 表示大放脚基础的高度，0.656 也是查表得到的等高四阶大放脚的折加高度。$0.24\times(1.2+0.656)$ 表示 $B-B$ 砖基础的断面面积。43.68 表示 $B-B$ 基础的总长度。

$C-C$ 基础：$0.24\times(1.2+0.394)\times43.20\text{m}^3=16.53\text{m}^3$

【注释】　对应图示 $C-C$ 来看：0.24 表示墙基的厚度，1.2 表示大放脚基础的高度，0.394 表示等高三阶大放脚基础的折加高度。$0.24\times(1.2+0.394)$ 表示 $C-C$ 砖基础的断面面积。43.20 表示 $C-C$ 基础的总长度。

故总的工程量为

$(21.84+19.46+16.53)\text{m}^3=57.83\text{m}^3$

【注释】　把三部分的柱基础体积加起来即可。

套用基础定额 4－1。

(2)清单工程量计算方法同定额工程量。

清单工程量计算见表 3-1。

表 3-1　清单工程量计算表

项目编码	项目名称	项目特征描述	计量单位	工程量
010401001001	砖基础	条形基础，基础深 1.2m，M5 水泥砂浆	m^3	57.83

【例 2】　如图 3-2 、图 3-3 所示，求砖基础工程量。

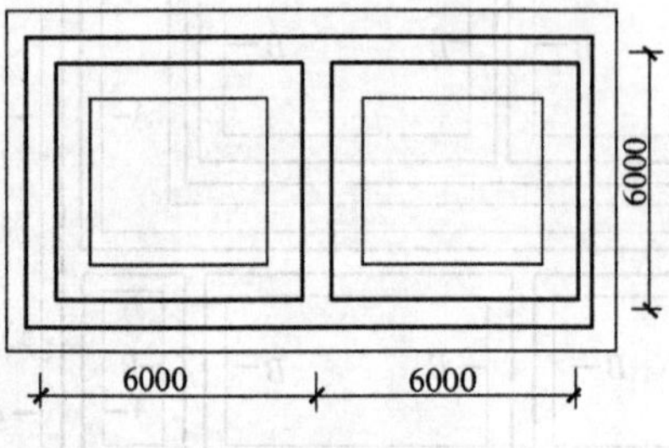

图 3-2 基础平面示意图

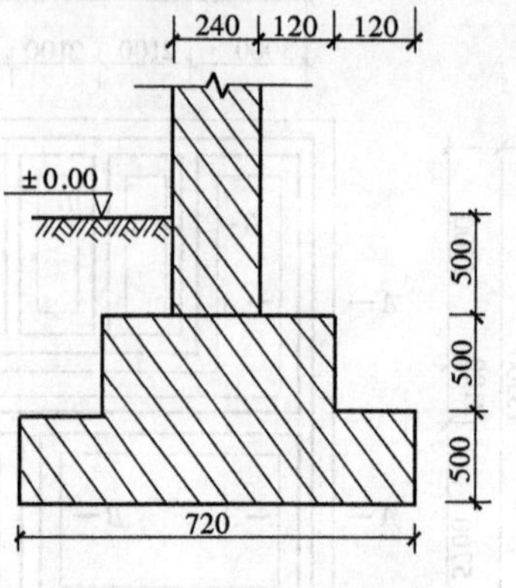

图 3-3 基础剖面示意图

【解】 (1)定额工程量

砖基础工程量计算如下：

V=砖基础断面面积×(外墙中心线长度+内墙净长度)

$V=[0.72\times0.5+(0.72-0.24)\times0.5+0.24\times0.5]\times[(12+6)\times2+(6-0.24)]\text{m}^3$

$=30.07\text{m}^3$

【注释】 (6-0.24)表示扣除轴线两端墙体所占的部分以后的长度。0.72表示大放脚基础下面一阶基础的底面宽度,0.5表示二阶等高大放脚基础的高度。0.72×0.5表示二阶等高大放脚基础下面一阶基础的断面面积,(0.72-0.24)×0.5表示二阶等高大放脚基础上面一阶基础的断面面积。0.24×0.5表示墙基的断面面积。[0.72×0.5+(0.72-0.24)×0.5+0.24×0.5]就表示砖基础断面面积。(12+6)×2表示外墙中心线长度,(6-0.24)表示内墙净长线长度。

套用基础定额4-1。

(2)清单工程量计算方法同定额工程量。

清单工程量计算见表3-2。

表3-2 清单工程量计算表

项目编码	项目名称	项目特征描述	计量单位	工程量
010401001001	砖基础	条形基础,基础深长1.5m	m^3	30.07

【例3】 根据图3-4所示基础施工图的尺寸,计算砖基础的长度(基础墙均为240mm厚)。

【解】 (1)外墙砖基础长($l_中$):

$l_中=[(4.5+2.4+5.7)+(3.9+6.9+6.3)]\times2\text{m}=(12.6+17.1)\times2\text{m}=59.40\text{m}$

【注释】 外墙按中心线计算。(4.5+2.4+5.7)表示建筑物短边方向外墙中心线长度,(3.9+6.9+6.3)表示建筑物长边方向外墙外边线的长度。两部分加起来乘以2就表示建筑物外墙中心线的总长度。

(2)内墙砖基础净长($l_内$):

$l_内=[(5.7-0.24)+(8.1-0.24)+(4.5+2.4-0.24)+(6.0+4.8-0.24)+(6.3-0.24)]\text{m}$

$=[5.46+7.86+6.66+10.56+6.06]\text{m}$

$=36.60\text{m}$

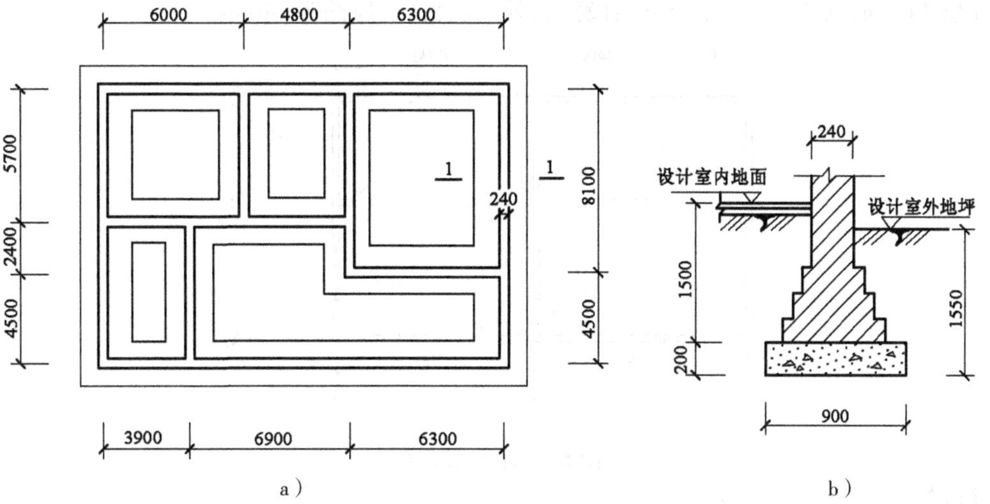

图 3-4　砖基础施工图

a)平面图　b)1－1 剖面图

【注释】　内墙按净长线计算，应该扣除墙厚，注意不要漏减。(5.7－0.24)表示纵向中间的那条内墙砖基础的净长，(8.1－0.24)表示纵向右边的内墙砖基础的净长，(4.5＋2.4－0.24)表示纵向左边的内墙砖基础的净长，(6.0＋4.8－0.24)表示横向上边的内墙砖基础的净长，(6.3－0.24)表示横向下面的内墙砖基础的净长。

3.3　实心砖墙

定额工程量计算规则：按设计图示尺寸以体积(m^3)计算，应扣除门窗洞口、过人洞、空圈、嵌入墙身的钢筋混凝土柱、梁(包括过梁、圈梁、挑梁)、砖平拱、平砌砖过梁和暖气包壁龛及内墙板头的体积，不扣除梁头、外墙板头、檩头、垫木、木楞头、沿椽木、木砖、门窗走头、砖墙内的加固钢筋、木筋、铁件、钢管及每个面积在 $0.3m^2$ 以下的孔洞所占的体积，突出墙面的窗台虎头砖、压顶线、山墙泛水、烟囱根、门窗套及三皮砖以内的腰线和挑檐等体积亦不增加。

墙的长度：外墙长度按外墙中心线长度计算，内墙长度按内墙净长度计算。

墙身高度：

①外墙墙身高度：斜(坡)屋面无檐口天棚者算至屋面板底；有屋架，且室内外均有天棚者，算至屋架下弦底面另加 200mm；无天棚者算至屋架下弦底加 300mm，出檐宽度超过 600mm 时，应按实砌高度计算；平屋面算至钢筋混凝土板底。

②内墙墙身高度：位于屋架下弦者，其高度算至屋架底；无屋架者算至天棚底另加 100mm；有钢筋混凝土楼板隔层者算至板底；有框架梁时算至梁底面。

③内、外山墙，墙身高度：按其平均高度计算。

④女儿墙高度：自外墙顶面至图示女儿墙面高度，分别按不同墙厚并入外墙计算。

清单计算工程量计算规则：

①内墙高度：位于屋架下弦者，算至屋架下弦底；无屋架者算至天棚底另加 100mm；有钢筋混凝土楼板隔层者算至楼板顶；有框架梁时算至梁底。

②女儿墙高度：从屋面板上表面算至女儿墙顶面(如有混凝土压顶时算到压顶下表面)。

③其他清单计算规则同定额计算规则。

【例4】 根据图3-5所示尺寸，计算内、外墙墙长（墙厚约为240mm）。

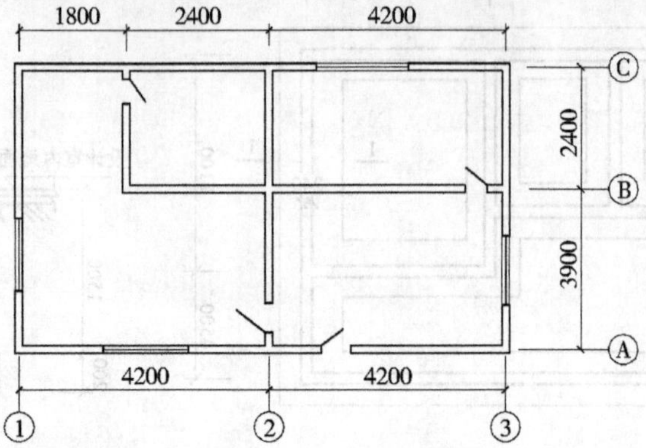

图3-5 墙长计算示意图

【解】 (1)外墙墙长($L_中$)：

$L_中=[(4.2+4.2)+(3.9+2.4)]\times 2m=29.40m$

【注释】 对应图示来看：(4.2+4.2)表示建筑物长边方向外墙中心线的长度，(3.9+2.4)表示建筑物短边方向外墙中心线的长度。两部分加起来乘以2表示建筑物外墙中心线的总长度。

(2)内墙墙长($L_内$)：

$L_内=[(3.9+2.4-0.24)+(4.2-0.24)+(2.4-0.12)+(2.4-0.12)]m=14.58m$

【注释】 0.24=0.12×2表示扣除的轴线两端墙体所占的长度。(3.9+2.4-0.24)表示纵向内墙右边墙体的净长。(4.2-0.24)表示横向内墙轴线长为4200的内墙净长，(2.4-0.12)表示横向内墙轴线长为2400的内墙净长。(2.4-0.12)表示纵向内墙左边墙体的净长。

【例5】 求如图3-6所示的墙体工程量。

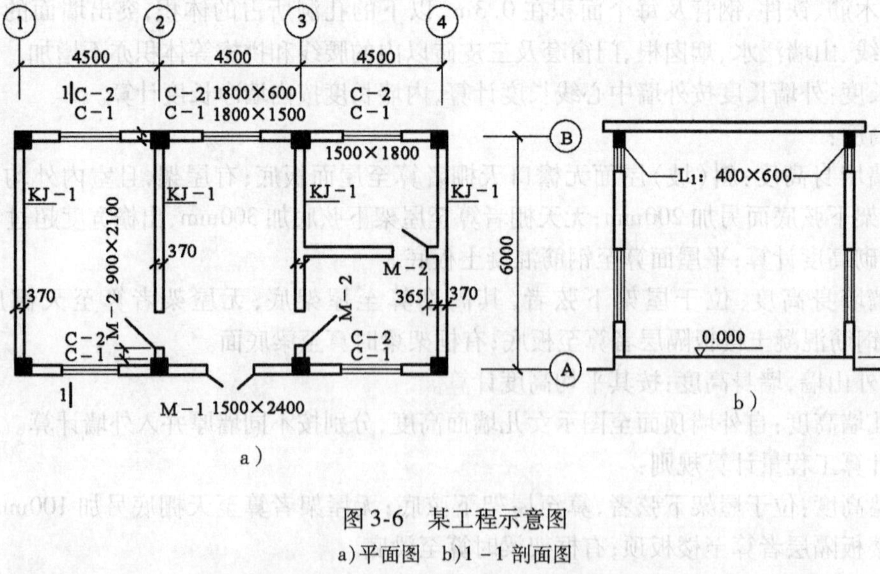

图3-6 某工程示意图

a)平面图 b)1-1剖面图

KJ-1：柱400mm×400mm，梁400mm×600mm

【解】 (1)定额工程量

外墙体积：$V_{外}$ =（框架间净长 × 框架间净高 − 门窗面积）× 墙厚

$= (4.1\times3\times2\times5.2+5.6\times2\times5.2-1.5\times2.4-1.8\times1.5\times5-1.8\times0.6\times5)\times 0.365m^3$

$= (186.16-22.5)\times0.365m^3 = 59.74m^3$

套用基础定额 4 − 11。

【注释】 4.1 = (4.5 − 0.2 × 2) 表示建筑物外墙长边方向的净长（0.2 × 2 表示扣除两端柱子所占的长度）。4.1 × 3 × 2 表示建筑物外墙长边方向的总长度。5.2 = (5.8 − 0.6) 表示外墙的墙体高度（0.6 表示扣除的梁高）。5.6 = (6.0 − 0.2 × 2) 表示建筑物外墙短边方向的长度，5.6 × 2 × 5.2 表示建筑物短边方向外墙墙体的体积。1.5 × 2.4 表示应扣除的 M − 1 门洞口的所占的面积，1.8 × 1.5 × 5 表示应扣除的外墙上五个 C − 1 窗洞口所占的面积，1.8 × 0.6 × 5 表示应扣除的外墙上五个 C − 2 窗洞口所占的面积，0.365 表示外墙墙体的厚度。

内墙体积：$V_{内}$ =（框架间净长 × 框架间净高 − 门窗面积）× 墙厚

$= [5.6\times2\times5.2+(4.5-0.365)\times5.2-0.9\times2.1\times3]\times0.365m^3$

$= 74.07\times0.365m^3$

$= 27.04m^3$

【注释】 5.6 × 2 × 5.2 表示纵向两条内墙的墙体体积[5.2 = (5.8 − 0.6) 表示墙体的高度]，(4.5 − 0.365) × 5.2 表示横向内墙的墙体体积（0.365 表示扣除轴线两端墙体所占的长度）。0.9 × 2.1 × 3 表示应扣除内墙上三个 M − 2 门洞口所占的面积。0.365 表示墙体的厚度。

套用基础定额 4 − 11。

(2) 清单工程量计算方法同定额工程量。

清单工程量计算见表 3-3。

表 3-3 清单工程量计算表

序号	项目编码	项目名称	项目特征描述	计量单位	工程量
1	010401003001	实心砖墙	外墙，墙体厚 365mm，墙体高 5.2m	m^3	59.74
2	010401003002	实心砖墙	内墙，墙体厚 365mm，墙体高 5.2m	m^3	27.04

【例 6】 某单层建筑物如图 3-7 所示，门窗见表 3-4，板厚 100，圈梁尺寸 240 × 240，构造柱尺寸 240 × 240，门洞设 240 × 120 的过梁，窗洞顶圈梁（设计不做过梁），试根据图所给尺寸计算一砖内外墙工程量。

表 3-4 门窗统计表

门窗名称	代号	洞口尺寸/mm × mm	数量/樘	单樘面积/m^2	合计面积/m^2
单扇无亮无砂镶板门	M − 1	900 × 2000	4	1.8	7.2
双扇铝合金推拉窗	C − 1	1500 × 1800	6	2.7	16.2
双扇铝合金推拉窗	C − 2	2100 × 1800	2	3.78	7.56

【解】 (1) 定额工程量

外墙中心线：$L_{中} = (3.3\times3+5.1+1.5+3.6)\times2m = 40.2m$

【注释】 (3.3 × 3 + 5.1) 表示建筑物外墙长边方向的中心线长度，(1.5 + 3.6) 表示建筑物外墙短边方向的中心线长度，两部分加起来乘以 2 就表示建筑物外墙中心线的总长度。

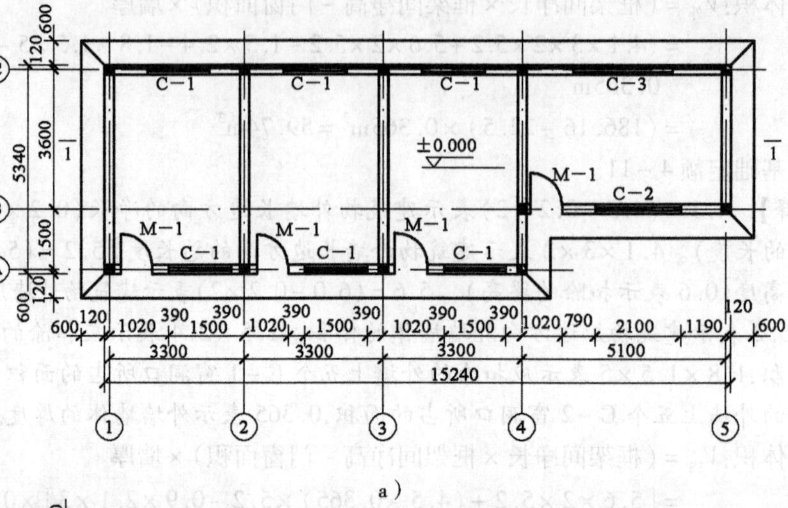

a）

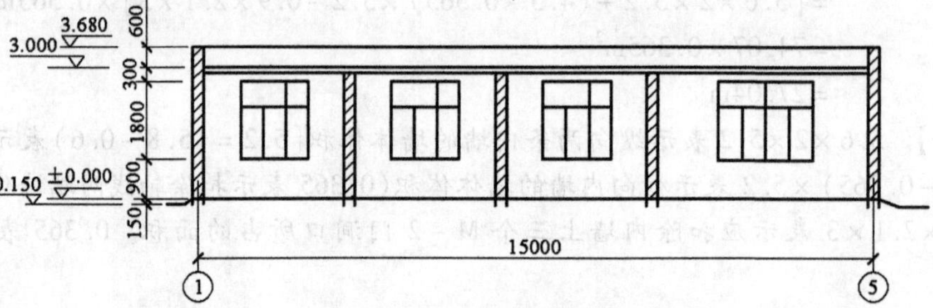

b）

图 3-7　某建筑物示意图

a）平面图　b）1－1 剖面图

构造柱可在外墙长度中扣除，因此 $L'_{中} = (40.2 - 0.24 \times 11)\text{m} = 37.56\text{m}$

【注释】　工程量计算规则中外墙的工程量要扣除构造柱所占的工程量，所以外墙的中心线长要减去所包含构造柱的长度。0.24 表示构造柱的边长，0.24×11 就表示应扣除的构造柱所占的总长度。

内墙净长线：$L_{净} = [(1.5 + 3.6) \times 2 + 3.6 - 0.12 \times 6]\text{m} = 13.08\text{m}$

【注释】　(1.5+3.6)×2 表示左边的两条内墙的总长，3.6 表示右边的那条内墙的长度，0.12×6=0.12×2×3 表示应扣除的三条内墙两端外墙体所占的长度。

外墙高（扣圈梁）：$H_{外} = (0.9 + 1.8 + 0.6 + 0.15 + 0.3 - 0.24 - 0.1)\text{m} = 3.41\text{m}$

【注释】　对应图 3-7b 可以看出，(0.9+1.8+0.6+0.15+0.3-0.24-0.1) 表示外墙墙体的高度（扣除了 0.24 圈梁的高度和 0.1 的板厚），0.9 表示外墙墙裙的高度，1.8 表示墙裙上面墙体的高度，0.6 表示女儿墙的高度，0.15 表示室内外高差，0.24 为圈梁高，0.1 为板厚。

内墙高（扣圈梁）：$H_{内} = (0.9 + 1.8 + 0.3 - 0.24 - 0.1)\text{m} = 2.66\text{m}$

【注释】　对应图 3-7b 来看：(0.9+1.8+0.3-0.24-0.1) 表示内墙墙体的高度（扣除圈梁的高度 0.24，扣除板厚 0.1，没有室内外高差，没有女儿墙）。

应扣门窗洞面积：取表 3－4 中数据相加得：

$S_{门窗} = (7.2 + 16.2 + 7.56)\text{m}^2 = 30.96\text{m}^2$

【注释】 7.2 =0.9 ×2 ×4 表示四个 M－1 门洞口所占的面积。16.2 =1.5 ×1.8 ×6 表示六个 C－1 窗洞口所占的面积。7.56 =2.1 ×1.8 ×2 表示两个 C－2 窗洞口所占的面积。

应扣门洞过梁体积(在混凝土部分算得)：$V_{GL} = 4 \times (0.9 + 0.5) \times 0.12 \times 0.24 = 0.16\text{m}^3$

则内外墙体工程量：

$$V_{墙} = (L'_{中} \times H_{外} + L_{净} \times H_{内} - F_{门窗}) \times 墙厚 - V_{GL}$$

$$= [(37.56 \times 3.41 + 13.08 \times 2.66 - 30.96) \times 0.24 - 0.16]\text{m}^3$$

$$= 31.50\text{m}^3$$

【注释】 37.56 ×3.41 表示外墙墙体的面积，13.08 ×2.66 表示内墙墙体所占的面积。30.96 表示应扣除的门窗洞口所占的面积。0.24 表示墙体的厚度。0.16 表示应扣除的门窗洞口处过梁所占的体积。

套用基础定额 4－10。

(2)清单工程量

$H_{内} = (0.9 + 1.8)\text{m} = 2.7\text{m}$

【注释】 0.9 表示内墙墙裙的高度，1.8 表示内墙墙裙上面墙体的高度。

$H_{外} = (0.9 + 1.8 + 0.3)\text{m} = 3.0\text{m}$

【注释】 0.9 表示外墙墙裙的高度，1.8 表示外墙墙裙上面墙体的高度，0.3 表示圈梁的高度。

$H_{女儿墙} = 0.6\text{m}$

$V_{外} = [(37.56 \times 3.0 - 30.96) \times 0.24 - 0.16]\text{m}^3 = 19.45\text{m}^3$

【注释】 37.56 ×3.0 表示外墙墙体的面积，30.96 表示外墙门窗洞口所占的面积，0.24 表示墙体的厚度，0.16 表示应扣除的门窗洞口处过梁所占的体积。

$V_{内} = 13.08 \times 2.7 \times 0.24\text{m}^3 = 8.48\text{m}^3$

【注释】 13.08 表示内墙墙体的净长线，2.7 表示内墙墙体的高度，0.24 表示墙体的厚度。

$V_{女儿墙} = 40.2 \times 0.6 \times 0.24\text{m}^3 = 5.79\text{m}^3$

【注释】 40.2 表示女儿墙的总长度，0.6 表示女儿墙的高度，0.24 表示女儿墙的厚度。

清单工程量计算见表 3-5。

表 3-5 清单工程量计算表

序号	项目编码	项目名称	项目特征描述	计量单位	工程量
1	010401003001	实心砖墙	外墙，墙体厚 240mm，墙体高 2.7m	m^3	19.45
2	010401003002	实心砖墙	内墙，墙体厚 240mm，墙体高 3.0m	m^3	8.48
3	010401003003	实心砖墙	女儿墙，墙体厚 240mm，墙体高 0.6m	m^3	5.79

【例 7】 某“小型住宅”(如图 3-8 所示)为现浇钢筋混凝土平顶砖墙结构，室内净高 2.9m，门窗均用平拱砖过梁，过梁尺寸 240 ×240 与洞口两端各搭接 50mm，外门 M－1 洞口尺寸为 1.0m ×2.0m，内门 M－2 洞口尺寸为 0.9m ×2.2m，窗洞高均为 1.5m，内外墙均为 1 砖混水墙，用 M2.5 水泥混合砂浆砌筑板厚0.12m。试计算砌筑工程量。

【解】 (1)定额工程量

①计算应扣除工程量：

门：M－1：$1 \times 2 \times 2 \times 0.24\text{m}^3 = 0.96\text{m}^3$

【注释】 1 ×2 表示 M－1 门洞口所占的面积，再乘以 2 表示两个 M－1 门洞口所占的总

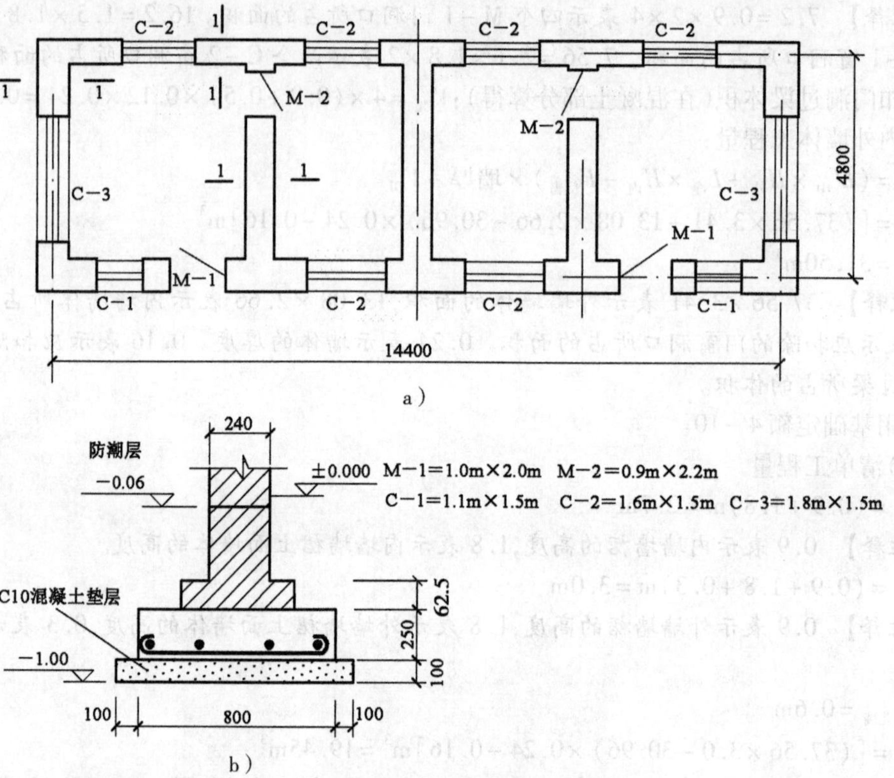

图 3-8 某小型住宅平面图和基础剖面图

a）平面图 b）1-1 剖面图

面积，0.24 表示门洞口的厚度。

$M-2:0.9\times2.2\times2\times0.24m^3=0.95m^3$

【注释】 0.9×2.2 表示 M-2 门洞口所占的面积，再乘以 2 表示两个 M-2 门洞口所占的总面积，0.24 表示门洞口的厚度。

窗：$(1.8\times2+1.1\times2+1.6\times6)\times1.5\times0.24m^3=5.54m^3$

【注释】 1.8×2 表示两个 C-3 窗洞口的长度，1.1×2 表示两个 C-1 窗洞口的宽度，1.6×6 表示六个 C-2 窗洞口的宽度。1.5 表示窗洞口的高度，0.24 表示窗洞口的厚度。

砖平拱过梁 M-1：$(1.00+0.1)\times0.24\times0.24\times2m^3=0.13m^3$

【注释】 0.1=0.05×2 表示过梁超出洞口的长度。(1.00+0.1) 表示 M-1 门洞口处的过梁长度，0.24×0.24 表示过梁的断面面积，2 表示有两个 M-1 门洞口过梁。

$M-2:(0.9+0.1)\times0.24\times0.24\times2m^3=0.12m^3$

【注释】 0.1=0.05×2 表示过梁超出洞口的长度。(0.9+0.1) 表示 M-2 门洞口处的过梁长度，0.24×0.24 表示过梁的断面面积。2 表示有两个 M-2 门洞口过梁。

窗：$[(1.8+0.1)\times0.24\times0.24\times2+(1.1+0.1)\times2\times0.24\times0.24+(1.6+0.1)\times6\times0.24\times0.24]m^3=0.95m^3$

【注释】 0.1=0.05×2 表示过梁超出洞口的长度。(1.8+0.1) 表示 C-3 窗洞口处的过梁长度，0.24×0.24 表示过梁的断面面积，2 表示有两个 C-3 窗洞口过梁。(1.1+0.1)×2 表示两个 C-1 窗洞口处的过梁总长度，(1.6+0.1)×6 表示六个 C-2 窗洞口处的过梁总长度。

共扣减：$(0.96+0.95+5.54+0.13+0.12+0.95)\,\mathrm{m}^3=8.65\mathrm{m}^3$

【注释】 $(0.96+0.95+5.54)$表示所有的门窗洞口所占的体积。$(0.13+0.12+0.95)$表示所有的门窗洞口处过梁所占的体积。

②计算砖墙毛体积：

外墙：$(14.4+4.8)\times 2\mathrm{m}=38.40\mathrm{m}$

【注释】 外墙按中心线长度计算。14.4 表示建筑物外墙长边方向中心线的长度。4.8 表示建筑物外墙短边方向中心线的长度。两部分加起来再乘以 2 就等于建筑物外墙中心线的总长度。

内墙：$(4.8-0.24)\times 3\mathrm{m}=13.68\mathrm{m}$

【注释】 $0.24=0.12\times 2$ 表示应扣除的两端墙体所占的长度。$(4.8-0.24)$表示建筑物内墙墙体的净长，3 表示有三条内墙。

总长：$(38.4+13.68)\,\mathrm{m}=52.08\mathrm{m}$

墙高内外墙均为 2.9m，砖墙毛体积：

$(52.08\times 2.9\times 0.24)\,\mathrm{m}^3=36.25\mathrm{m}^3$

套用基础定额 4－10。

【注释】 分别求出外墙中心线和内墙净长线的长度，其总长乘以截面面积得出体积。52.08 表示内、外墙墙体的总长度，2.9 表示墙体的高度，0.24 表示墙体的厚度。

③砌筑工程量：

内外砖墙：$(36.25-8.65)\,\mathrm{m}^3=27.60\mathrm{m}^3$

【注释】 36.25 表示砖墙的毛体积，8.65 表示应扣除的门窗洞口及过梁所占的体积。

套用基础定额 4－10。

砖平拱：$(0.13+0.12+0.95)\,\mathrm{m}^3=1.20\mathrm{m}^3$

【注释】 0.13 表示 M－1 门洞口处的过梁所占的体积，0.12 表示 M－2 门洞口处过梁所占的体积，0.95 表示窗洞口所占的过梁总体积。

套用基础定额 4－62。

砖基础：$52.08\times(0.24\times 0.65+0.01575)\,\mathrm{m}^3=8.94\mathrm{m}^3$

套用基础定额 4－1。

【注释】 52.08 表示内、外墙墙体的总长度。0.24 表示砖基础的厚度，$0.65=(1.0-0.1-0.25)$表示砖基础的高度（1.0 表示基础垫层底面的标高，0.1 表示应扣除垫层的厚度，0.25 表示应扣除垫层上面筏板的高度）。0.01575 表示基础大放脚层数为一层时增加的断面面积，查工具书可得。

(2)清单工程量

$V_{内墙}=[13.68\times 0.24\times(2.9+0.12)+0.12]\,\mathrm{m}^3=10.04\mathrm{m}^3$

【注释】 $13.68=4.8\times 3-0.12\times 6$ 表示内墙墙体的净长（$0.12\times 6=0.12\times 2\times 3$ 表示应扣除内墙两端墙体所占的长度）。0.24 表示墙体的厚度。$(2.9+0.12)$表示内墙墙体的高度（0.12 表示 M2.5 水泥混合砂浆砌筑板厚）。0.12 表示 M－2 门洞口处的过梁体积。

$V_{外墙}=(38.4\times 2.9\times 0.24+0.13+0.95)\,\mathrm{m}^3=27.81\mathrm{m}^3$

【注释】 $38.4=(14.4+4.8)\times 2$ 表示外墙墙体的总长度。2.9 表示墙体的高度，0.24 表示墙体的厚度。0.13 表示 M－1 门洞口处过梁的体积，0.95 表示窗洞口处过梁的总体积。

$V_{砖} = 52.08 \times (0.24 \times 0.65 + 0.01575) m^3 = 8.94 m^3$

【注释】 52.08 表示内、外墙墙体的总长度。0.24 表示砖基础的宽度,0.65 = 1.0 − 0.1 − 0.25表示砖基础的高度(1.0 表示基础垫层底面的标高,0.1 表示应扣除垫层的厚度,0.25 表示应扣除垫层上面筏板的高度)。0.24 × 0.65 表示砖基础的断面面积。0.01575 表示基础大放脚层数为一层时增加的断面面积。

清单工程量计算见表 3-6。

表 3-6 清单工程量计算表

序号	项目编码	项目名称	项目特征描述	计量单位	工程量
1	010401003001	实心砖墙	外墙,混水墙,墙体厚 240mm,墙体高 2.9m	m^3	27.81
2	010401003002	实心砖墙	内墙,混水墙,墙体厚 240mm,墙体高 3.02m	m^3	10.04
3	010401001001	砖基础	条形基础,基础深 0.65m	m^3	8.94

3.4 空斗墙

定额和清单中计算空斗墙工程量均以外形尺寸以立方米(m^3)计算,墙角、内外墙交接处,门窗洞口立边、窗台砖及屋檐处的实砌部分已包括在定额内,不另行计算,但窗间墙、窗台下、楼板下、梁头下等实砌部分,应另行计算,套零星砌体项目。

【例 8】 求如图 3-9 所示一砖无眠空斗围墙的工程量。

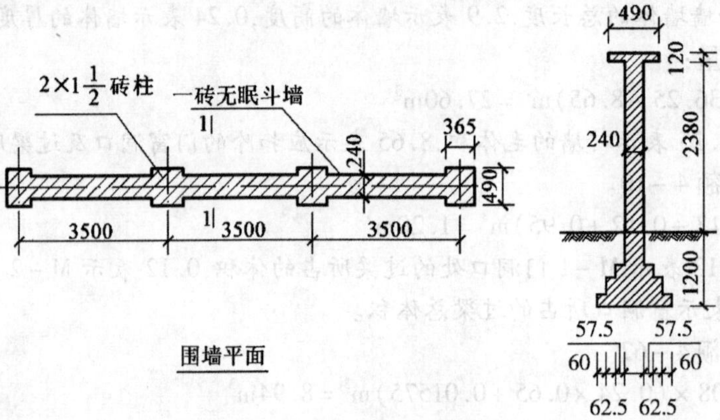

图 3-9 围墙平面

【解】 (1)定额工程量

①此无眠空斗围墙,带有 4 个砖柱。应分别计算工程量。

一砖无眠空斗墙工程量 = 墙身工程量 + 砖压顶工程量

$$= [(3.50 - 0.365) \times 3 \times 2.38 \times 0.24 + (3.5 - 0.365) \times 3 \times 0.12 \times 0.49] m^3$$

$$= (5.37 + 0.55) m^3 = 5.92 m^3$$

套用基础定额 4 − 26。

【注释】 计算墙身工程量时,要扣除砖柱的体积。0.365 表示一个砖柱的长度,(3.50 − 0.365)表示扣除砖柱所占的长度以后墙体的总长度。2.38 表示墙体的高度,0.24 表示墙体的宽度,(3.5 − 0.365 × 2)表示压顶的总长度,0.12 × 0.49 表示压顶的截面面积。

$1\frac{1}{2}$砖柱 $= (0.49 \times 0.365 \times 2.38 \times 4 + 0.49 \times 0.365 \times 0.12 \times 4) m^3$

$=(1.70+0.08)m^3=1.78m^3$

套用基础定额4－43。

【注释】 0.49×0.365表示砖柱的截面面积，2.38是高度，4表示有四个砖柱。0.49×0.365×0.12表示柱子上面的压顶的体积，4表示有四个压顶。

②实体墙部分工程量：

$V=(0.24\times1.2+0.18\times0.063\times2+0.24\times0.126+0.115\times0.063)\times120m^3=66.27m^3$

套用基础定额4－10。

(2)清单工程量计算方法同定额工程量。

清单工程量计算见表3-7。

表3-7 清单工程量计算表

序号	项目编码	项目名称	项目特征描述	计量单位	工程量
1	010401006001	空斗墙	无眠空斗围墙，墙体厚240mm	m^3	5.92
2	010401009001	实心砖柱	柱截面490mm×365mm，柱高2.38m	m^3	1.78
3	010401003001	实心砖墙	围墙，墙体厚240mm，墙体高1.2m	m^3	66.27

3.5 空花墙

定额和清单中计算空花墙按空花部分外形体积以立方米计算，空花部分不予扣除，其中实体部分以体积(m^3)另行计算。

【例9】 试计算空花墙(如图3-10所示)工程量。

【解】 (1)定额工程量

空花墙工程量的计算：

空花墙部分工程量为：

$V=0.12\times0.5\times100m^3=6.00m^3$

套用基础定额4－28。

【注释】 0.12×0.5表示截面面积，100表示空花墙的计算长度。

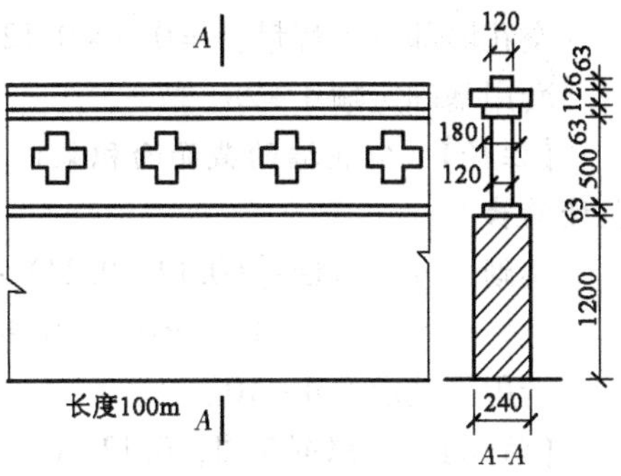

图3-10 某空花墙示意图

实砌部分工程量为：

$$V=(0.12\times0.063+0.24\times0.126+0.18\times0.063+0.18\times0.063+0.24\times1.2)\times100m^3=34.85m^3$$

套用基础定额4－10。

【注释】 对应剖面图逐次计算各个部分的体积。0.12×0.063表示最上面的小矩形的截面面积，0.24×0.126表示第二个矩形的截面面积，(0.18×0.063＋0.18×0.063)表示空花墙上下两个小矩形的截面面积，0.24×1.2是指下面实墙体的截面面积。

(2)清单工程量同定额工程量

清单工程量计算见表3-8。

表3-8 清单工程量计算表

序号	项目编码	项目名称	项目特征描述	计量单位	工程量
1	010401007001	空花墙	墙厚120mm	m^3	6.00
2	010401003001	实心砖墙	外墙	m^3	34.85

【例 10】 求如图 3-11 所示空花墙工程量。

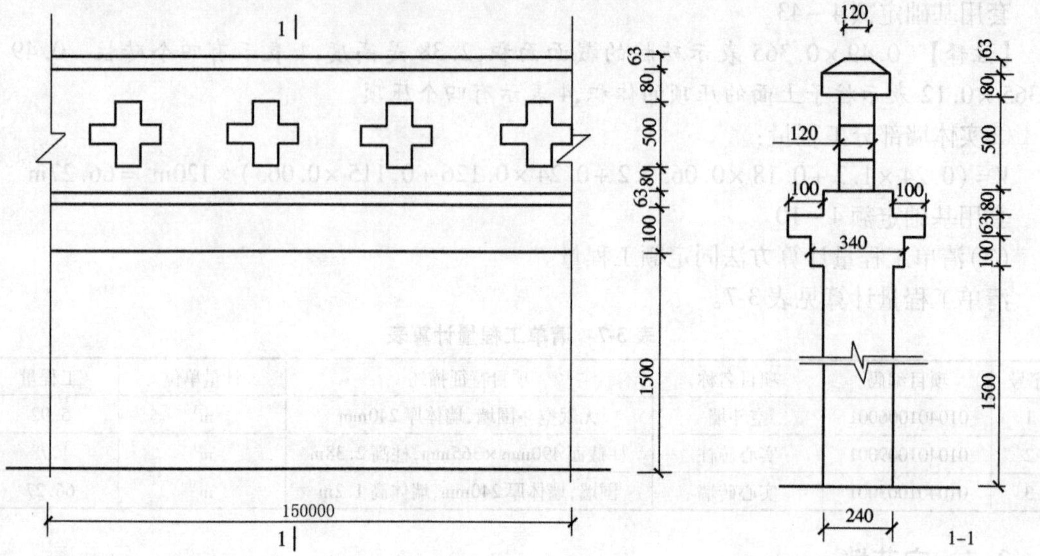

图 3-11 空花墙示意图

【解】 (1)定额工程量

空花墙部分工程量：$V = 0.5 \times 0.12 \times 150\text{m}^3 = 9.00\text{m}^3$

套用基础定额 4－28。

【注释】 空花墙的截面面积乘以长度。0.5×0.12 表示空花墙的断面面积，150 表示空花墙的长度。

实砌部分工程量：$[(0.12 + 0.24) \times 0.063/2 + 0.08 \times 0.24 \times 2 + (0.1 \times 2 + 0.24) \times 0.063 + 0.34 \times 0.1 + 0.24 \times 1.5] \times 150\text{m}^3 = 70.72\text{m}^3$

套用基础定额 4－10。

【注释】 对照剖面图，(0.12＋0.24)×0.063/2 表示最上面梯形的截面面积，0.08×0.24×2 表示空花墙上下两个 80 厚的矩形面积，(0.1×2＋0.24)×0.063 表示两端各伸出 100 长的矩形截面面积，0.34×0.1 表示 100 厚的矩形截面面积，0.24×1.5 表示下面实砌墙体的截面面积。

(2)清单工程量同定额工程量

清单工程量计算见表 3-9。

表 3-9 清单工程量计算表

序号	项目编码	项目名称	项目特征描述	计量单位	工程量
1	010401007001	空花墙	墙厚 120mm	m^3	9.00
2	010401003001	实心砖墙	外墙	m^3	70.72

3.6 空心砖墙、砌块墙

定额和清单计算空心砖墙、砌块墙工程量均以设计图示尺寸以体积(m^3)计算。扣除门窗洞口、过人洞、空圈、嵌入墙内的钢筋混凝土柱、梁、圈梁、挑梁、过梁及凹进墙内的壁龛、管槽、暖气槽、消火栓箱所占体积。不扣除梁头、板头、檩头、垫木、楞头、沿椽木、木砖、门窗走头、砖墙内加固钢筋、木筋、铁件、钢管及单个面积 0.3m^2 以内的孔洞所占体积。凸出墙面的腰线、挑檐、压顶、窗台线、虎头砖、门窗套的体积不增加，凸出墙面的砖垛并入墙体体积内。

墙长度：外墙按中心线，内墙按净长计算。

墙高度：

①外墙：斜（坡）屋面无檐口天棚者算至屋面板底；有屋架且室内外均有天棚者算至屋架下弦底另加200mm；无天棚者算至屋架下弦底另加300mm，出檐宽度超过600mm时按实砌高度计算；平屋面算至钢筋混凝土板底。

②内墙：位于屋架下弦者，算至屋架下弦底；无屋架者算至天棚底另加100mm有钢筋混凝土楼板隔层者算至楼板顶；有框架梁时算至梁底。

③女儿墙：从屋面板上表面算至女儿墙顶面（如有压顶时算至压顶下表面）。

④内、外山墙：按其平均高度计算。

【例11】 计算如图3-12所示空心砖墙工程量，过梁尺寸为150×120。

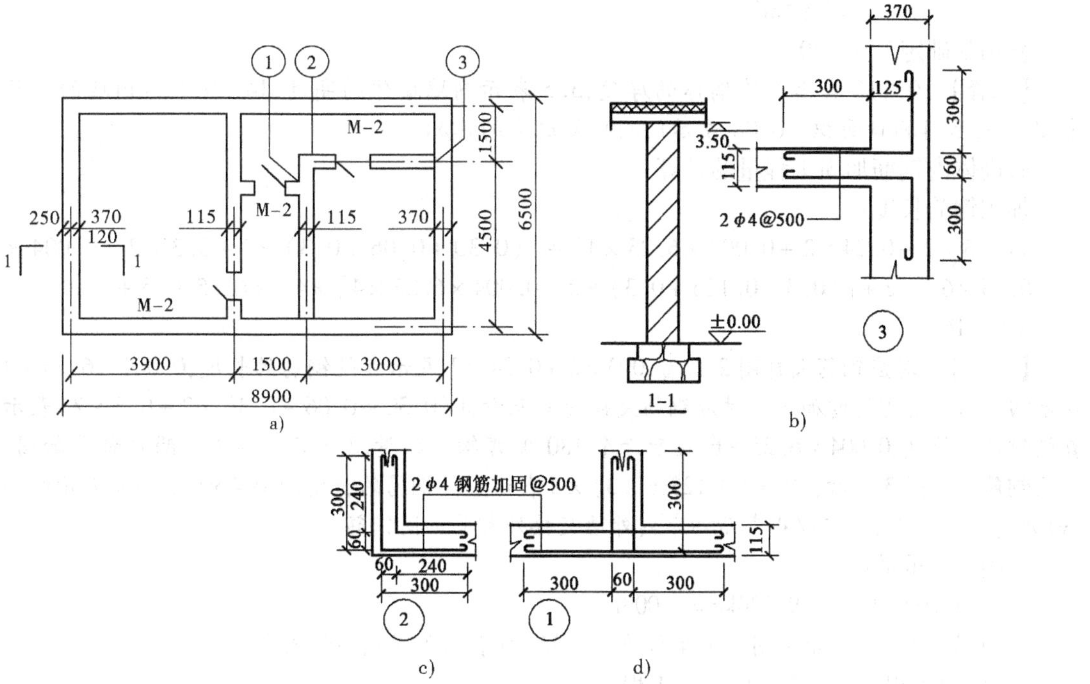

图3-12 某空心砖墙示意图

注：M－2 1000mm×2700mm

a）平面图 b）钢筋大样图1 c）钢筋大样图2 d）钢筋大样图3

【解】 （1）定额工程量

根据图3-12可知：

内墙厚：0.115m

内墙高：3.5m

内墙长：$L_{内}=[(6.5-0.24)+(1.5-0.115)+(4.5-0.12-0.115/2)+(3-0.12-0.115/2)]\text{m}$

$=14.79\text{m}$

【注释】 0.24＝0.12×2表示轴线两端应扣除的外墙墙体所占的长度。（6.5－0.24）表示纵向内墙左边墙体的净长。0.115表示内墙墙体的厚度。（1.5－0.115）表示横向内墙轴线长为1500的内墙净长（0.115＝0.115/2×2表示轴线两端应扣除的内墙墙体的厚度）。（4.5－

0.12 - 0.115/2)表示纵向内墙右边墙体的净长(0.12 表示扣除轴线下端半个外墙的厚度,0.115/2表示扣除轴线上端半个内墙的厚度)。(3 - 0.12 - 0.115/2)表示横向内墙轴线长为3000 的内墙净长(0.12 表示扣除轴线右端半个外墙的厚度,0.115/2 表示扣除轴线左端半个内墙的厚度)。

门洞口面积:$(1\times2.7\times3)m^2=8.1m^2$

【注释】 1×2.7 表示门洞口所占的面积。3 表示有三个门洞口。

过梁体积:$(0.15\times0.12\times1.5\times3)m^3=0.08m^3$

【注释】 0.15×0.12 表示过梁的截面面积。1.5 = 1 + 0.5 表示门洞口处过梁的长度(0.5 = 0.25×2 表示门洞口两端所增加的长度),3 表示有三个门洞口过梁。

砖墙工程量:V = 墙厚×(墙高×墙长 - 门窗洞口面积) - 埋件体积

$=[0.115\times(3.5\times14.79-8.1)-0.08]m^3$

$=4.94m^3$

套用基础定额 4 - 20。

【注释】 0.115 表示内墙墙体的厚度,3.5 表示内墙墙体的高度,14.79 表示内墙的总长度,8.1 表示门洞口面积。0.08 表示门洞口处过梁的体积。

砖砌体内钢筋加固工程量的计算:

加固钢筋长度:

$\{(0.3\times2+0.24\times2+0.004\times6.25\times4)+[(0.30+0.06+0.3)\times2+0.3\times2+0.004\times6.25\times6]\times2+[(0.3+0.125+0.3)\times2+0.004\times6.25\times4]\times4\}\times(3.5/0.5+1)m$

$=92.16m$

【注释】 对应钢筋大样图 2 来看,0.3×2 + 0.24×2 表示直段钢筋的长度,0.004×6.25×4 表示四个 180 度弯钩增加量。对应钢筋大样图 1 来看,[(0.30 + 0.06 + 0.3)×2 + 0.3×2]表示直段钢筋的长度,0.004×6.25×6 表示六个 180 度弯钩增加量,2 表示 M - 2 的两端都要加固。对应钢筋大样图 3 来看,(0.3 + 0.125 + 0.3)×2 表示直段钢筋的长度,0.004×6.25×4 表示四个 180 度弯钩增加量,再乘以 4 表示四个内外墙交接处都要加固钢筋。

加固钢筋重量:

$(0.099\times92.16)kg=9.124kg=0.009t$

【注释】 0.099 表示加固钢筋单位重量。92.16 表示加固钢筋的长度。

(2)清单工程量计算方法同定额工程量。

清单工程量计算见表 3-10。

表 3-10 清单工程量计算表

项目编码	项目名称	项目特征描述	计量单位	工程量
010401005001	空心砖墙	墙体厚 115mm,内墙	m^3	4.94

3.7 砖砌围墙

定额计算规则:应分别不同墙厚以体积(m^3)计算,砖梁和压顶等工程量并入墙身内计算。

清单计算规则:高度算至压顶上表面(如有混凝土压顶时算至压顶下表面),围墙柱并入围墙体积内。

【例 12】 试求如图 3-13 所示砖砌围墙工程量。

【解】 (1)定额工程量

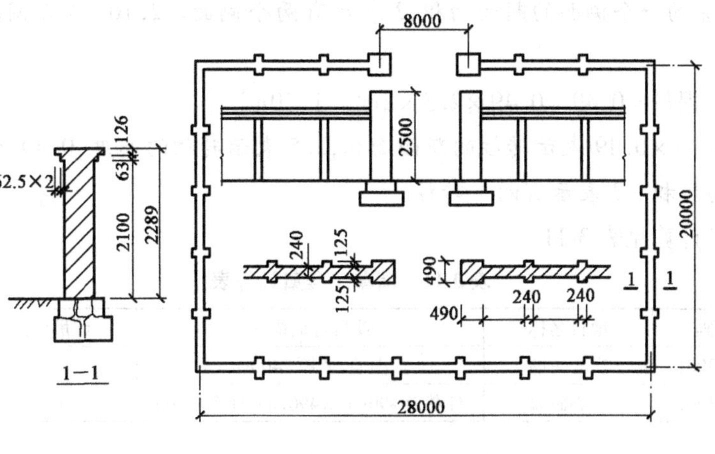

图 3-13　某砖墙示意图

围墙工程量 = 墙体 + 压顶 + 垛

$= \{[0.24\times2.289+(0.126\times0.125+0.063\times0.0625)\times2]\times[(28+20)\times2-8.49]+0.24\times0.125\times2\times(2.1+0.063)\times18\}m^3$

$= \{[0.54936+0.0196875\times2]\times87.51+2.285604\}m^3$

$= (0.588735\times87.51+2.285604)m^3 = 53.81m^3$

套用基础定额 4-37。

【注释】 对应剖面图来看，0.24 表示墙体的厚度，2.289 表示墙体和压顶的总高度。0.24×2.289 表示墙体加上压顶中矩形部分的面积。(0.126×0.125+0.063×0.0625)×2 表示除矩形部分两端各伸出的那部分面积。[(28+20)×2-8.49]表示外墙中心线长度(28 表示建筑物外墙长边方向中心线的长度，20 表示建筑物外墙短边方向中心线的长度，8.49 表示建筑物北侧应扣除的洞口长度)。0.24×0.125×2×2.163 表示每一个附墙垛伸出的体积(0.24×0.125 表示附墙垛的一个侧面的断面面积，2 表示有两个侧面。2.163 表示附墙垛的高度)，18 表示有 18 个砖垛。

大门砖柱工程量 $=0.49\times0.49\times2.5\times2m^3 = 1.20m^3$

套用基础定额 4-43。

【注释】 0.49×0.49 表示砖柱的断面面积，2.5 表示砖柱的高度，0.49×0.49×2.5 表示一个砖柱所占的体积。2 表示有两个砖柱。

(2)清单工程量

围墙工程量 = 墙体 + 垛

$= \{(0.24\times2.289)\times[(28+20)\times2-8.49]+0.24\times0.125\times2\times2.163\times18\}m^3$

$= 50.41m^3$

【注释】 0.24 表示墙体的厚度，2.289 表示墙体和压顶的总高度。0.24×2.289 表示墙体加上压顶中完整矩形部分的面积。[(28+20)×2-8.49]表示外墙中心线长度(28 表示建筑物外墙长边方向中心线的长度，20 表示建筑物外墙短边方向中心线的长度，8.49 表示建筑物北侧应扣除的洞口长度)。0.24×0.125×2×2.163 表示每一个附墙垛伸出的体积(0.24×

0.125表示附墙垛的一个侧面的断面面积,2 表示有两个侧面。2.163 表示附墙垛的高度),18 表示 18 个砖垛。

大门砖柱工程量 $=0.49\times0.49\times2.5\times2m^3=1.20m^3$

【注释】 0.49×0.49 表示砖柱的断面面积,2.5 表示砖柱的高度,0.49×0.49×2.5 表示一个砖柱所占的体积。2 表示有两个砖柱。

清单工程量计算见表 3-11。

表 3-11 清单工程量计算表

序号	项目编码	项目名称	项目特征描述	计量单位	工程量
1	010401003001	实心砖墙	围墙,墙厚 240mm	m^3	50.41
2	010401003002	实心砖墙	柱截面 490mm×490mm,柱高 2.5m	m^3	1.20

【例 13】 围墙如图 3-14 所示,一砖围墙,M2.5 砂浆,试求其工程量。

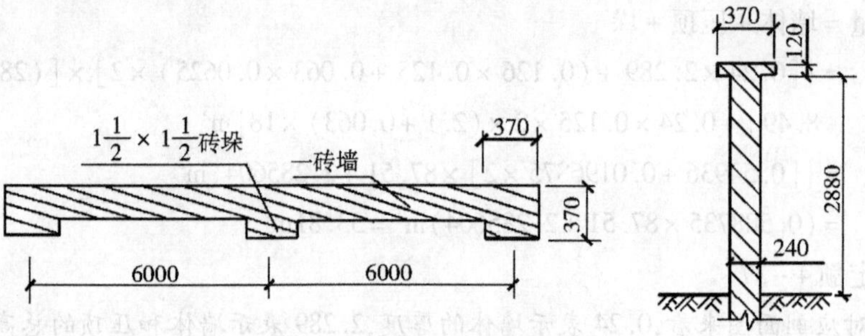

图 3-14 围墙示意图

【解】 (1)定额工程量

砖墙身工程量 $=0.24\times2.88\times(12+0.365)m^3=8.55m^3$

【注释】 0.24 表示墙厚,2.88 表示墙身的高度。0.24×2.88 表示墙身的截面面积,(12+0.365)表示墙身总长。

砖垛工程量 $=0.365\times0.125\times2.88\times3m^3=0.39m^3$

【注释】 0.125=0.365-0.24 表示附墙垛的宽度,0.365 表示附墙垛的长度,2.88 表示附墙垛的高度。3 表示有三个附墙垛。

压顶工程量 $=0.365\times0.12\times(6\times2+0.365)m^3=0.54m^3$

【注释】 0.365 表示压顶的宽度,0.12 表示压顶的高度。0.365×0.12 表示压顶的截面面积,(6×2+0.365)表示压顶的长度。

合计:$(8.55+0.39+0.54)m^3=9.48m^3$

【注释】 把三部分的工程量加起来即可。8.55 表示砖墙身工程量,0.39 表示砖垛工程量,0.54 表示压顶工程量。

套用基础定额 4-37。

(2)清单工程量

围墙工程量 = 墙身 + 砖垛 $=(8.55+0.39)m^3=8.94m^3$

清单工程量计算见表 3-12。

表 3-12　清单工程量计算表

项目编码	项目名称	项目特征描述	计量单位	工程量
010401003001	实心砖墙	围墙，墙厚 240mm，墙体高 2.88m	m^3	8.94

【例 14】　如图 3-15 所示，已知墙身及毛石基础均用 M5 混合砂浆砌筑，围墙总长为 1800m（扣除门宽及门垛），每 6m 一个附墙垛，求围墙工程量。

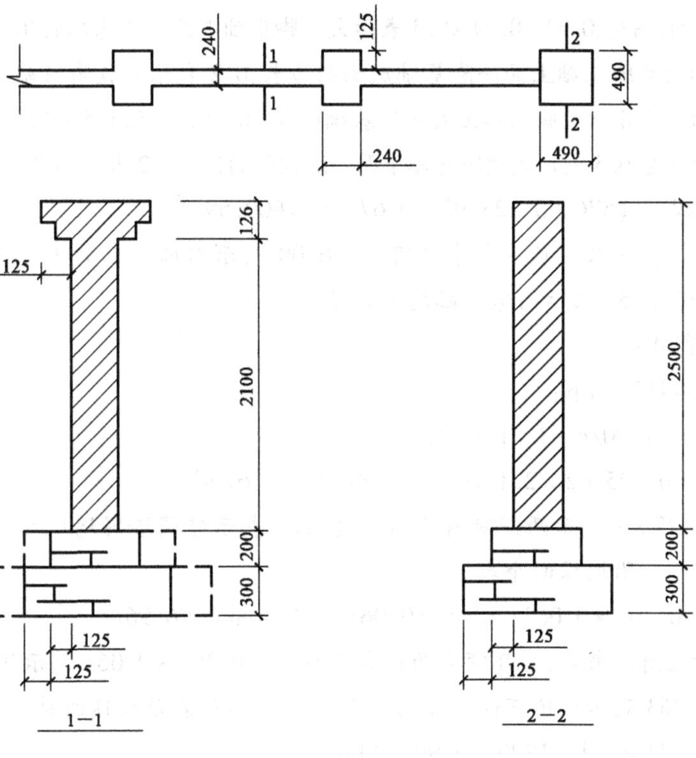

图 3-15　围墙示意图

【解】　(1) 定额工程量

毛石基础工程量计算如下：

$V_{围墙} = (0.74 \times 0.3 + 0.49 \times 0.2) \times 1800 m^3 = 576.00 m^3$

【注释】　0.74 = 0.24 + 0.125 × 2 × 2 表示毛石基础大放脚下面一阶基础底面的宽度，0.3 表示大放脚基础下面一阶放脚的高度。0.74 × 0.3 表示毛石基础大放脚下面一阶基础的断面面积。0.49 = (0.24 + 0.125 × 2) 表示毛石基础大放脚上面一阶基础的底面宽度，0.2 表示大放脚基础上面一阶放脚的高度。0.49 × 0.2 表示毛石基础大放脚上面一阶放脚的断面面积。1800 表示围墙的总长度。

$$V_{附墙垛} = [(0.24 + 0.125 \times 2) \times 0.125 \times 0.2 \times 2 + (0.24 + 0.125 \times 2 + 0.125 \times 2) \times 0.125 \times 0.3 \times 2] \times (1800/6 - 1) m^3$$

$$= 0.08 \times 299 m^3 = 23.92 m^3$$

【注释】　对应剖面图 1－1 来看，(0.24 + 0.125 × 2) 表示上面小矩形的长度，0.125 表示宽度,0.2 表示高度。$(0.24+0.125\times2+0.125\times2)$表示下面大矩形的长度,0.125 表示宽度,0.3 表示高度。$(1800/6-1)$表示附墙垛的总个数。

$$V_{门垛}=[(0.99\times0.99\times0.3+0.74\times0.74\times0.2)-(0.25\times0.74\times0.3+0.125\times0.49\times0.2)]\times2\text{m}^3$$
$$=0.67\text{m}^3$$

【注释】 $0.99=(0.74+0.125\times2)$表示门垛大放脚基础下面一阶放脚的边长,0.3 表示大放脚基础下面一阶放脚的高度,$0.99\times0.99\times0.3$ 表示大放脚基础下面一阶基础的体积。$0.74=(0.24+0.125\times2\times2)$表示大放脚基础上面一阶基础底面的边长,0.2 表示大放脚基础上面一阶基础的高度,$0.74\times0.74\times0.2$ 表示大放脚基础上面一阶基础的体积。$0.25=0.125\times2$ 表示门垛两侧垛的宽度,0.74 表示垛的长度,0.3 表示大放脚基础下面一阶放脚的高度。2 表示门垛的个数。

毛石基础工程量:$(576.00+23.92+0.67)\text{m}^3=600.59\text{m}^3$

【注释】 把三部分工程量加起来即可。576.00 表示围墙基础的工程量。23.92 表示附墙垛基础的工程量,0.67 表示门垛基础的工程量。

套用基础定额 4-26。

砖围墙工程量计算如下:

附墙垛数量$=(1800/6-1)$个$=299$个

附墙垛体积$=0.125\times2\times2.1\times0.24\times299\text{m}^3=37.67\text{m}^3$

【注释】 0.125×2 表示两侧附墙垛的宽度,2.1 表示砖围墙附墙垛的高度,0.24 表示附墙垛的长度,299 表示附墙垛的个数。

压顶体积$=(0.365\times0.063+0.49\times0.063)\times1800\text{m}^3=96.96\text{m}^3$

【注释】 对应图示来看,把压顶分为两部分计算。0.365×0.063 表示压顶上面部分的断面面积,0.49×0.063 表示压顶下面部分的断面面积。1800 表示压顶的总长度。

围墙体积$=0.24\times2.1\times1800\text{m}^3=907.20\text{m}^3$

【注释】 0.24 表示围墙的厚度,2.1 表示围墙的高度,0.24×2.1 表示围墙的截面面积。1800 表示围墙的总长度。

门垛体积$=0.49\times0.49\times2.5\times2\text{m}^3=1.20\text{m}^3$

【注释】 0.49 表示门垛的边长,0.49×0.49 表示门垛的截面面积。2.5 表示门垛的高度。

围墙总体积:$(37.67+96.96+907.20+1.20)\text{m}^3=1043.03\text{m}^3$

【注释】 把每一部分的工程量加起来即可。

套用基础定额 4-10。

(2)清单工程量

毛石基础工程量计算方法同定额工程量。

围墙工程量$=(37.67+907.20+1.20)\text{m}^3=946.07\text{m}^3$

【注释】 37.67 表示附墙垛体积,907.2 表示围墙体积,1.20 表示门垛体积。三部分的体积之和就是围墙的体积。

清单工程量计算见表 3-13。

表 3-13　清单工程量计算表

序号	项目编码	项目名称	项目特征描述	计量单位	工程量
1	010403001001	石基础	毛石，基础深 0.5m，M5 混合砂浆	m^3	600.59
2	010401003001	实心砖墙	围墙，墙厚 240mm，墙体高 2.1m，M5 混合砂浆	m^3	946.07

3.8　实心砖柱

定额和清单中计算实心砖柱工程量均以设计图示尺寸以体积（m^3）计算。扣除混凝土及钢筋混凝土梁垫、梁头、板头所占体积。

【例 15】　某方形砖柱工程量如图 3-16 所示，试求方形砖柱工程量。

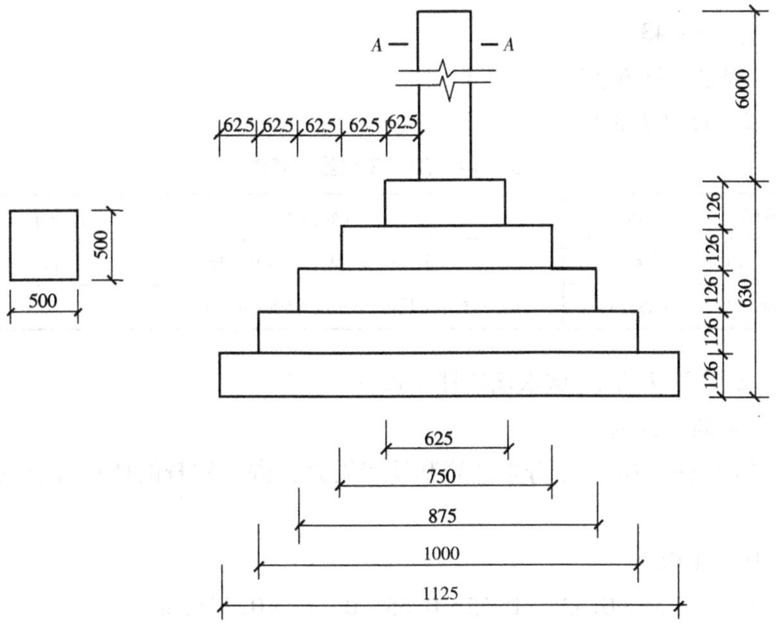

图 3-16　某方形砖柱示意图

【解】　(1) 定额工程量

方形砖柱工程量按图示尺寸计算实体积。其体积可分大放脚四周体积及柱身两部分，其计算公式为：

V = 大放脚四周体积 + 柱身体积

大放脚四周体积的计算：

方形砖柱为等高式基础，其大放脚四周体积为：

$$V_1 = [0.126 \times (0.625 \times 0.625 + 0.75 \times 0.75 + 0.875 \times 0.875 + 1.0 \times 1.0 + 1.125 \times 1.125)]\text{m}^3$$

$$= 0.50\text{m}^3$$

套用基础定额 4 - 1。

【注释】　0.126 表示等高大放脚每一阶的高度。0.625 表示等高五阶大放脚基础最上面一阶基础的边长，0.625 × 0.625 表示等高五阶大放脚基础最上面一阶基础的水平投影面积。0.75 = 0.625 + 0.0625 × 2 表示等高五阶大放脚基础上面第二阶基础的边长，0.75 ×

0.75表示等高五阶大放脚基础上面第二阶基础的水平投影面积。0.875 = (0.75 + 0.0625 × 2)表示等高五阶大放脚基础上面第三阶基础的边长，0.875 × 0.875 表示等高五阶大放脚基础上面第三阶基础的水平投影面积。1.0 = (0.875 + 0.0625 × 2)表示等高五阶大放脚基础上面第四阶基础的边长，1.0 × 1.0 表示等高五阶大放脚基础上面第四阶基础的水平投影面积。1.125 = (1.0 + 0.0625 × 2)表示等高五阶大放脚基础最下面一阶基础的边长，1.125 × 1.125 表示等高五阶大放脚基础最下面基础的水平投影面积。

柱身体积的计算：$V_2 = 0.5 \times 0.5 \times 6\text{m}^3 = 1.50\text{m}^3$

【注释】 0.5 表示柱子的边长，0.5 × 0.5 柱身的截面面积，6 表示上端柱身的高度。

$V = V_1 + V_2 = 0.50 + 1.50 = 2.00\text{m}^3$

套用基础定额 4 - 43。

(2)清单工程量计算方法同定额工程量。

清单工程量计算见表 3-14。

表 3-14　清单工程量计算表

序号	项目编码	项目名称	项目特征描述	计量单位	工程量
1	010401001001	砖基础	等高式大放脚，基础深度 0.63m	m^3	0.50
2	010401009001	实心砖柱	方形砖柱，柱截面 500mm × 500mm，柱高 6m	m^3	1.50

【例 16】 如图 3-17 所示，试求该砖柱工程量。

【解】 (1)定额工程量

圆形砖柱工程量按图示尺寸分别计算基础四周大放脚和柱身的体积，汇总后执行圆形砖柱定额。

圆形砖柱基础体积为：

$$V_1 = 0.126 \times (0.525 \times 0.525 + 0.65 \times 0.65 + 0.775 \times 0.775)\text{m}^3$$

$$= 0.126 \times 1.29875\text{m}^3 = 0.16\text{m}^3$$

套用基础定额 4 - 1。

【注释】 0.126 表示等高大放脚每一层的高度。0.525 表示等高三阶大放脚基础最上面一阶放脚的底面边长，0.525 × 0.525 表示等高三阶大放脚基础最上面一阶基础的水平投影面。0.65 = (0.525 + 0.0625 × 2)表示等高三阶大放脚基础第二阶基础的边长，0.65 × 0.65 表示等高三阶大放脚基础第二阶基础的水平投影面积。0.775 = (0.65 + 0.0625 × 2)表示等高三阶大放脚基础最下面一阶基础的边长，0.775 × 0.775 表示等高三阶大放脚基础最下面一阶基础的水平投影面积。

圆形砖柱柱身体积为：

$$V_2 = \left(\frac{0.4}{2}\right)^2 \pi \times 6 = 0.75\text{m}^3$$

【注释】 圆的截面面积乘以圆的高度即得圆形砖柱柱身体积。$\left(\frac{0.4}{2}\right)^2 \pi$ 表示圆形砖柱的截面面积，6 表示柱身的高度。

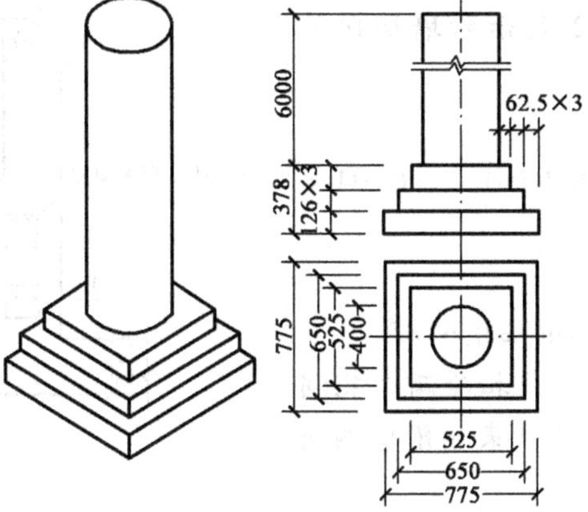

图 3-17　某砖柱示意图

套用基础定额 4－44。

圆形砖柱体积为：

$V = V_1 + V_2 = (0.16 + 0.75)\,m^3 = 0.91m^3$

【注释】 把两部分的工程量加起来即可。0.16 表示圆形砖柱基础体积，0.75 表示圆形砖柱身体积。

(2)清单工程量计算方法同定额工程量。

清单工程量计算见表 3-15。

表 3-15　清单工程量计算表

序号	项目编码	项目名称	项目特征描述	计量单位	工程量
1	010401001001	砖基础	等高式大放脚，基础深 0.378m	m^3	0.16
2	010401009001	实心砖柱	圆形砖柱，柱外径 400mm，柱高 6m	m^3	0.75

3.9　砖烟囱、水塔

定额中计算砖烟囱、水塔工程量均以设计图示筒壁平均中心线周长乘以厚度乘以高度以体积(m^3)计算。扣除各种孔洞、钢筋混凝土圈梁、过梁等的体积。

清单中按设计图示尺寸以体积计算，不扣除构件内钢筋、预埋铁件及单个面积≤$0.3m^2$的孔洞所占体积，钢筋混凝土烟囱基础包括基础底板及筒座，筒座以上为筒壁。

【例 17】 附墙烟囱(包括附墙通风道、垃圾道)及采暖锅炉烟囱，如图 3-18 所示，试计算其工程量。

【解】 (1)定额工程量

按其外形体积计算，并入所依附的墙体积内，不扣除每一孔洞横断面积在 $0.1m^2$ 以内的体积，孔洞内抹灰工程亦不增加；如每一孔洞横断面积超过 $0.1m^2$ 时，应扣除孔洞所占体积，孔洞内的抹灰亦另列项目计算。

附墙烟囱工程量为：

$V = (0.125 \times 1.2 \times 4.2)\,m^3 = 0.63m^3$

【注释】 0.125 表示附墙烟囱的宽度，1.2 表示附墙烟囱的长度，4.2 表示附墙烟囱的高度。

套用基础定额 4－5。

注：孔洞横断面积为 $0.2\times0.2=0.04<0.1m^2$，故不应扣除。

(2)清单工程量

$V=(0.125\times1.2\times4.2)m^3=0.63m^3$

【注释】 清单工程量不应扣除两个孔洞所占的体积。$0.125\times1.2\times4.2$ 表示附墙烟囱的体积。

清单工程量计算见表 3-16。

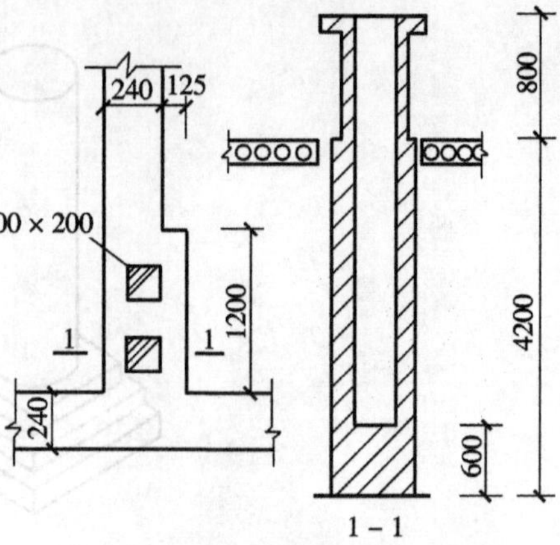

图 3-18 某附墙烟囱

表 3-16 清单工程量计算表

项目编码	项目名称	项目特征描述	计量单位	工程量
070201002001	烟囱筒壁	筒身高 4.2m	m^3	0.63

【例 18】 计算图 3-19 中砖烟囱筒壁工程量及钢筋混凝土圈梁工程量。

【解】 (1)定额工程量

①钢筋混凝土圈梁工程量按图示体积，以立方米进行计算。

$V=2\pi Rab=2\pi\times1.12\times0.24\times0.20m^3=0.34m^3$

式中 R——圈梁中心半径；

a、b——圈梁断面的宽度和厚度。

【注释】 $1.12=1.24-0.24/2$ 表示圈梁的中心半径，0.24×0.20 表示钢筋混凝土圈梁的断面面积。

②砖砌烟囱筒壁工程量为：

$$V=[10.0\pi\times(2.37+2.12)\times0.74+20.00\pi\times(2.245+1.745)\times0.49+17.5\pi\times(1.805+1.3675)\times0.37+12.5\pi\times(1.4325+1.12)\times0.24+2\pi\times1.24\times(0.18\times0.504+0.12\times0.252+0.06\times0.126)-0.34-3.67]m^3$$
$$=312.65m^3$$

套用基础定额 4－47。

【注释】 利用公式 $V=\pi\times HCD$。10.0 表示最下面一段筒身的垂直高度，$2.37=(2.74-0.74/2)$ 表示最下面一段筒身下口的中心线的半径，$2.12=(2.49-0.74/2)$ 表示最下面一段筒身上口的中心线的半径，0.74 表示最下面一段筒壁的厚度。$20.0=(10.0+10.0)$ 表示第二段筒身的垂直高度，$2.245=(2.49-0.49/2)$ 表示第二段筒身下口的中心线的半径，$1.745=(1.99-0.49/2)$ 表示第二段筒身上口的中心线半径。0.49 表示第二段筒壁的厚度。$17.5=(10.0+7.50)$ 表示第三段筒身的垂直高度，$1.805=(1.99-0.37/2)$ 表示第三段筒身下口的中心线的半径，$1.3675=(1.5525-0.37/2)$ 表示第三段筒身上口的中心线半径。0.37 表示第三段筒壁的厚度。$12.5=(5.0+7.5)$ 表示最上面一段筒身的垂直高度。$1.4325=(1.5525-0.24/2)$ 表示最上面一段筒身下口的中心线半径，$1.12=(1.24-0.24/2)$ 表示最上面一段筒身上口的中心线半径。0.24 表示最上面一段筒壁的厚度。对应详图来看：$0.18=0.06\times3$ 表示高度为

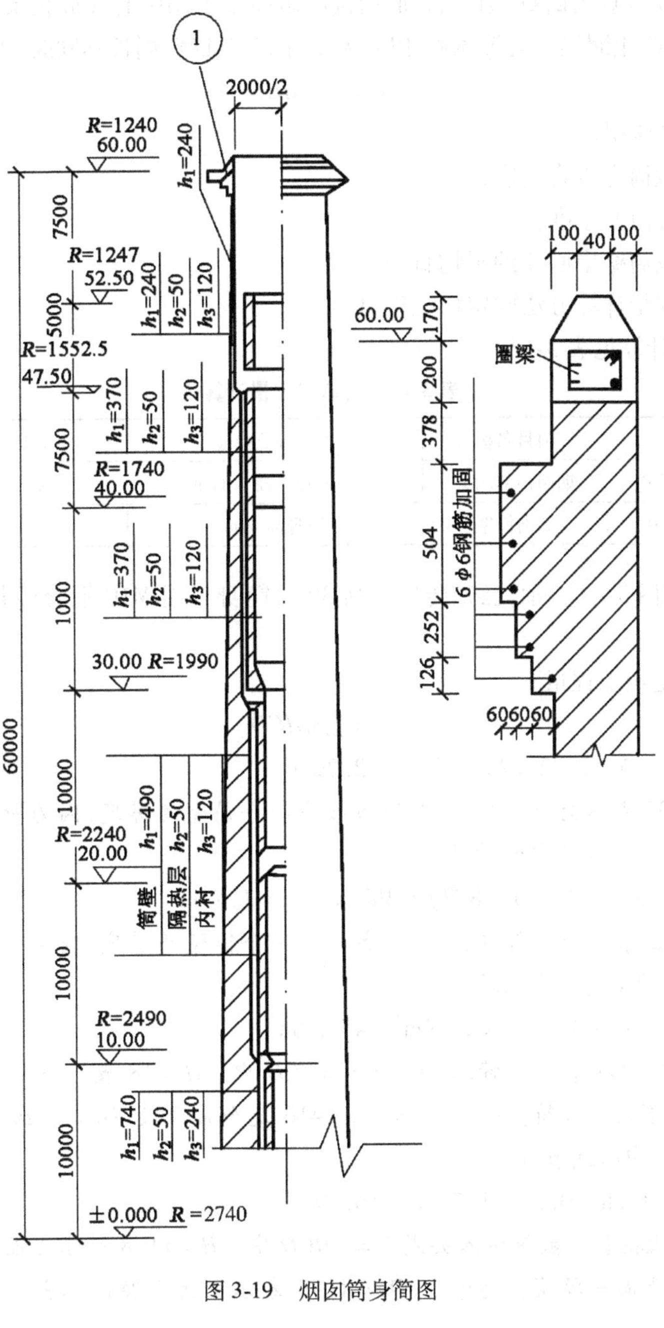

图 3-19　烟囱筒身简图

504 部分的宽度,0.18×0.504 表示这部分的断面面积。0.12 表示高度为 252 部分的宽度,0.12×0.252表示这部分的断面面积。0.06 表示高度为 126 部分的宽度,0.06×0.126 表示这部分的断面面积。0.34 表示前面计算出的钢筋混凝土圈梁的体积。3.67 表示入烟口和出灰口所占的体积。

套定额时,按筒身全高套用相应定额。如窗身在 20m 及以下者,套用定额编号中“20m 以内”的定额。筒身高在 21～40m 时,套用“40m 以内”的定额。筒身高在 40m 以上时,套用“40m 以外”的定额。

砖烟囱工程量计算为筒身：圆形、方形均按图示筒壁平均中心线周长乘以厚度，并扣除筒身各种孔洞，钢筋混凝土圈梁过梁等体积，以立方米计算，其筒壁周长不同时，可按下式分段计算。

$$V=\sum \pi HCD$$

式中 V——筒身体积；

H——每段筒身垂直高度；

C——每段筒壁厚度；

D——每段筒壁中心线的平均直径。

(2)清单工程量计算方法同定额工程量。

清单工程量计算见表3-17。

表3-17 清单工程量计算表

序号	项目编码	项目名称	项目特征描述	计量单位	工程量
1	070201004001	烟囱顶部圈梁	梁中心半径1.12m	m^3	0.34
2	070201002001	烟囱筒壁	筒身高60m	m^3	312.65

【例19】 如图3-20所示，已知砖烟囱高30m，筒身采用M10混合砂浆砌筑，求砖烟囱工程量。

【解】 (1)定额工程量

$$V=\sum \pi HCD$$

$D_1=(3.0-0.35-18/2\times2\%\times2)\text{m}=2.29\text{m}$

【注释】 0.35表示筒壁厚度，即两边各减去半个筒壁的厚度，因为所求的直径是筒壁中心线的平均直径。2%是烟囱的坡度。

$D_2=[3.0-0.25-(18+11.8/2)\times2\%\times2]\text{m}=1.79\text{m}$

【注释】 0.25表示筒壁厚度，即两边各减去半个筒壁的厚度，因为所求的直径是筒壁中心线的平均直径。2%是烟囱的坡度。

则：$V_1=18\times0.35\times3.1416\times2.29\text{m}^3=45.32\text{m}^3$

【注释】 依次把各个数据带入公式 $V=\pi HCD$ 中。$H=18$ 表示下面一段筒身的垂直高度，$C=0.35$ 表示下面一段筒壁的厚度，$\pi=3.1416$ 是个常系数，$D_1=2.29$ 表示上面已经计算出的下面一段筒壁中心线直径。

$V_2=3.1416\times11.8\times0.25\times1.79\text{m}^3=16.59\text{m}^3$

【注释】 依次把各个数据带入公式 $V=\pi HCD$ 中。$H=11.8$ 表示上面一段筒身的垂直高度，$C=0.25$ 表示上面一段筒壁的厚度，$D_2=1.79$ 表示上面已经计算出的上面一段筒壁中心线直径。

$V=V_1+V_2=(45.32+16.59)\text{m}^3=61.91\text{m}^3$

【注释】 把两部分的筒壁体积加起来即可。

套用基础定额4-46。

(2)清单工程量计算方法同定额工程量。

清单工程量计算见表3-18。

表 3-18　清单工程量计算表

项目编码	项目名称	项目特征描述	计量单位	工程量
070201002001	烟囱筒壁	筒身高 30m，M10 混合砂浆	m^3	61.91

【例 20】 如图 3-20 所示，求烟囱内衬的工程量（内衬为耐火砖，厚度为 120mm）。

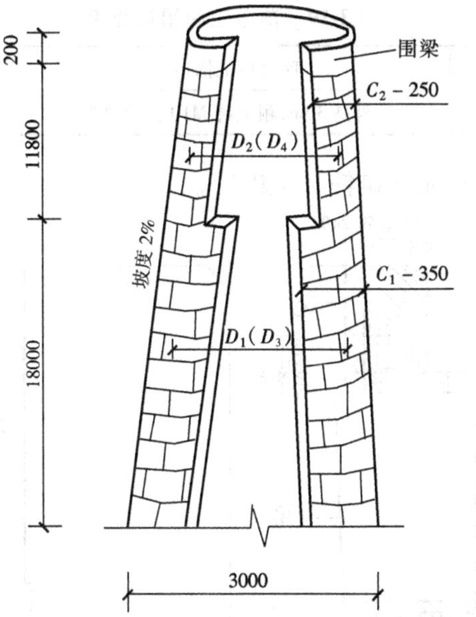

图 3-20　烟囱筒身示意图

注：烟囱内衬按不同内衬材料，并扣除孔洞后，以图示实体积计算。

【解】 （1）定额工程量

$D_3=(2.29-0.35-0.12)\text{m}=1.82\text{m}$

【注释】 2.29 是上面例题中所计算出的下段筒壁的平均直径，0.35 表示筒壁厚度，0.12 表示内衬耐火砖的厚度。

$D_4=(1.79-0.25-0.12)\text{m}=1.42\text{m}$

【注释】 1.79 是上面例题中所计算出的上段筒壁的平均直径，0.25 表示筒壁厚度，0.12 表示内衬耐火砖的厚度。

$V_3=18\times0.12\times3.1416\times1.82\text{m}^3=12.35\text{m}^3$

【注释】 依次把各个数据带入公式 $V=\pi HCD$ 中，$H=18$ 表示下面一段筒身的垂直高度，$C=0.12$ 表示烟囱内衬耐火砖的厚度，$D=1.82$ 表示上面计算出的下面一段筒壁的内衬耐火砖中心线直径。

$V_4=11.8\times0.12\times3.1416\times1.42\text{m}^3=6.32\text{m}^3$

【注释】 依次把各个数据带入公式 $V=\pi\times HCD$ 中，$H=11.8$ 表示上面一段筒身的垂直高度，$C=0.12$ 表示烟囱内衬耐火砖的厚度，$D=1.42$ 表示上面已经计算出的上面一段筒壁的内衬耐火砖中心线直径。

$V=V_3+V_4=(12.35+6.32)\text{m}^3=18.67\text{m}^3$

【注释】 分别把两部分的内衬耐火砖的工程量加起来即可。12.35 表示下面一段筒壁内衬耐火砖的工程量,6.32 表示上面一段筒壁内衬耐火砖的工程量。

套用基础定额 4-49。

(2)清单工程量计算方法同定额工程量。

清单工程量计算见表 3-19。

表 3-19 清单工程量计算表

项编码	项目名称	项目特征描述	计量单位	工程量
070201002001	烟囱筒壁	筒身高 30m,耐火砖 M10 混合砂浆	m^3	18.67

【例 21】 求如图 3-21 所示砖砌筒身工程量。

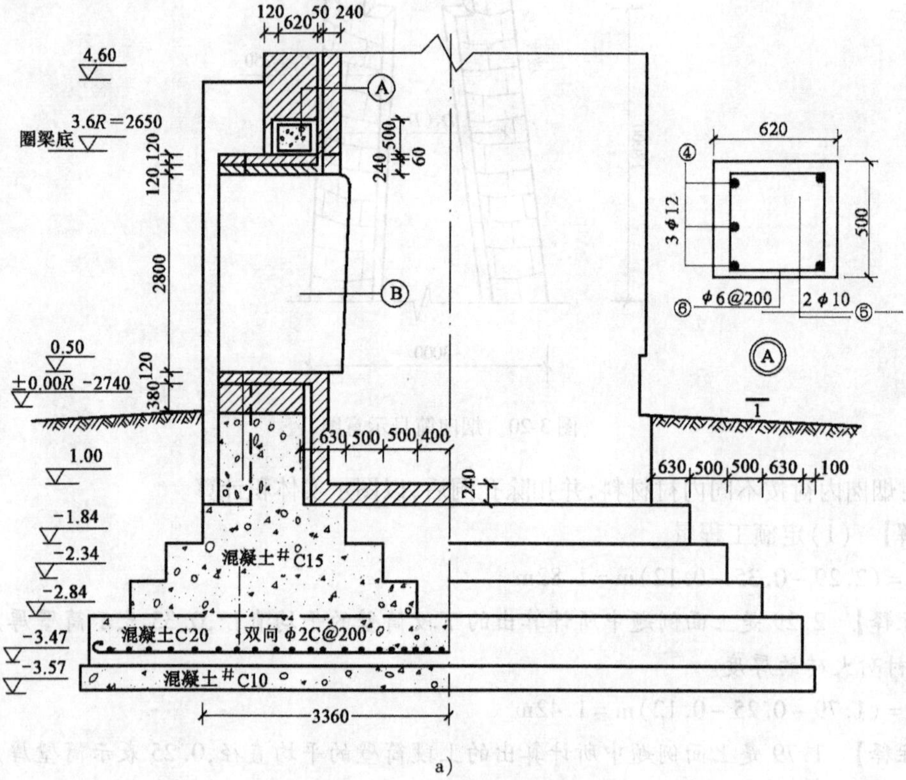

图 3-21 某砖砌烟囱筒身图

a)基础图

【解】 砖砌烟囱筒身工程量的计算(按一般常用计算方法):

(1)定额工程量

①[3.142×(4.74+4.24)/2×10-1.6×2.8(烟道口)-0.6×0.8(出灰口)]×0.74+(1.2+0.6)/2×0.86×4.6×2(烟道口附垛)=[141.08-4.48-0.48]×0.74m^3+7.12m^3=100.73m^3+7.12m^3=107.85m^3

【注释】 4.74=(2.74×2-0.74)表示最下面一段烟囱筒壁下口中心线的直径,4.24=(2.49×2-0.74)表示最下面一段烟囱筒壁上口中心线的直径。10 表示最下面一段烟囱筒壁的垂直高度,0.74 表示最下面一段烟囱筒壁的厚度。注意要扣除烟道口和出灰口所占的体

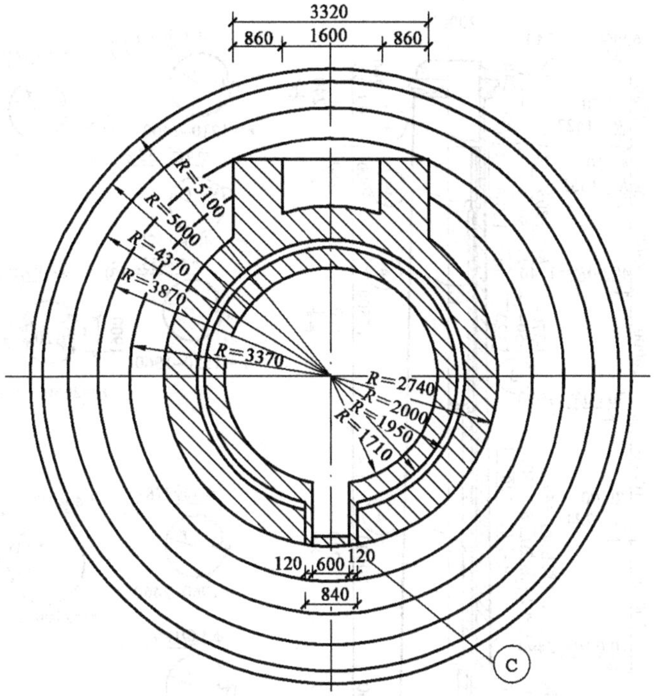

b)

图 3-21　某砖砌烟囱筒身图(续)

b)1－1 剖面图

积。(1.2 +0.6)/2 ×0.86 表示烟道口附垛的截面面积,4.6 表示附垛的高度,2 表示两侧各有一个附垛。

②$3.142\times(4.49+3.49)/2\times20\times0.49m^3=122.86m^3$

【注释】 4.49 =(2.49 ×2 －0.49)表示第二段烟囱筒壁下口中心线的直径, 3.49 =1.99 ×2 －0.49 表示第二段烟囱筒壁上口中心线的直径, 20 =10 +10 表示第二段烟囱筒身的垂直高度,0.49 表示第二段烟囱筒壁的厚度。

③$3.142\times(3.61+2.735)/2\times17.5\times0.365m^3=63.67m^3$

【注释】 3.61 =(1.99 ×2 －0.37)表示第三段烟囱筒壁下口中心线的直径,2.735 =(1.5525 ×2 －0.37)表示第三段烟囱筒壁上口 中心线的直径,17.5 =10 +7.5 表示第三段烟囱筒壁的垂直高度,0.365 表示第三段烟囱筒壁的厚度。

④$3.142\times(2.865+2.24)/2\times12.5\times0.24m^3=24.06m^3$

【注释】 2.865 =(1.5525 ×2 －0.24)表示最上面一段烟囱筒壁下口处的中心线直径,2.24 =(1.24 ×2 －0.24)表示最上面一段烟囱筒壁上口处的中心线直径,12.5 =(5 +7.5)表示最上面一段烟囱筒壁的垂直高度,0.24 表示最上面一段烟囱筒壁的厚度。

⑤$3.142\times2.66\times0.504\times0.18m^3=0.76m^3$

【注释】 对应详图 1 来看,2.66 =(1.24 ×2 +0.18)表示筒壁的直径,3.142 ×2.66 表示筒壁的展开周长。0.504 ×0.18 表示高为 504 的那部分截面面积。

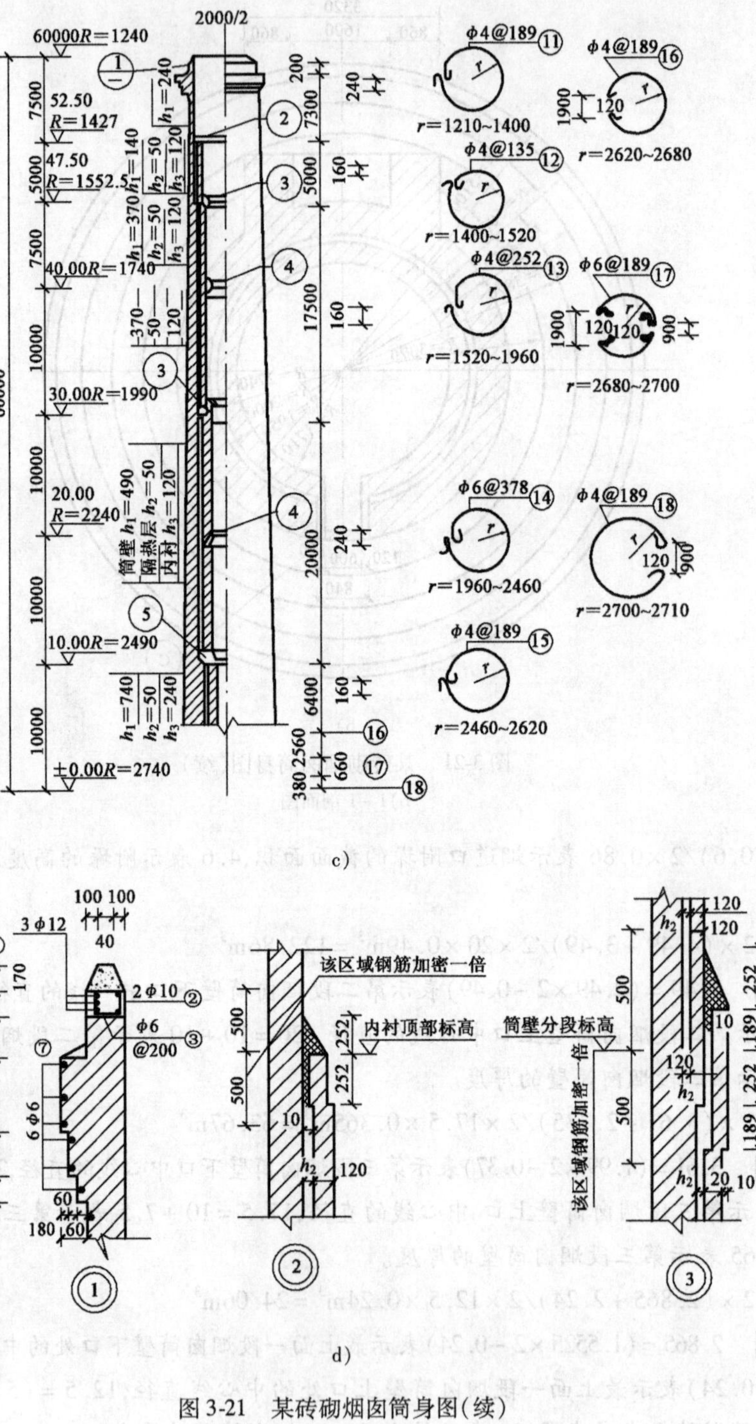

图 3-21　某砖砌烟囱筒身图(续)

c)立面图　d)详图①～③

⑥$3.142\times2.6\times0.252\times0.12m^3=0.25m^3$

【注释】　对应详图 1 来看，$2.6=(1.24\times2+0.12)$表示筒壁的直径，3.142×2.6表示这部分筒壁的展开周长。0.252×0.12表示高为 252 那部分的截面面积。

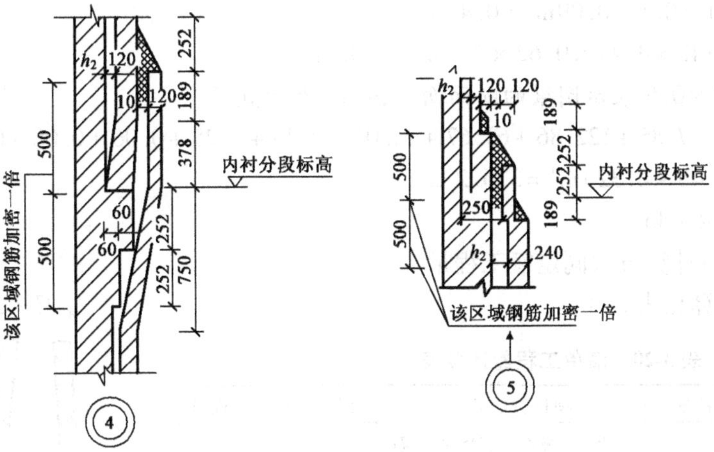

e)

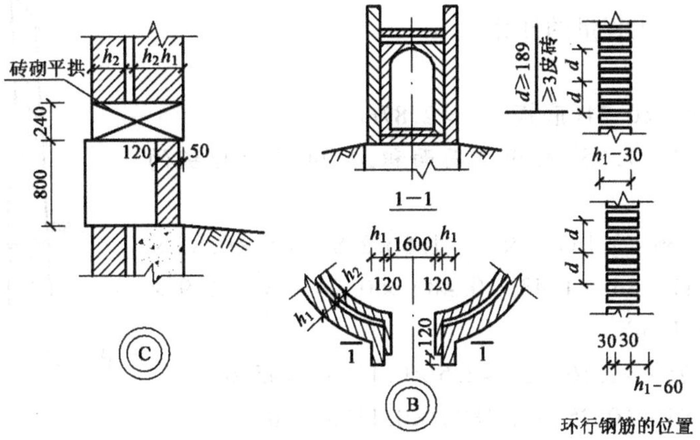

f)

图 3-21 某砖砌烟囱筒身图(续)

e) 详图④～⑤ f) 详图Ⓑ～Ⓒ

注:1. 本图尺寸标高以 m 计,其余以 mm 计。

2. 红砖用 75#一级砖,筒身砂浆用 M5 水泥石灰混合砂浆,内衬采用黏土浆。

3. 混凝土等级:筒身部分均用 C15。

4. 各节点图中斜格交叉线表示用砂浆所粉出的线脚要求,以利泄水,砂浆材料与砌筑内衬相同。

5. 隔热材料:用空气隔热层。

⑦$3.142\times2.54\times0.126\times0.06m^3=0.06m^3$

【注释】 对应详图 1 来看,$2.54=1.24\times2+0.06$ 表示筒壁的直径,3.142×2.54 表示这部分筒壁的展开周长。0.126×0.06 表示高为 126 的那部分截面面积。

⑧$3.142\times2.325\times0.252\times0.045m^3=0.08m^3$

⑨$3.142\times2.95\times0.252\times0.045m^3=0.11m^3$

⑩$3.142\times2.65\times0.5\times0.09m^3=0.37m^3$

⑪$3.142\times3.41\times0.5\times0.09\text{m}^3=0.48\text{m}^3$

⑫减圈梁$=3.142\times4.44\times0.62\times0.5\text{m}^3=4.32\text{m}^3$

【注释】 0.62×0.5表示圈梁的断面面积，4.44表示直径。

工程量共计：$(107.85+122.86+63.67+24.06+0.76+0.25+0.06+0.08+0.11+0.37+0.48-4.32)\text{m}^3=316.23\text{m}^3$

套用基础定额4－45。

(2)清单工程量计算方法同定额工程量。

清单工程量计算见表3-20。

表3-20 清单工程量计算表

项目编码	项目名称	项目特征描述	计量单位	工程量
070201002001	烟囱筒壁	75#一级红砖，M5水泥石灰混合砂浆，筒身高60m	m^3	316.23

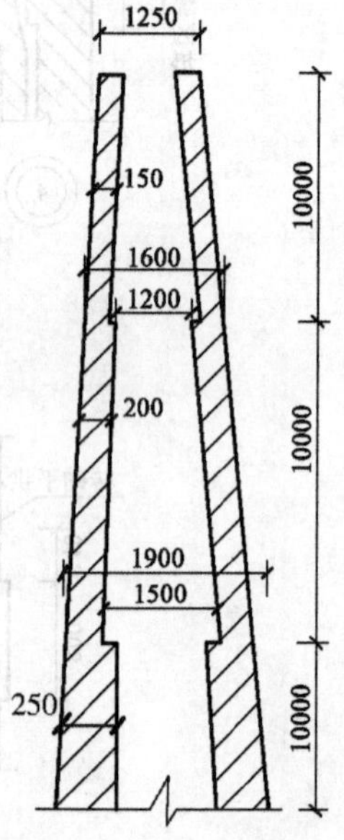

图3-22 砖烟囱剖面示意图

【例22】 求如图3-22所示砖砌内衬工程量。

【解】 砖砌内衬工程量的计算：

(1)定额工程量

①$3.142\times1.95^2\times0.24$(底板)$\text{m}^3=2.87\text{m}^3$

【注释】 3.142×1.95^2表示截面面积，0.24表示底板的厚度。

②$[3.142\times(3.66+3.16)/2\times11-1.6\times2.8-0.6\times0.8]\times0.24\text{m}^3=(117.86-4.48-0.48)\times0.24\text{m}^3=112.9\times0.24\text{m}^3=27.10\text{m}^3$

③$3.142\times(3.785+2.16)/2\times42.5\times0.115\text{m}^3=45.65\text{m}^3$

④$3.142\times3.285\times(0.252-0.189)\times0.115\text{m}^3=0.07\text{m}^3$

⑤$3.142\times3.545\times0.504\times(0.24-0.115)\text{m}^3=0.7\text{m}^3$

⑥$3.142\times3.265\times(0.378+0.189)\times0.115\text{m}^3=0.67\text{m}^3$

⑦$3.142\times2.775\times0.189\times0.115\text{m}^3=0.19\text{m}^3$

⑧$3.142\times2.275\times(0.378+0.189)\times0.115\text{m}^3=0.47\text{m}^3$

⑨$3.142\times2.16\times0.189\times0.115\text{m}^3=0.15\text{m}^3$

工程量共计：$(2.87+27.1+45.65+0.07+0.7+0.67+0.19+0.47+0.15)\text{m}^3=77.87\text{m}^3$

套用基础定额4－49。

(2)清单工程量计算方法同定额工程量。

清单工程量计算见表3-21。

表3-21 清单工程量计算表

项目编码	项目名称	项目特征描述	计量单位	工程量
070201002001	烟囱筒壁	筒身高60m，75#一级红砖，黏土浆内衬，M5混合砂浆	m^3	77.87

3.10 砖烟道

定额和清单中计算砖烟道工程量均以图示尺寸以体积(m^3)计算。

【例 23】 计算如图 3-23 所示烟道的工程量(设烟道长为 20m)。

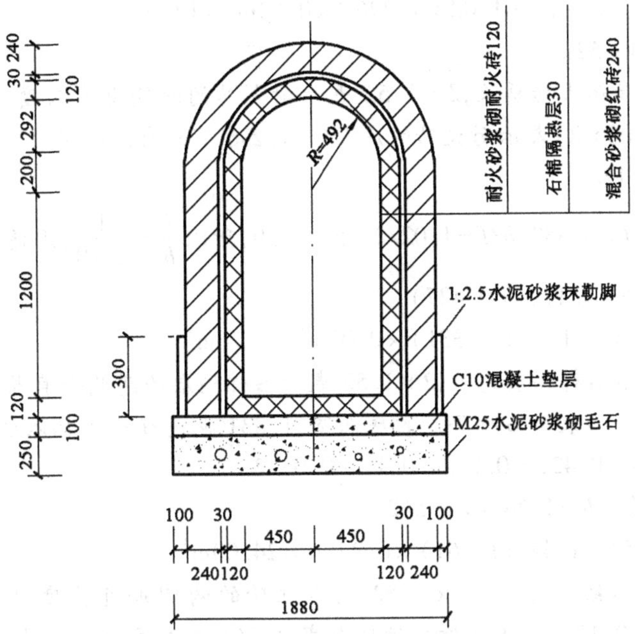

图 3-23 烟道剖面图

【解】 烟道工程量 = 立墙体积 + 弧顶体积

立墙体积按一般墙体方法计算。

弧墙顶拱据设计图标注尺寸不同有两种计算方法：

当拱弧标注尺寸为矢高 f 时：

$$弧顶体积 = dblk$$

式中 d——拱顶厚度；

b——中心线跨距；

l——拱顶长度；

k——延长系数，可通过矢距比 $\frac{f}{b}$ 的值查表 3-22 得到。

表 3-22 拱顶弧长系数表

矢距比 $\frac{f}{b}$	$\frac{1}{2}$	$\frac{1}{2.5}$	$\frac{1}{3}$	$\frac{1}{3.5}$	$\frac{1}{4}$	$\frac{1}{4.5}$	$\frac{1}{5}$	$\frac{1}{5.5}$	$\frac{1}{6}$
弧长系数 k	1.571	1.383	1.274	1.205	1.159	1.127	1.103	1.086	1.073
矢距比 $\frac{f}{b}$	$\frac{1}{6.5}$	$\frac{1}{7}$	$\frac{1}{7.5}$	$\frac{1}{8}$	$\frac{1}{8.5}$	$\frac{1}{9}$	$\frac{1}{9.5}$	$\frac{1}{10}$	
弧长系数 k	1.062	1.054	1.047	1.041	1.037	1.033	1.027	1.026	

当拱顶标注尺寸为圆弧半径 R 和中心角 θ 时：

$$弧形体积 = \frac{\pi\theta}{180°} \times Rdl$$

(1)定额工程量

耐火砂浆砌120耐火砖工程量：

$V=20\times(2\times1.52+0.9+1.02\times1.296)\times0.12m^3=12.63m^3$

套用基础定额4-52。

【注释】 20表示耐火砖总长，2×1.52表示耐火砖的两侧垂直长度，$0.9=0.45+0.45$，$1.02=(0.45\times2+0.06\times2)$表示耐火砖的底面宽，1.296下面有注解，0.12表示耐火砖的厚度，$f=0.352=0.292+0.12/2$。

注：因$b=1.02$，$f=0.352$，$b/f=1.02/0.352=2.9$，所以$\frac{f}{b}=\frac{1}{2.90}$，用插入法求得$K=1.296$

石棉隔层工程（$b=1.17$，$f=0.427$）：

$V=20\times(2\times1.52+1.17\times1.331)\times0.03m^3=2.76m^3$

【注释】 20表示石棉隔层总长，2×1.52表示石棉隔层的两侧垂直长度，$1.17=(0.45\times2+0.12\times2+0.015\times2)$表示石棉隔层的底面宽，1.331也是查表用插入法计算得到，0.03表示石棉隔层的厚度，$f=0.427=0.292+0.12+0.03/2$。

混合砂浆砌红砖：（$b=1.44$，$f=0.562$）

$V=20\times(2\times1.52+1.44\times1.361)\times0.24m^3=24.00m^3$

【注释】 20表示红砖总长，2×1.52表示红砖的两侧垂直长度，$1.44=(0.45\times2+0.12\times2+0.03\times2+0.12\times2)$表示红砖的底面宽，1.361查表用插入法得到，0.24表示红砖的厚度。$f=0.562=0.292+0.12+0.03+0.24/2$。

1:2.5水浆砂浆抹勒脚工程量：

$S=20\times0.3\times2m^2=12.00m^2$

【注释】 20表示勒脚的长度，0.3表示勒脚的高度，2表示两侧都有勒脚。

C10混凝土工程量：

$V=20\times0.1\times1.88m^3=3.76m^3$

【注释】 0.1×1.88表示混凝土垫层的截面面积，20表示长度。

M2.5水泥砂浆砌毛石工程量：

$V=20\times0.25\times1.88m^3=9.40m^3$

【注释】 0.25×1.88表示毛石基础的截面面积，20表示长度。

(2)清单工程量同定额工程量。

清单工程量计算见表3-23。

表3-23 清单工程量计算表

序号	项目编码	项目名称	项目特征描述	计量单位	工程量
1	070202001001	烟道	红砖，混合砂浆，拱形烟道	m^3	24.00
2	070202001002	烟道	石棉隔热层，拱形烟道	m^3	2.76
3	070202001003	烟道	120耐火砖，耐火砂浆，拱形烟道	m^3	12.63

砖砌烟道及内衬工程量计算：烟道砌砖及内衬，均扣除孔洞后，以图示实体积计算。烟道与炉体的划分以第一道闸门为界，炉体内的烟道部分列入炉体工程量计算。

【例24】 如图3-24所示，已知烟道长20m，M5混合砂浆砌砖、耐火砖内衬，求砖砌烟道及内衬的工程量。

【解】 (1)定额工程量

砖砌烟道工程量:

$V = [1.65 \times 2 + (1.05 - 0.24/2) \times 3.14] \times 0.24 \times 20\text{m}^3$
$= 29.86\text{m}^3$

套用基础定额 4－51。

【注释】 1.65 = (1.5 + 0.15)表示烟道两侧的垂直高度,1.05 = (0.6 + 0.45)表示半径,(1.05 − 0.24/2)表示按中心线来计算半径,所以减去半个砖砌烟道的厚度。(1.05 − 0.24/2) × 3.14表示砖砌烟道上面圆弧部分的长度,再乘以厚度 0.24 表示砖砌烟道的截面面积,再乘以总长度 20 就得出砖砌烟道的工程量。

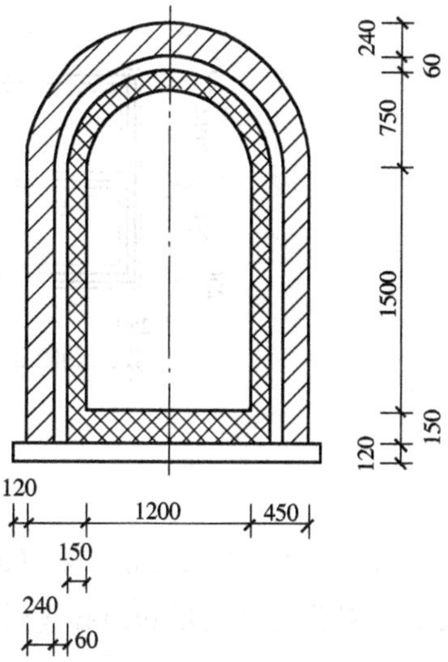

图 3-24 砖砌烟道示意图

砖砌烟道内衬工程量计算:

$V = [1.65 \times 2 + (1.05 - 0.24 - 0.06 - 0.15/2) \times 3.14 + 1.2] \times 0.15 \times 20\text{m}^3$
$= 19.86\text{m}^3$

套用基础定额 4－49。

【注释】 0.24 表示外面砖砌烟道的厚度,0.06 表示中间石棉隔层的厚度,0.15/2 表示按中心线长度计算应减去内衬厚度的一半。1.65 × 2 表示内衬的两侧垂直高度,(1.05 − 0.24 − 0.06 − 0.15/2) × 3.14表示内衬上面的圆弧长度,1.2 表示内衬的底面宽度,0.15 表示内衬的厚度。

(2)清单工程量计算方法同定额工程量。

清单工程量计算见表 3-24。

表 3-24 清单工程量计算表

序号	项目编码	项目名称	项目特征描述	计量单位	工程量
1	070202001001	烟道	拱形烟道,20m,M5 混合砂浆	m^3	29.86
2	070202001002	烟道	拱形烟道,20m,M5 混合砂浆	m^3	19.86

3.11 石基础

定额和清单中计算石基础工程量均按设计图示尺寸以体积计算。包括附墙垛基础宽出部分体积,不扣除基础砂浆防潮层及单个面积 0.3m² 以内的孔洞所占体积,靠墙暖气沟的挑檐不增加体积。

基础长度:外墙按中心线,内墙按净长度计算。

【例 25】 某工程按设计规定采用毛石基础(如图 3-25 所示),求其工程量。

【解】 (1)定额工程量

$L_{中} = [(3.6 + 3.0 + 3.6 + 0.25 \times 2 + 3.0 + 3.0 + 1.0 + 0.25 \times 2) \times 2 - 0.37 \times 4]\text{m}$
$= [(10.7 + 7.5) \times 2 - 1.48]\text{m} = 34.92\text{m}$

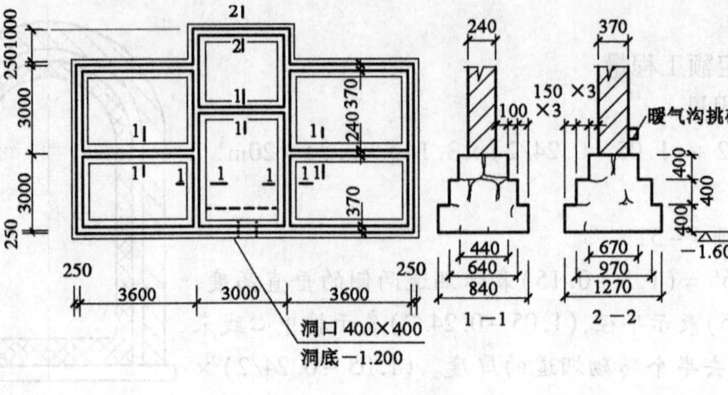

图 3-25　毛石烟囱

【注释】　对应图示来看：(3.6 +3.0 +3.6)表示建筑物外墙长边方向轴线间的长度，0.25 ×2 表示轴线两端所增加的轴线到外墙外边线的长度。(3.0 +3.0 +1.0)表示建筑物外墙短边方向轴线间的长度，0.25 ×2 表示轴线两端所增加的轴线到外墙外边线的长度。两部分加起来乘以 2 就表示建筑物外墙外边线的总长度，0.37 ×4 =0.37 ×2 ×2 表示扣除的建筑物外墙中心线到外边线的长度。

$L_{内} = [(3.6 - 0.24) \times 2 + (3 - 0.24) + (6 - 0.24) \times 2]\text{m}$

$= (6.72 + 2.76 + 11.52)\text{m}$

$= 21.00\text{m}$

【注释】　0.24 =0.12 ×2 表示扣除轴线两端墙体所占的长度。(3.6 -0.24) ×2 表示横向内墙左、右两段墙体的净长线长度，(3.0 -0.24)表示横向内墙中间那段墙体的净长线长度，(6 -0.24) ×2 表示纵向两条内墙墙体的净长线长度。

$V_{1-1} = (0.44 + 0.64 + 0.84) \times 0.4 \times 21\text{m}^3 = 16.13\text{m}^3$

【注释】　对应剖面图 1 -1 来看，0.44 表示三阶等高大放脚基础最上面一阶放脚的底面宽度，0.64 =0.44 +0.1 ×2 表示中间一阶放脚的底面宽度，0.84 =0.64 +0.1 ×2 表示最下面一阶放脚的底面宽度，0.4 表示等高三阶大放脚每一阶放脚的高度。(0.44 +0.64 +0.84) ×0.4 表示毛石基础的断面面积，21 表示毛石基础的总长度。

$V_{2-2} = (0.67 + 0.97 + 1.27) \times 0.4 \times 34.92\text{m}^3 = 40.65\text{m}^3$

【注释】　对应剖面图 2 -2 来看，0.67 表示等高三阶大放脚基础最上面一阶放脚的底面宽度，0.97 =0.67 +0.1 ×2 表示中间一阶放脚的底面宽度，1.27 =0.97 +0.1 ×2 表示最下面一阶放脚的底面宽度。0.4 表示等高三阶大放脚基础每一阶放脚的高度。(0.67 +0.97 +1.27) ×0.4 表示毛石基础的断面面积，34.92 表示毛石基础的总长度。

内外墙毛石基础工程量合计：

$V = (16.13 + 40.65)\text{m}^3 = 56.78\text{m}^3$

【注释】　把两部分毛石基础的体积加起来即可。16.13 表示 1 -1 毛石基础的体积，40.65 表示 2 -2 毛石基础的体积。

套用基础定额 4 -66。

(2)清单工程量计算方法同定额工程量。

清单工程量计算见表 3-25。

表 3-25　清单工程量计算表

项目编码	项目名称	项目特征描述	计量单位	工程量
010403001001	石基础	毛石基础,基础深 1.2m	m^3	56.78

【例 26】 如图 3-26 a)所示的基础改用如图 3-26 b)的毛石基础时,计算毛石基础的工程量。

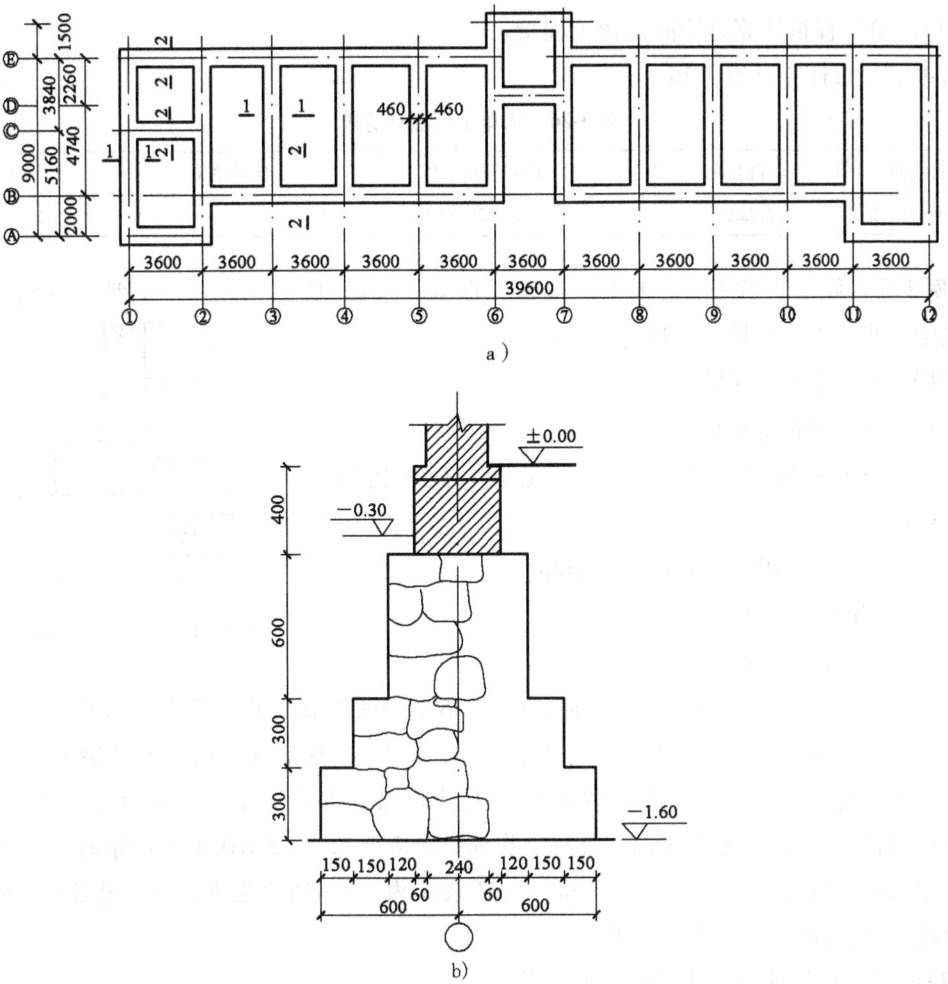

图 3-26　毛石基础示意图

【解】 (1)定额工程量

由于内墙毛石基础的宽度不同,故它的长度也不同,应按图 3-26 a、b 的基础宽度重新计算。

$$工程量 = [(9+39.6+1.5)\times 2-(3.6-1.2)+(9-1.2)\times 2+(7-1.2)\times 8+(3.6-1.2)\times 2]\times(0.6\times 0.6+0.9\times 0.3+1.2\times 0.3)m^3$$

$$=164.60\times 0.99m^3=162.95m^3$$

套用基础定额 4－66。

【注释】 计算毛石基础的工程量就等于毛石基础的断面面积乘以内外墙身的总长度。(9+39.6+1.5)×2 是外墙外边线的总长度，(3.6－1.2)表示轴线 6 和轴线 7 之间的那部分长度，其中 1.2＝0.6×2 表示基础的宽度。(9－1.2)×2 表示轴线 2 和轴线 11 上的两个纵向内墙的长度，(7－1.2)×8 表示轴线 3 到轴线 10 上的八个纵向内墙的长度，(3.6－1.2)×2 表示轴线 1 到 2 和轴线 6 到 7 之间的两个横向内墙的长度。(0.6×0.6+0.9×0.3+1.2×0.3) 表示毛石基础的断面面积。

(2)清单工程量计算方法同定额工程量。

清单工程量计算见表 3-26。

表 3-26 清单工程量计算表

项目编码	项目名称	项目特征描述	计量单位	工程量
010403001001	石基础	毛石基础，基础深 1.2m	m^3	162.95

【例 27】 如图 3-27 所示，求毛石基础工程量。已知：基础外墙中心线长度和内墙净长度之和 53.52m。

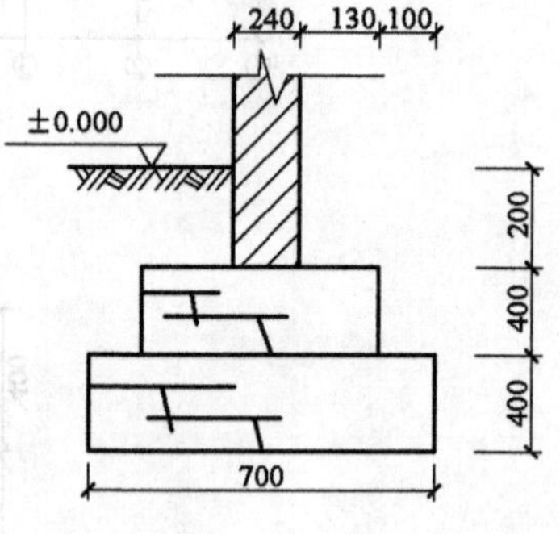

图 3-27 某基础剖面示意图

【解】 (1)定额工程量

毛石基础工程量计算如下：

V = 毛石基础断面面积 ×（外墙中心线长度 + 内墙净长度）

$=(0.7\times0.4+0.5\times0.4)\times53.52m^3$

$=25.69m^3$

套用基础定额 4－66。

【注释】 因为内外墙的基础都一样，所以毛石基础的工程量就等于毛石基础的断面面积乘以基础外墙中心线和内墙净长线的总长，以立方米计算。0.7 表示两阶大放脚毛石基础的下面一阶基础的底面宽度，0.4 表示等高两阶大放脚毛石基础的每一阶放脚的高度。0.7×0.4表示等高两阶大放脚毛石基础下面一阶基础的断面面积。0.5×0.4 表示等高两阶大放脚毛石基础上面一阶毛石基础的断面面积，53.52 表示内、外墙墙体毛石基础的总长度（外墙计算中心线长度，内墙计算净长线长度。）

(2)清单工程量计算方法同定额工程量。

清单工程量计算见表 3-27。

表 3-27 清单工程量计算表

项目编码	项目名称	项目特征描述	计量单位	工程量
010403001001	石基础	毛石基础，基础深 0.8m	m^3	25.69

3.12 石挡土墙

定额和清单中计算石挡土墙工程量均按设计图示尺寸以体积计算。

【例 28】 如图 3-28 所示，已知某毛石挡土墙用 M5 混合砂浆砌筑 180m，求毛石挡土墙工程量。

【解】 (1)定额工程量

毛石挡土墙工程量：

$V = [0.6\times(0.7+1.8)+1.8\times(1.5-0.6)+(0.8+1.8)\times4.5/2]\times180\text{m}^3$

$=8.97\times180\text{m}^3=1614.60\text{m}^3$

套用基础定额 4-75。

【注释】 计算规则中计算挡土墙的工程量是按挡土墙的实体积计算的。0.6×(0.7+1.8)表示下面的矩形的截面积，(0.8+1.8)×4.5/2 表示梯形的截面积，1.8×(1.5-0.6)表示中间的矩形的截面积，180 表示挡土墙的长度。

(2)清单工程量同定额工程量。

清单工程量计算见表 3-28。

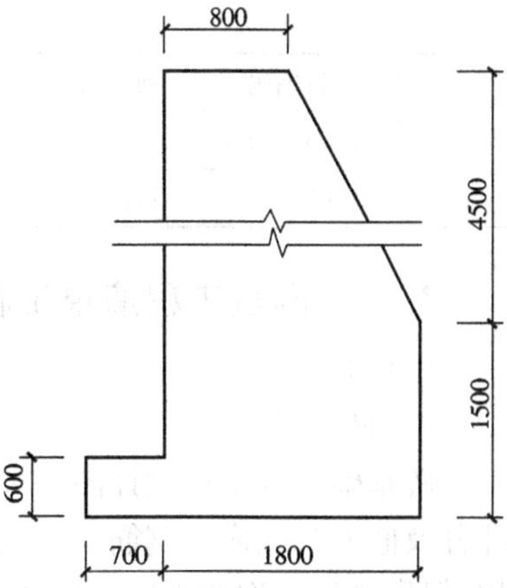

图 3-28 毛石挡土墙示意图

表 3-28 清单工程量计算表

项目编码	项目名称	项目特征描述	计量单位	工程量
010403004001	石挡土墙	毛石挡土墙，M5 混合砂浆	m^3	1614.60

【例 29】 求如图 3-29 所示，全长 100m 的毛石挡土墙基础、墙身的工程量。

【解】 基础、墙身应分别计算工程量。

(1)定额工程量：

基础工程量 $=(1.7\times0.4+1.2\times0.6)\times100\text{m}^3$

$=140\text{m}^3$

套用基础定额 4-66。

【注释】 对应图示来看：室外地坪下的基础分两部分计算。1.7=(0.4+1.2+0.1)表示基础底面的宽度，0.4 表示下面一部分基础的高度，1.7×0.4 表示室外地坪以下基础下面一部分的断面面积。1.2 表示上面一部分基础底面的宽度，0.6 表示这部分基础的高度，1.2×0.6 表示上面一部分基础的断面面积。(1.7×0.4+1.2×0.6)表示从室外地坪高度以下的基础的断面面积。100 表示基础的总长度。

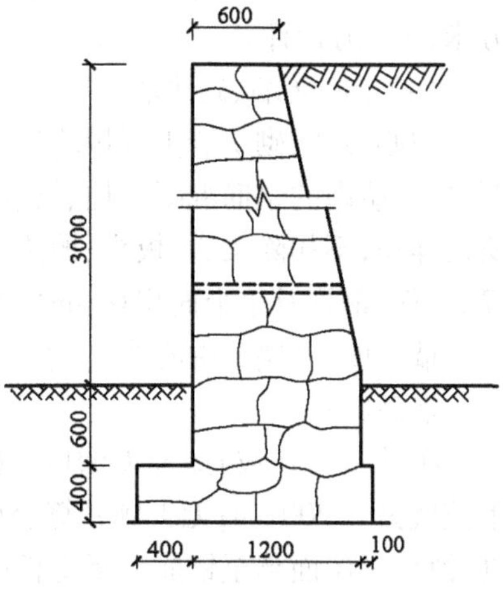

图 3-29 毛石挡土墙示意图

墙身工程量 $=\dfrac{1.2+0.6}{2}\times3\times100\text{m}^3=270\text{m}^3$

套用基础定额 4-75。

【注释】 $\dfrac{1.2+0.6}{2}\times3$ 表示基础上面梯形挡土墙身的断面面积(0.6 表示挡土墙的上口宽度，1.2 表示挡土墙的下口宽度，3 表示墙身部分的高度)。100 表示挡土墙的总长度。

(2)清单工程量计算方法同定额工程量。

清单工程量计算见表 3-29。

表 3-29　清单工程量计算表

序号	项目编码	项目名称	项目特征描述	计量单位	工程量
1	010403001001	石基础	毛石基础，基础深 1.0m	m^3	140
2	010403004001	石挡土墙	挡土墙墙身高 3m，上底宽 0.6m，下底宽 1.2m	m^3	270

3.13　砌筑工程清单工程量和定额工程量计算规则的区别

1. 相似点

(1)砖基础：

砖基础工程量按设计图示尺寸以体积(m^3)计算。不扣除基础大放脚 T 形接头处的重叠部分及嵌入基础内的钢筋、铁件、管道、基础砂浆防潮层和单个面积 0.3m^2 以内的孔洞所占体积，但靠墙暖气沟的挑檐不增加。扣除地梁(圈梁)、构造柱所占体积。附墙垛基础宽出部分体积应并入基础工程量内。

基础长度：外墙按中心线，内墙按净长线计算。

(2)空斗墙：

空斗墙工程量均按外形尺寸以立方米(m^3)计算，墙角、内外墙交接处，门窗洞口立边，窗台砖及屋檐处的实砌部分已包括在其内，不另行计算，但窗间墙、窗台下、楼板下、梁头下等实砌部分，应另行计算，套零星砌体项目。

(3)空花墙：

空花墙按空花部分外形体积以立方米(m^3)计算，空花部分不予扣除，其中实体部分以立方米(m^3)另行计算。

(4)空心砖墙、砌块墙：

空心砖墙、砌块墙工程量均按设计图示尺寸以体积(m^3)计算。扣除门窗洞口、过人洞、空圈、嵌入墙内的钢筋混凝土柱、梁、圈梁、挑梁、过梁及凹进墙内的壁龛、管槽、暖气槽、消火栓箱所占体积，不扣除梁头、板头、檩头、垫木、木楞头、沿椽木、木砖、门窗走头、砖墙内加固钢筋、木筋、铁件、钢管及单个面积 0.3m^2 以内的孔洞所占体积，凸出墙面的砖垛并入墙体积内。

墙长度：外墙按中心线，内墙按净长线计算。

墙高度：

①外墙：斜(坡)屋面无檐口天棚者算至屋面板底，有屋架且室内外均有天棚者算至屋架下弦底另加 200mm；无天棚者算至屋架下弦底另加 300mm，出檐宽度超过 600mm 时按实砌高度计算；平屋面算至钢筋混凝土板底。

②内墙：位于屋架下弦者，算至屋架下弦底；无屋架者算至天棚底另加 100mm；有钢筋混凝土楼板隔层者算至楼板顶；有框架梁时算至梁底。

③女儿墙：从屋面板上表面算至女儿墙顶面(如有压顶时算至压顶下表面)。

④内、外山墙：按其平均高度计算。

(5)实心砖柱：

实心砖柱工程量以设计图示尺寸以体积(m^3)计算。扣除混凝土及钢筋混凝土梁垫、梁头、板头所占体积。

(6)砖烟囱、水塔：

砖烟囱、水塔工程量以设计图示筒壁平均中心线周长乘以厚度乘以高度以体积(m^3)计算。扣除各种孔洞、钢筋混凝土圈梁、过梁等的体积。

(7)砖烟道:

砖烟道工程量以图示尺寸以体积(m^3)计算。

(8)石基础:

石基础工程量以设计图示尺寸以体积(m^3)计算。包括附墙垛基础宽出部分体积,不扣除基础砂浆防潮层及单个面积 $0.3m^2$ 以内的孔洞所占体积,靠墙暖气沟的挑檐不增加体积。

基础长度:外墙按中心线,内墙按净长线计算。

(9)石挡土墙:

石挡土墙工程量以设计图示尺寸以体积(m^3)计算。

2. 易错点

(1)实心砖墙:

定额工程量计算规则:按设计图示尺寸以体积(m^3)计算,应扣除门窗洞口、过人洞、空圈、嵌入墙身的钢筋混凝土柱、梁(包括过梁、圈梁、挑梁)、砖平碹、平砌砖过梁和暖气包壁龛及内墙板头的体积,不扣除梁头、外墙板头、檩头、垫木、木楞头、沿椽木、木砖、门窗走头,砖墙内的加固钢筋、木筋、铁件、钢管及每个面积在 $0.3m^2$ 以下的孔洞等所占的体积,凸出墙面的窗台虎头砖、压顶线、山墙泛水、烟囱根、门窗套及三皮砖以内的腰线和挑檐等体积亦不增加。

墙的长度:外墙长度按外墙中心线计算,内墙长度按内墙净长度计算。

墙身高度:

①外墙墙身高度:斜(坡)屋面无檐口天棚者算至屋面板底;有屋架且内外均有天棚者,算至屋架下弦底面另加200mm;无天棚者算至屋架下弦底加300mm,出檐宽度超过600mm时,应按实砌高度计算;平屋面算至钢筋混凝土板底。

②内墙墙身高度:位于屋架下弦者,其高度算至屋架底;无屋架者算至天棚底另加100mm;有钢筋混凝土楼板隔层者算至板底;有框架梁时算至梁底面。

③内、外山墙,墙身高度:按其平均高度计算。

④女儿墙高度:自外墙顶面至图示女儿墙顶面高度,分别不同墙厚并入外墙计算。

清单工程量计算规则:

①内墙高度:位于屋架下弦者,算至屋架下弦底;无屋架者算至天棚底另加100mm;有钢筋混凝土楼板隔层者算至楼板顶;有框架梁时算至梁底。

②女儿墙高度:从屋面板上表面算至女儿墙顶面(如有混凝土压顶时算至压顶下表面)。

③其他清单工程量计算规则同定额工程量计算规则。

(2)砖砌围墙:

定额工程量计算规则:应分不同墙厚以体积(m^3)计算,砖垛和压顶等工程量并入墙身内计算。

清单工程量计算规则:高度算至压顶上表面(如有混凝土压顶时算至压顶下表面),围墙柱并入围墙体积内。

第4章　混凝土及钢筋混凝土工程

4.1　总说明

本章主要说明混凝土及钢筋混凝土工程的模板工程、基础工程、现浇及预制的混凝土及钢筋混凝土梁、板、柱、楼梯以及钢筋工程的工程量的计算定额的套用，清单的应用，清单与定额计算规则的区别与联系，计算工程量时的注意事项等。

(1)混凝土及钢筋混凝土模板工程：

分现浇和预制。现浇的模板工程区别不同的模板、部位，按混凝土与模板的接触面积，以 m^2 计算，其中现浇悬挑板、楼梯、台阶，按水平投影面积计算。小型池槽，按构件外围体积计算。具体的注意细节见各节说明。

预制混凝土构件模板工程量，区别不同的构件均以 m^3 计算。

(2)混凝土及钢筋混凝土基础工程，区别不同基础类型以体积计算。

(3)混凝土及钢筋混凝土工程，区别现浇和预制的梁、板、柱、楼梯都以 m^3 计算。

(4)钢筋工程，区别现浇、预制构件、不同钢种和规格，分别按设计长度×单位重量，以t计算。

4.2　混凝土及钢筋混凝土模板工程

【例1】　求如图4-1所示现浇钢筋混凝土独立基础的模板工程量并套用定额。

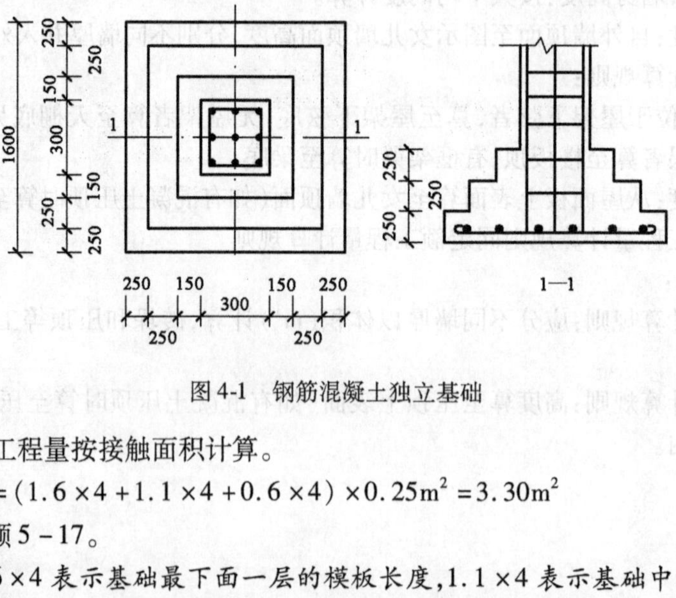

图4-1　钢筋混凝土独立基础

【解】　模板工程量按接触面积计算。

模板工程量 $=(1.6\times4+1.1\times4+0.6\times4)\times0.25m^2=3.30m^2$

套用基础定额5－17。

【注释】　1.6×4 表示基础最下面一层的模板长度，1.1×4 表示基础中间层的模板长度，0.6×4 表示基础最上面一层的模板长度，0.25 表示每层放脚的高度。

【例 2】 某工程预制钢筋混凝土 T 形吊车梁(如图 4-2 所示)20 根,试计算其图示混凝土工程量。

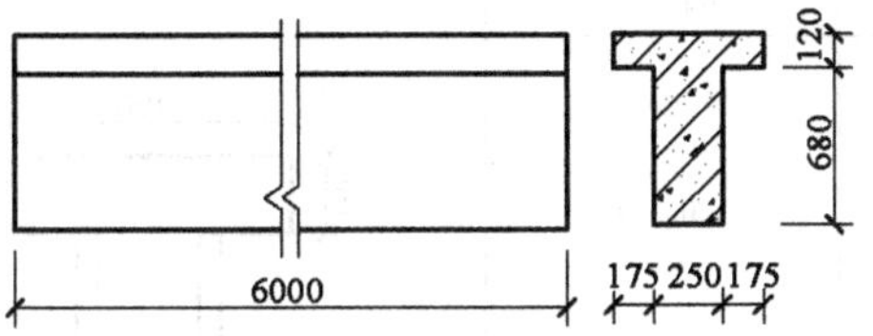

图 4-2　T 形吊车梁

【解】 $V=[0.25\times(0.68+0.12)+(0.175\times2\times0.12)]\times6\times20\text{m}^3$

$=(0.2+0.042)\times6\times20\text{m}^3$

$=29.04\text{m}^3$

套用基础定额 5－149。

【注释】 (0.68＋0.12)表示截面总高度,[0.25×(0.68＋0.12)＋(0.175×2×0.12)]表示 T 形吊车梁梁截面面积,6 表示梁的长度,20 表示梁的根数。

在工业厂房中,有时由于工艺上或交通上的需要,将两个开间合并成一个开间,这样就要去掉一根墙柱,此时,大开间各种形状尺寸的预制梁体积可从表 4-1 ~ 表 4-5 中查得。

表 4-1　钢筋混凝土基础梁体积

墙厚 /mm	梁净长 /mm	简　图	混凝土体积 /m^3	墙厚 /mm	梁净长 /mm	简　图	混凝土体积 /m^3
240	5950 5450 5350 4950 4450 3850	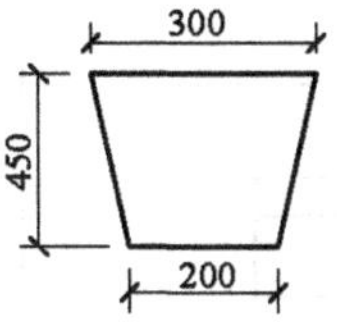	0.6694 0.6131 0.6019 0.5569 0.5006 0.4331	365	5950 5450 5350 4950 4450 3850	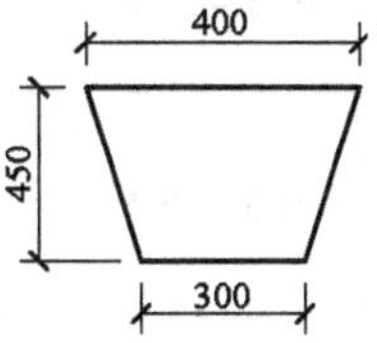	0.9371 0.8584 0.8426 0.7796 0.7009 0.6064

表 4-2　钢筋混凝土连系梁体积

墙厚 /mm	梁净长 /mm	简　图	混凝土体积 /m^3	墙　厚 /mm	梁净长 /mm	简图	混凝土体积 /m^3
240	5950	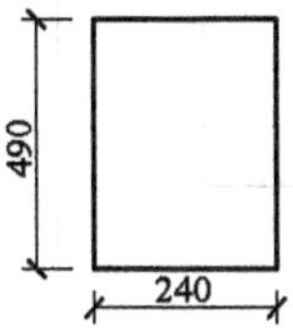	0.700	365	5950	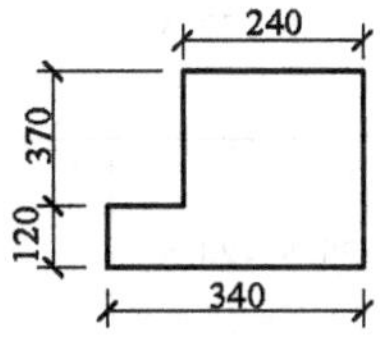	0.771

表 4-3 中级制钢筋混凝土吊车梁体积

起重机起重量/t	起重机跨度/m	吊车梁编号	简图	混凝土体积/m^3
1~2（电动单梁）	5~17	DL-1	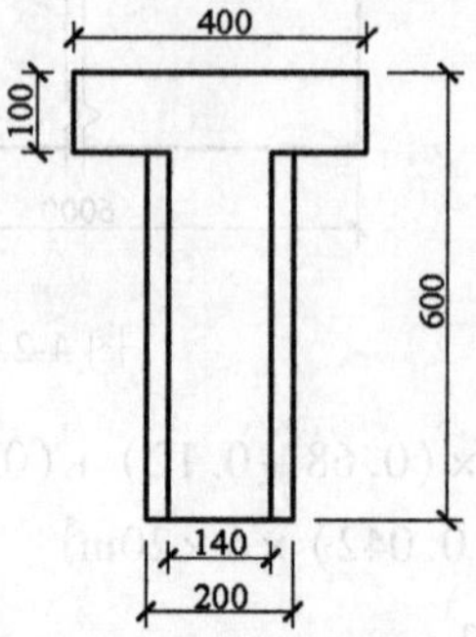	0.67/0.68
3（电动单梁）	5~17	DL-2		
5（电动吊车梁）	5~17	DL-3	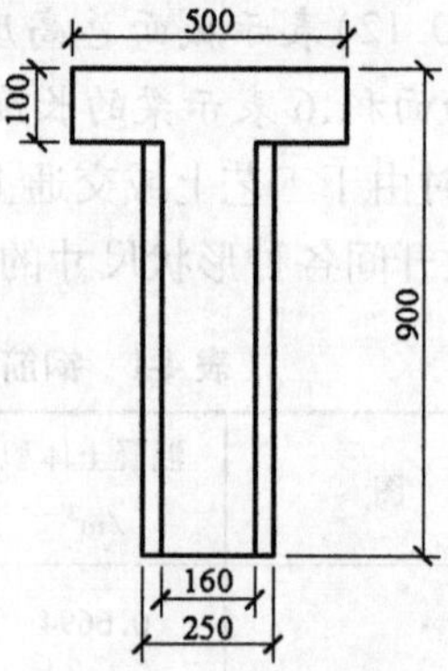	1.10/1.13
5	10.5~13.5	DL-4		
5	16.5~22.5	DL-5		
5 10	25.5~28.5 10.5~16.5	DL-6		
10	19.5~28.5	DL-7		
15/3	10.5~19.5	DL-8	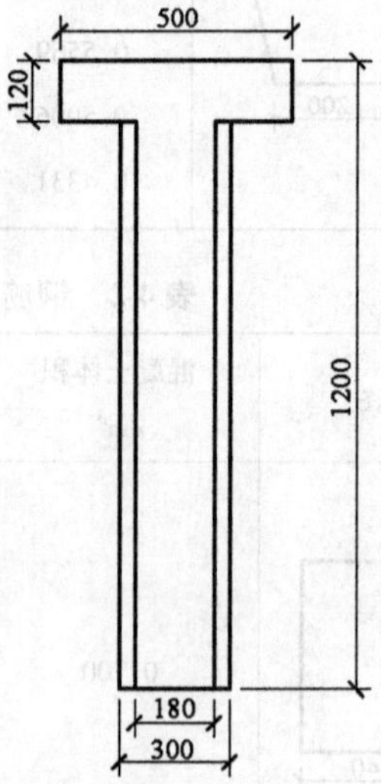	1.58/1.63
15/3 20/3	22.5~28.5 10.5~22.5	DL-9		
20/5 30/5	25.5~28.5 10.5~13.5	DL-10		
30/5	16.5~22.5	DL-11		
30/5	25.5~28.5	DL-12		

注：混凝土体积栏中，分子表示中间跨梁，分母表示伸缩缝跨梁和边跨梁。

表 4-4　轻级制钢筋混凝土吊车梁体积

起重机起重量 /t	起重机跨度 /m	吊车梁编　号	简　图	混凝土体积 /m^3
3 （电动单梁）	5.0～17.0	DLQ－1	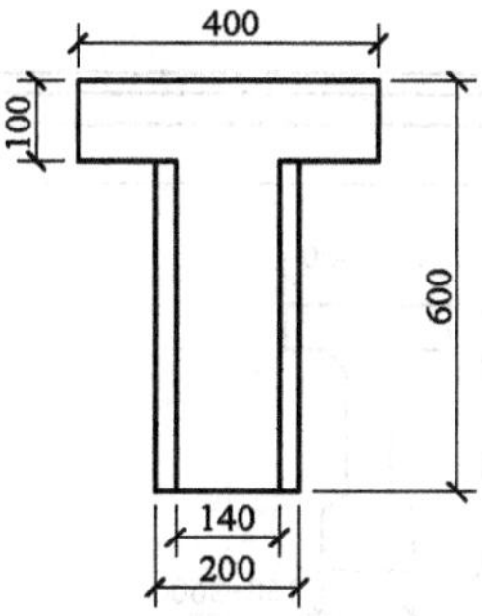	0.67/0.68
5 （电动单梁）	5.0～17.0	DLQ－2		
5	10.5～16.5	DLQ－3	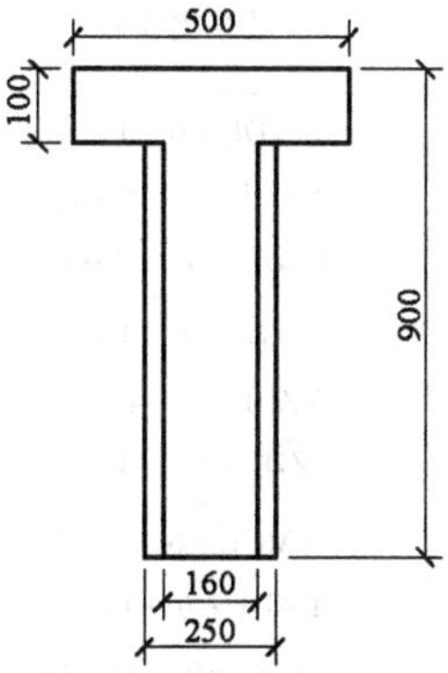	1.10/1.13
5 10	19.5～28.5 10.5～16.5	DLQ－4		
10	19.5～28.5	DLQ－5		
15/3	10.5～22.5	DLQ－6		
15/3 20/5	25.5～28.5 10.5～28.5	DLQ－7		
30/5	10.5～19.5	DLQ－8	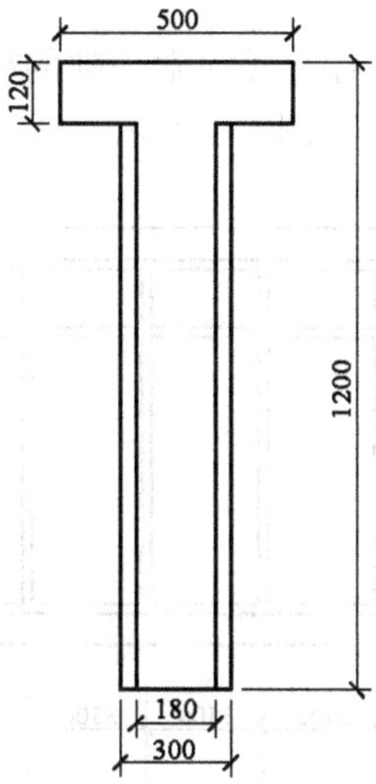	1.58/1.63
30/5 50/10	22.5～28.5 10.5	DLQ－9		
50/10	13.5～19.5	DLQ－10		
50/10	22.5～28.5	DLQ－11		
75/20	10.5～16.5	DLQ－12		

注:混凝土体积栏中,分子表示中间跨梁,分母表示伸缩缝梁和边梁。

表 4-5 预应力钢筋混凝土吊车梁体积

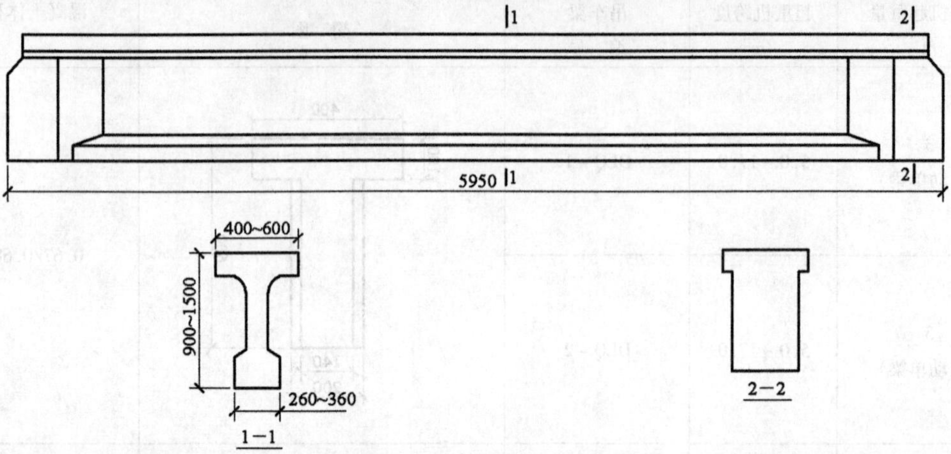

张拉方法	吊车梁编号	混凝土体积 /m³	吊车梁重量 /t
先　张	YXDL-6-1~4	1.22	3.04
	YXDL-6-5~11	1.77	4.42
	YXDL-6-12~14	2.30	5.75
后张自锚	YZDL-6-1~3	1.07	2.67
	YZDL-6-4~13	1.82	4.55
	YZDL-6-14~16	2.36	5.90
后　张	YMDL-6-1~3	1.07	2.67
	YMDL-6-4~13	1.82	4.55
	YMDL-6-14~16	2.36	5.90

注:吊车梁的承载能力等级根据吊车起重量、跨度、工作制及预应力钢筋、箍筋等因素决定,可查标准图。

【例 3】 计算现浇有梁式满堂基础的模板工程量。已知底板厚度为 300mm,梁断面为 240mm×550mm,如图 4-3、图 4-4 所示。

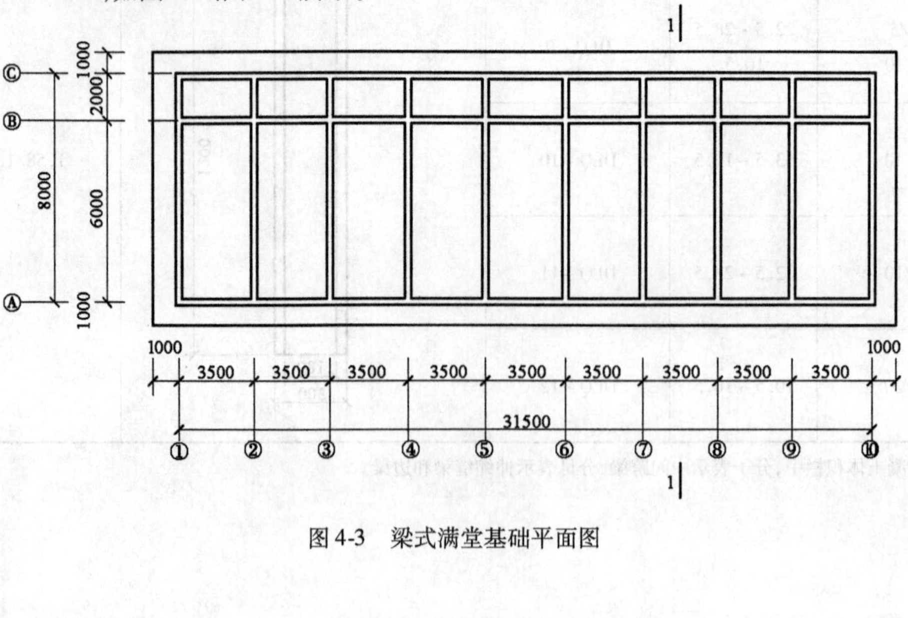

图 4-3 梁式满堂基础平面图

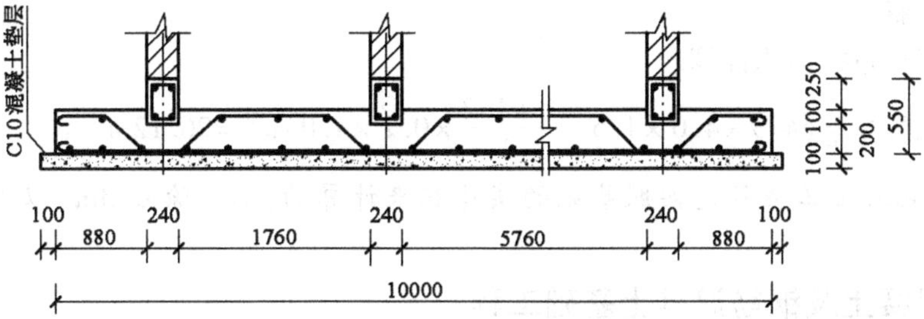

图 4-4　梁式满堂基础剖面图

【解】　模板工程量按接触面积计算。

模板工程量 = [(33.5 + 10.0) × 2 × 0.3 + (31.5 + 0.24) × 0.25 × 2 + (3.5 − 0.24) × 0.25 × 36 + (8.0 + 0.24) × 0.25 × 2 + (8.0 − 0.24 × 2) × 0.25 × 18] m^2

= 109.27 m^2

套用基础定额 5 − 29。

【注释】　(33.5 + 10.0) × 2 × 0.3 表示基础四周的侧面的模板工程量，(31.5 + 0.24) × 0.25 × 2 表示前后两条基础梁的梁外侧的模板工程量，(3.5 − 0.24)表示开间为 3.5m 的基础梁的净长，(3.5 − 0.24) × 0.25 × 36 表示总共有 36 个净长为(3.5 − 0.24)的这样的侧模板，(8.0 + 0.24) × 0.25 × 2 表示左右两条基础梁的梁外侧的模板工程量，(8.0 − 0.24 × 2) × 0.25 × 18 表示总共有 18 个净长为(8.0 − 0.24 × 2)的这样的侧模板。

【例 4】　求如图 4-5 所示现浇无筋混凝土设备基础的模板工程量并套用定额。

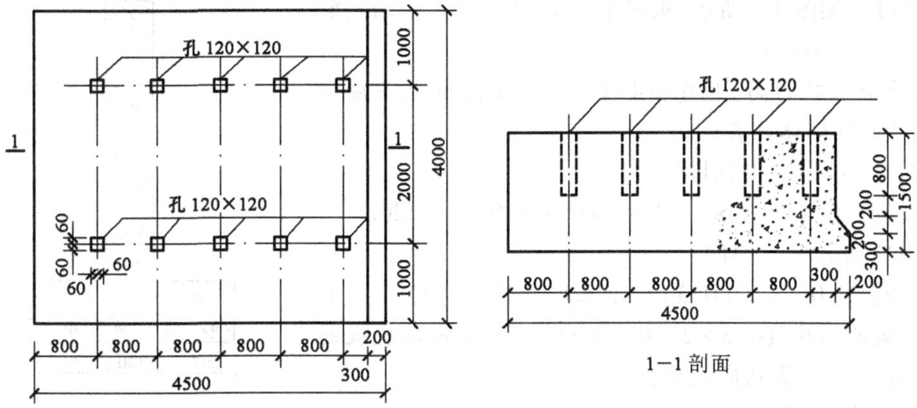

图 4-5　无筋混凝土设备基础

【解】　模板工程量按接触面积计算。

模板工程量 = [(4.3 × 2 + 4.0) × 1.5 + 4.0 × (0.8 + 0.20 + 0.3 + 0.2 × 1.414) + 2 × 0.2 × (0.3 × 2 + 0.2)/2] m^2

= 25.39 m^2

套用基础定额 5 − 47。

【注释】　(4.3 × 2 + 4.0) × 1.5 是指前后两个侧面和左边侧面的模板工程量，4.0 × (0.8 + 0.20 + 0.3 + 0.2 × 1.414) 是指右边侧面的模板工程量，2 × 0.2 × (0.3 × 2 + 0.2)/2 表示两个梯形

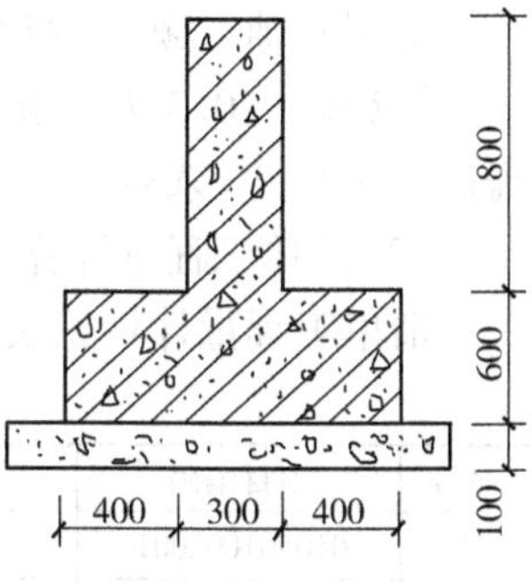

图 4-6　有肋基础

侧面的模板工程量。

混凝土工程量按体积计算。

$$混凝土工程量=(4.5\times4.0\times1.5-\frac{1+1.2}{2}\times0.2\times4.0)m^3=26.12m^3$$

注:计算混凝土工程量是按照基础的实体积来计算的,不扣除 $0.3m^2$ 以内的孔洞所占体积。

4.3 混凝土及钢筋混凝土基础工程

【例 5】 如图 4-6 所示,某有肋基础,长为 20m,求其混凝土工程量并套用定额及清单。

注:带肋基础肋高:肋宽≤4:1 时,按带形基础计算。

【解】 (1)定额工程量

工程量 $=[(0.4\times2+0.3)\times0.6+0.3\times0.8]\times20m^3=18.00m^3$

套用基础定额 5-394。

【注释】 $[(0.4\times2+0.3)\times0.6+0.3\times0.8]$ 表示混凝土基础的截面面积,20 表示基础的长度。

(2)清单工程量计算方法同定额工程量。

清单工程量计算见表 4-6。

表 4-6 清单工程量计算表

项目编码	项目名称	项目特征描述	计量单位	工程量
010501002001	带形基础	C15 混凝土	m^3	18.00

【例 6】 如图 4-7 所示,求带肋基础工程量并套用定额及清单(基础长 10m)。

注:带肋基础肋高:肋宽≥4:1 时,底板按板式基础计算,其上的肋按墙体计算。

【解】 (1)定额工程量

底板工程量 $=(0.5\times2+0.3)\times0.4\times10m^3=5.20m^3$

套用基础定额 5-417。

【注释】 $(0.5\times2+0.3)$ 表示基础底板的宽度,0.4 表示基础底板的高度,$(0.5\times2+0.3)\times0.4$ 表示基础底板的截面面积,10 表示基础底板的长度。

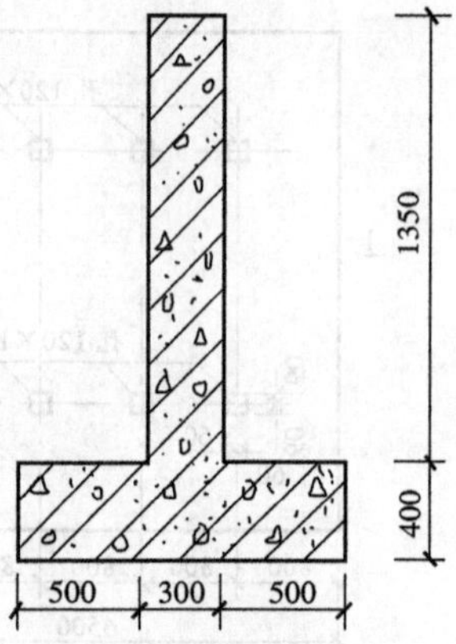

图 4-7 带肋基础

混凝土墙 $=0.3\times1.35\times10m^3=4.05m^3$

套用基础定额 5-412。

【注释】 0.3 表示混凝土墙的宽度,1.35 表示混凝土墙的高度。0.3×1.35 表示混凝土墙的截面积,10 表示混凝土墙的长度。

(2)清单工程量计算方法同定额工程量。

清单工程量计算见表 4-7。

表 4-7 清单工程量计算表

序号	项目编码	项目名称	项目特征描述	计量单位	工程量
1	010501002001	带形基础	C20 混凝土	m^3	5.20
2	010504001001	直形墙	C20 混凝土	m^3	4.05

【例7】 如图4-8所示，求独立基础工程量并套用定额及清单。

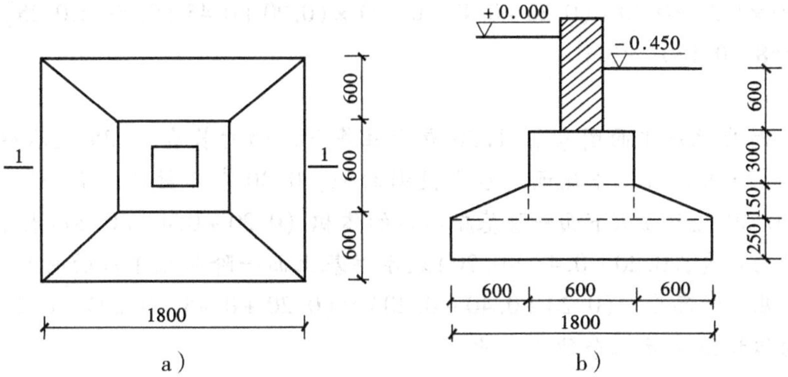

图4-8 独立基础

a)平面图 b)1-1剖面图

【解】 (1)定额工程量

$$V=\{1.8\times1.8\times0.25+\frac{0.15}{6}[0.6^2+(0.6+1.8)^2+(0.6\times3)^2]+0.6\times0.6\times0.3\}\text{m}^3$$

$$=1.15\text{m}^3$$

套用基础定额5-396。

【注释】 看剖面图形可知，独立基础可分为三部分来计算，$1.8\times1.8\times0.25$表示最下面的矩形的体积，$0.6\times0.6\times0.3$表示上面矩形的体积，中间部分可利用公式$V=[a\times b+(a+c)\times(b+d)+c\times d]h/6$中$a$ b分别表示上口的长和宽，c、d分别表示下口的长和宽，h表示高度。

(2)清单工程量计算方法同定额工程量。

清单工程量计算见表4-8。

表4-8 清单工程量计算表

项目编码	项目名称	项目特征描述	计量单位	工程量
010501003001	独立基础	C20混凝土	m^3	1.15

【例8】 根据图4-9，计算3个钢筋混凝土独立基础工程量并套用定额及清单。

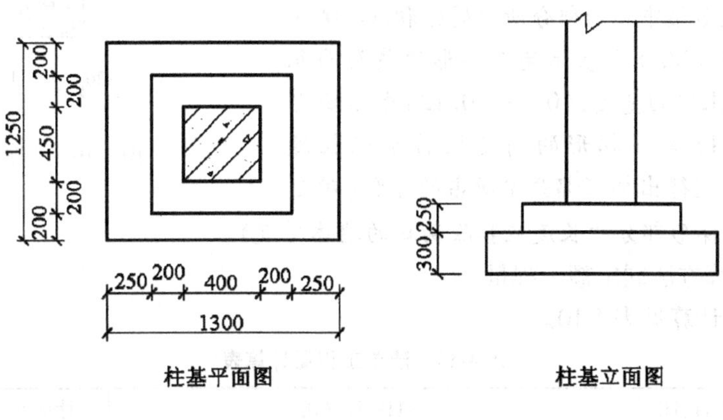

图4-9 柱基示意图

【解】 (1)定额工程量

$V=[1.30\times1.25\times0.30+(0.20+0.40+0.20)\times(0.20+0.45+0.20)\times0.25]\times3\text{m}^3$

$=(0.488+0.170)\times3\text{m}^3$

$=1.97\text{m}^3$

【注释】 对应柱基平面图来看:1.30表示柱基下底面的长度,1.25表示柱基下底面的宽度,1.30×1.25表示柱基下底面的水平投影面积。0.30表示柱基下面一阶基础的高度。1.30×1.25×0.30表示柱基下面一阶基础所占的体积,(0.20+0.40+0.20)表示柱基上面一阶基础下底面的宽度,(0.20+0.45+0.20)表示柱基上面一阶基础下底面的长度,0.25表示柱基上面一阶基础的高度。(0.20+0.40+0.20)×(0.20+0.45+0.20)×0.25表示柱基上面一阶所占的体积,3表示三个独立基础。

套用基础定额5-396。

(2)清单工程量计算方法同定额工程量。

清单工程量计算见表4-9。

表4-9 清单工程量计算表

项目编码	项目名称	项目特征描述	计量单位	工程量
010501003001	独立基础	C15混凝土	m^3	1.97

4.4 混凝土及钢筋混凝土工程

4.4.1 混凝土及钢筋混凝土梁

【例9】 如图4-10所示,求十字形梁工程量并套用定额及清单。

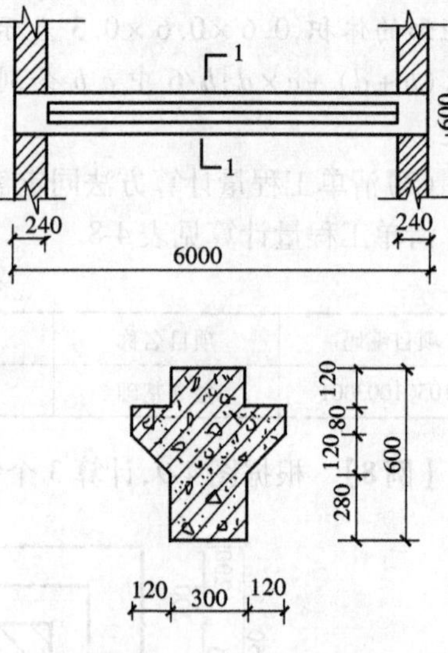

图4-10 十字形梁

【解】 (1)定额工程量

$\text{工程量}=[6.0\times0.3\times0.6+(0.08+0.08+0.12)\times0.12/2\times2\times(6.0-0.24\times2)]$

$=(1.08+0.19)\text{m}^3$

$=1.27\text{m}^3$

【注释】 对应右边的断面图易看出:0.3×0.6表示梁中矩形部分的断面面积,6.0表示梁的总长。6.0×0.3×0.6表示梁中矩形部分所占的体积,(0.08+0.08+0.12)×0.12/2×2表示两个梯形的截面面积[0.08表示梯形上口的宽度,(0.08+0.12)表示梯形下口的宽度,0.12表示梯形的高度],再乘以长度(6.0-0.24×2)就得出梯形部分梁所占的体积(对应图示易看出计算梯形部分的长度应扣除两端的墙体厚度)。

(2)清单计算方法同定额工程量。

清单工程量计算见表4-10。

表4-10 清单工程量计算表

项目编码	项目名称	项目特征描述	计量单位	工程量
010503003001	异形梁	梁长6.0m,十字形梁	m^3	1.27

【例10】 如图4-11所示，求T形梁工程量并套用定额及清单，已知梁长$L=6000\text{mm}$。

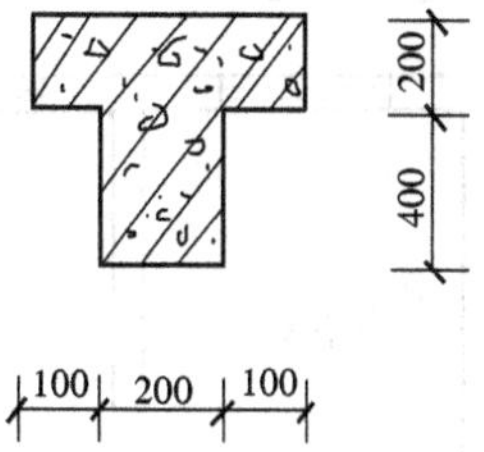

图4-11 T形梁

【解】 (1)定额工程量

工程量 $=(0.2\times0.6+0.1\times0.2\times2)\times6\text{m}^3=0.96\text{m}^3$

套用基础定额5－407。

【注释】 对应右边的图示易看出：0.2×0.6表示T形梁中间矩形部分的断面面积，0.1×0.2×2表示两边伸出部分的断面面积，(0.2×0.6+0.1×0.2×2)表示T形梁的截面面积。6表示梁的总长度。T形梁的截面面积乘以梁长就得出T形梁的工程量。

(2)清单计算方法同定额工程量。

清单工程量计算见表4-11。

表4-11 清单工程量计算表

项目编码	项目名称	项目特征描述	计量单位	工程量
010503003001	异形梁	梁长6.0m，T形梁	m^3	0.96

【例11】 如图4-12所示，求挑梁工程量并套用定额及清单。

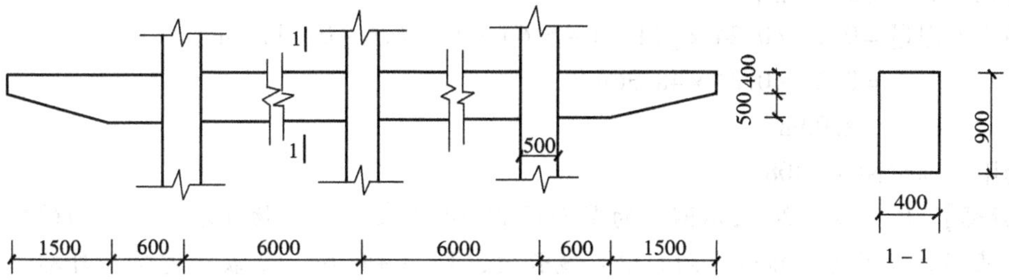

图4-12 挑梁

【解】 (1)定额工程量

工程量 $=(6\times2+0.6\times2-3\times0.5)\times0.9\times0.4+(0.4+0.9)/2\times0.4\times1.5\times2\text{m}^3$
$=4.99\text{m}^3$

套用基础定额5－407。

【注释】 (6×2+0.6×2－3×0.5)表示挑梁中间矩形部分并且扣除三个柱长以后的长度(3×0.5表示中间的三个柱子所占的长度)，对应1－1截面图示来看：0.9×0.4表示梁的截面面积，(0.4+0.9)/2×0.4×1.5×2表示两端挑出的两个梯形梁的体积(0.4表示梯形的上口宽度，0.9表示梯形的下口宽度，1.5表示梯形的高度，0.4表示梯形的宽度，2表示左、右两端的两个梯形)。

(2)清单计算方法同定额工程量。

清单工程量计算见表4-12。

表4-12 清单工程量计算表

项目编码	项目名称	项目特征描述	计量单位	工程量
010503003001	异形梁	梁长16.2m	m^3	4.99

【例 12】 如图 4-13 所示,求圈梁工程量并套用定额及清单。

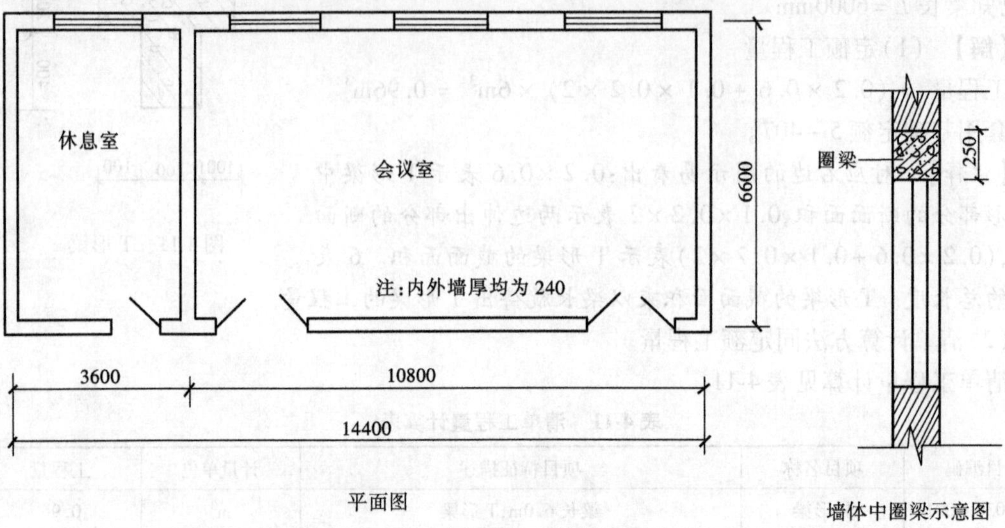

图 4-13 圈梁

【解】 (1)定额工程量

$$圈梁工程量 = 0.25 \times 0.24 \times [(14.4 + 6.6) \times 2 + (6.6 - 0.24)]\,m^3$$
$$= 0.25 \times 0.24 \times 48.36\,m^3$$
$$= 2.90\,m^3$$

套用基础定额 5-408。

【注释】 0.25×0.24 表示圈梁的截面面积,14.4 表示建筑物外墙长边方向的中心线长度,6.6 表示建筑物外墙短边方向的中心线长度,(14.4+6.6)×2 表示建筑物外墙中心线总长度。(6.6-0.24)表示内墙净长线长度(0.24=0.12×2 表示扣除轴线两端外墙墙体所占的长度)。[(14.4+6.6)×2+(6.6-0.24)]表示外墙中心线和内墙净长线的总长。

(2)清单计算方法同定额工程量。

清单工程量计算见表 4-13。

表 4-13 清单工程量计算表

项目编码	项目名称	项目特征描述	计量单位	工程量
010503004001	圈梁	如图所示	m^3	2.90

4.4.2 混凝土及钢筋混凝土板

【例 13】 如图 4-14 所示,计算现浇平板工程量。

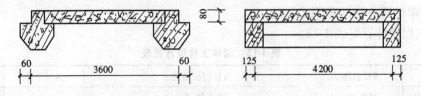

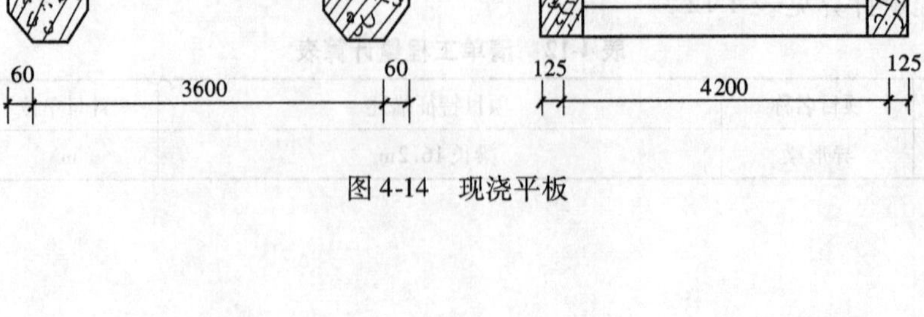

图 4-14 现浇平板

【解】 (1)定额工程量

平板工程量 = $(3.6-0.06\times2)\times(4.2+0.125\times2)\times0.08m^3=1.24m^3$

套用基础定额 5－108。

【注释】 对应图示易看出：(3.6－0.06×2)表示平板的净长，(4.2＋0.125×2)表示平板的宽，0.08 表示平板的厚度。

(2)清单计算方法同定额工程量。

清单工程量计算见表 4-14。

表 4-14 清单工程量计算表

项目编码	项目名称	项目特征描述	计量单位	工程量
010505003001	平板	板厚 80mm，C15 混凝土	m^3	1.24

【例 14】 如图 4-15 所示，计算梁、板工程量。

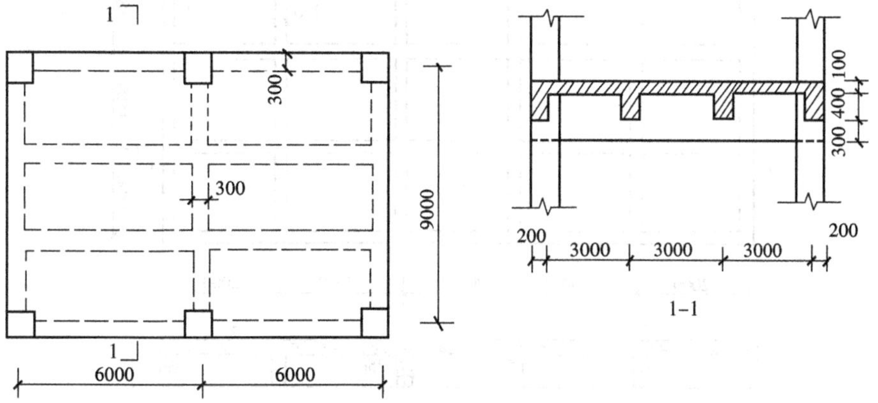

图 4-15 梁板

【解】 (1)定额工程量

板的工程量 = $[(6\times2+0.4)\times(9+0.4)]\times0.1m^3=11.656m^3=11.66m^3$

套用基础定额 5－100。

【注释】 0.4 = 0.2×2 表示轴线两端所增加的柱子的长度(每边加半个柱子的厚度)。(6×2＋0.4)表示板长，(9＋0.4)表示板宽，0.4×0.4＝0.16 小于 0.3，不扣除。0.1 表示板厚。

主梁工程量 = $[0.3\times(9+0.4)\times3]\times0.7m^3=5.92m^3$

套用基础定额 5－75。

【注释】 0.3 表示梁宽，0.7＝(0.4＋0.3)表示梁高，(9＋0.4)表示主梁长，3 表示有三条主梁。

次梁工程量 = $0.3\times(12+0.4-0.9)\times4\times0.4m^3=5.52m^3$

套用基础定额 5－75。

【注释】 0.3 表示梁宽，0.4 表示梁高，(12＋0.4－0.9)×4 表示次梁长，0.9＝0.3×3，4 表示有四条次梁。

总工程量 = $(11.66+5.92+5.52)m^3=23.10m^3$

(2)清单计算方法同定额工程量。

清单工程量计算见表4-15。

表4-15　清单工程量计算表

序号	项目编码	项目名称	项目特征描述	计量单位	工程量
1	010505001001	有梁板	板厚100mm，C15混凝土	m^3	23.10
2	010503002001	矩形梁	截面300mm×700m，梁长9.4m	m^3	5.92
3	010503002002	矩形梁	截面300mm×400mm，梁长12.1m	m^3	5.52

【例15】　如图4-16所示，求井式楼板工程量。

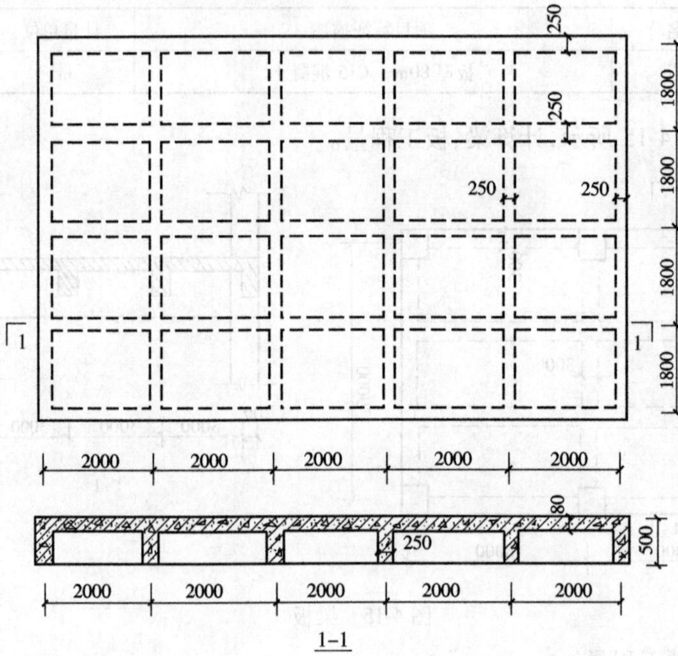

图4-16　井式板示意图

【解】　(1)定额工程量

井式楼板的工程量分为梁和板：

井式梁工程量 $=[0.25\times0.42\times(2.0\times5\times5+1.8\times4\times6)-0.25\times0.25\times0.42\times(12+1/2\times14+1/4\times4)]m^3$

$=9.26m^3$

【注释】　$0.42=(0.5-0.08)$表示扣除80厚的板厚所剩梁的高度，0.25×0.42表示梁截面面积，$2.0\times5\times5$表示横向梁的总长，$1.8\times4\times6$表示纵向梁的总长，$0.25\times0.25\times0.42\times(12+1/2\times14+1/4\times4)$表示应该扣除的梁与梁相交部分的体积，上面计算中横梁和纵梁都计算了相交的那部分体积，所以要减去一部分。

井式板工程量 $=(2\times5+0.25)\times(1.8\times4+0.25)\times0.08m^3=6.11m^3$

【注释】　对应图示易看出：$(2\times5+0.25)$表示建筑物长边方向楼板的总长度（$0.25=0.25/2\times2$表示轴线两端所增加的部分），$(1.8\times4+0.25)$表示建筑物短边方向楼板的总宽度（$0.25=0.25/2\times2$表示轴线两端所增加的部分）。$(2\times5+0.25)\times(1.8\times4+0.25)$表示板的截面积，0.08表示板厚。

总工程量 = $(9.26+6.11)m^3 = 15.37m^3$

【注释】 把两部分的工程量加起来即可。9.26 表示井式梁的工程量,6.11 表示井式板的工程量。

套用基础定额 5 - 417。

(2)清单计算方法同定额工程量。

清单工程量计算见表 4-16。

表 4-16 清单工程量计算表

序号	项目编码	项目名称	项目特征描述	计量单位	工程量
1	010505001001	有梁板	板厚 80mm,板长 10.25m,C20 混凝土	m^3	15.37

【例 16】 如图 4-17 所示,求无梁板工程量并套用定额及清单。

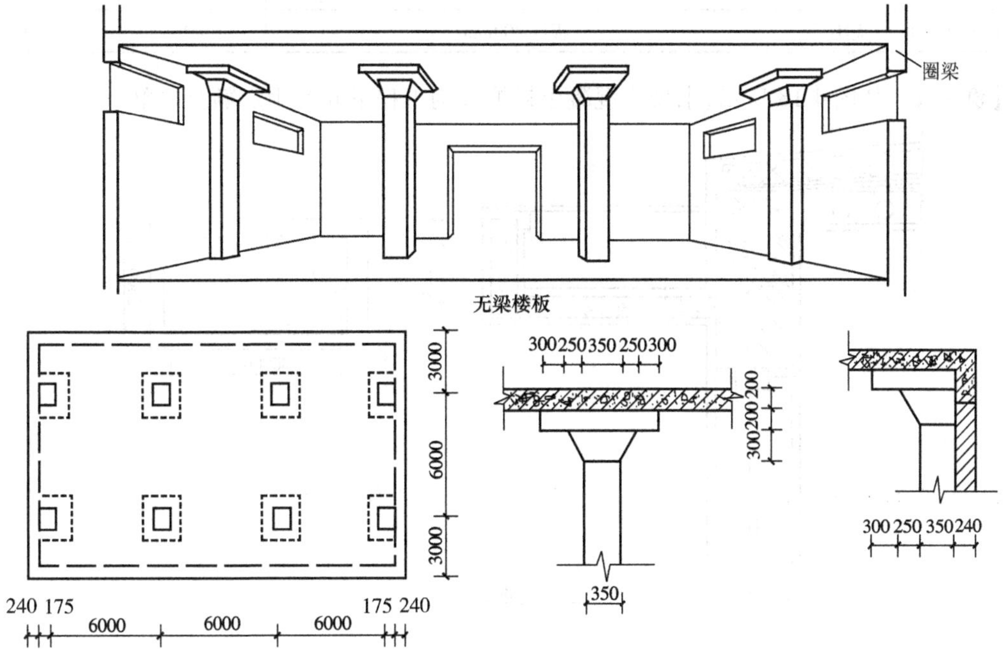

注:此图中尺寸标注均为外边线。

图 4-17 无梁板

【解】 (1)定额工程量

板工程量 = $(6\times3+0.35+0.24\times2)\times(3\times2+6)\times0.2m^3 = 45.19m^3$

【注释】 对应图示易看出:$(6\times3+0.35+0.24\times2)$表示板的总长($6\times3$ 表示由图示直接读出的柱轴线间的总长,$0.35=0.35/2\times2$ 表示轴线两端所增加的柱子所占的长度,0.24×2 表示所增加的两端墙体所占的长度),$(3\times2+6)$表示板的总宽度(由图中直接可以读出),0.2 表示板厚。

$$\begin{aligned}柱帽工程量 &= \{[1.45\times1.45\times0.2+[(0.35\times0.35+0.85\times0.85+(0.35+0.85)\times(0.35+0.85)]\times0.3/6]\times4+0.9\times1.45\times0.2\times4+[0.35\times0.35+0.6\times0.85+(0.35+0.6)\times(0.35+0.85)]\times0.3/6\times4\}m^3\\ &= 3.54m^3\end{aligned}$$

【注释】 $1.45\times1.45\times0.2$ 表示柱帽上面矩形部分的体积，$(0.35\times0.35+0.85\times0.85+(0.35+0.85)\times(0.35+0.85)]\times0.3/6$ 表示柱帽下方的梯形所占的体积，再乘以4表示中间的四个完整柱帽的体积，$0.9\times1.45\times0.2\times4$ 表示柱和墙接触的那四个柱帽上面部分的体积，$[0.35\times0.35+0.6\times0.85+(0.35+0.6)\times(0.35+0.85)]\times0.3/6\times4$ 表示四个直角梯形的体积。

总工程量 $=(45.19+3.54)m^3=48.73m^3$

套用基础定额5－418。

(2)清单计算方法同定额工程量。

清单工程量计算见表4-17。

表4-17　清单工程量计算表

项目编码	项目名称	项目特征描述	计量单位	工程量
010505002001	无梁板	板厚200mm	m^3	48.73

【例17】 如图4-18所示，求现浇混凝土挑檐天沟工程量并套用定额及清单。

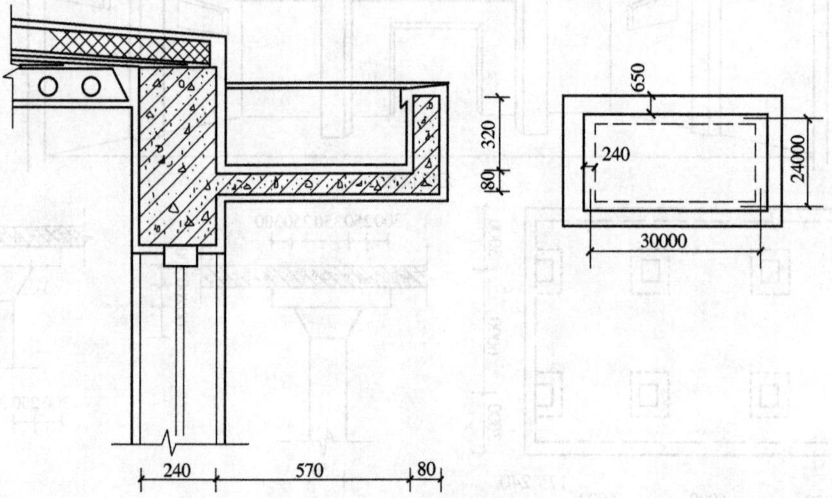

图4-18　挑檐示意图

【解】 (1)定额工程量

挑檐天沟工程量 $=[0.65\times0.08\times(30+0.24+0.65+24+0.24+0.65)\times2+0.32\times0.08\times(30+0.24+0.65\times2-0.04\times2+24+0.24+0.65\times2-0.04\times2)\times2]m^3$
$=8.72m^3$

套用基础定额5－430。

【注释】 0.65×0.08 表示挑檐天沟底板的截面面积($0.65=0.57+0.08$ 表示挑檐底板的宽度，0.08表示挑檐底板的高度)，$(30+0.24+0.65+24+0.24+0.65)\times2$ 表示底板按中心线计算的长度，其中$(30+0.24+0.65)$表示建筑物长边方向挑檐底板的总长度，$0.24=0.12\times2$ 表示轴线两端所增加的墙体部分所占的长度，$0.65=0.57+0.08$ 表示挑出部分天沟底板的宽度。$(24+0.24+0.65)$表示建筑物短边方向挑檐底板的总长度。0.32×0.08 表示上翻部分的截面面积(0.32表示上翻挑檐的高度，0.08表示上翻挑檐的宽度)，$(30+0.24+0.65\times2-0.04\times2+24+0.24+0.65\times2-0.04\times2)\times2$ 表示上翻部分的长度$(30+0.24+$

0.65×2－0.04×2)表示建筑物长边方向上翻部分的长度,0.24＝0.12×2表示轴线两端所增加的墙体部分所占的长度,0.65＝0.57＋0.08表示挑出部分天沟底板的宽度。0.04×2表示扣除计算重叠部分的宽度,因为计算上翻部分的长度是按中心线的长度计算的。(24＋0.24＋0.65×2－0.04×2)表示建筑物短边方向上翻部分的长度。长边方向和短边方向加起来乘以2表示建筑物外墙挑檐天沟上翻的总长度。

(2)清单计算方法同定额工程量。

清单工程量计算见表4-18。

表4-18 清单工程量计算表

项目编码	项目名称	项目特征描述	计量单位	工程量
010505007001	天沟、挑檐板	C20 混凝土	m^3	8.72

4.4.3 混凝土及钢筋混凝土柱

【例18】 如图4-19所示,求框架柱工程量并套用定额及清单。

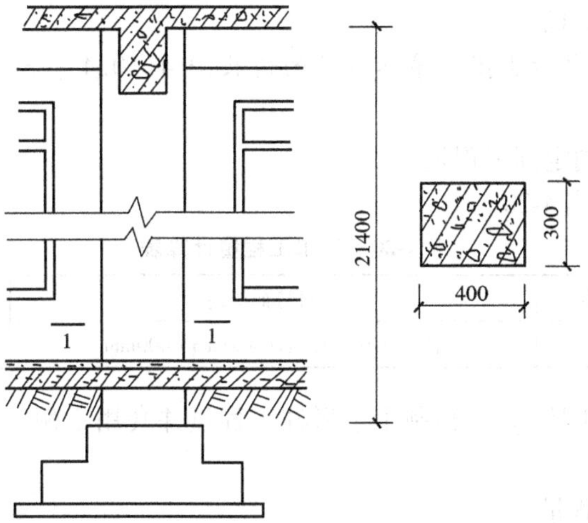

图4-19 框架柱

【解】 (1)定额工程量

框架柱工程量＝$0.4\times0.3\times21.4m^3=2.57m^3$

套用基础定额5－401。

【注释】 对应图示易看出:0.4×0.3表示框架柱的截面面积,21.4表示框架柱的高度,注意其高度算至柱顶。

(2)清单计算方法同定额工程量。

清单工程量计算见表4-19。

表4-19 清单工程量计算表

项目编码	项目名称	项目特征描述	计量单位	工程量
010502001001	矩形柱	柱高21.4m,柱截面400mm×300mm	m^3	2.57

【例19】 如图4-20所示,求无梁柱工程量并套用定额及清单。

【解】 (1)定额工程量

无梁柱工程量＝$0.4\times0.4\times3.9m^3=0.62m^3$

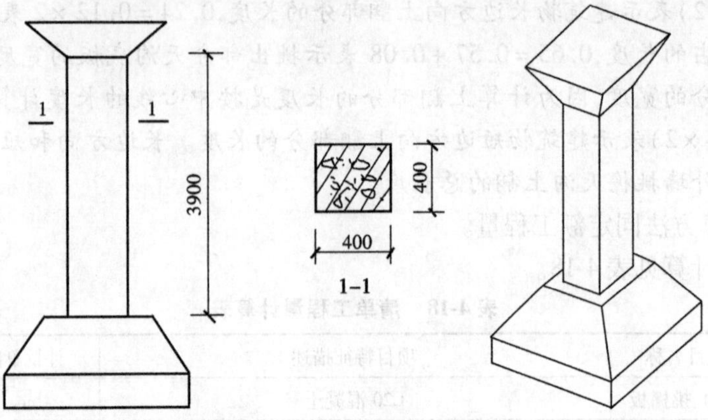

图 4-20 无梁柱

套用基础定额 5－401。

【注释】 对应图示易看出:0.4 表示柱子的边长,0.4×0.4 表示柱截面面积,3.9 表示无梁柱的柱身长度。

(2)清单计算方法同定额工程量。

清单工程量计算见表 4-20。

表 4-20 清单工程量计算表

项目编码	项目名称	项目特征描述	计量单位	工程量
010502001001	矩形柱	柱高 3.9m,柱截面 400mm×400mm	m^3	0.62

【例 20】 如图 4-21 所示,求预制Ⅰ字形柱工程量并套用定额及清单。

【解】 (1)定额工程量

$[0.6\times0.35\times(8+0.4+0.6)+0.4\times0.35\times2.4+(0.6+0.6+0.4)\times(0.4+0.5-0.6)/2\times0.35-0.35\times0.35\times2.4\times2]m^3=1.72m^3$

套用基础定额 5－438。

【注释】 把柱子分为三部分来计算,再扣除两个洞口的体积。$0.6\times0.35\times(8+0.4+0.6)$表示下面的长方体的体积,$0.4\times0.35\times2.4$表示上面的小长方体的体积,$(0.6+0.6+0.4)\times(0.4+0.5-0.6)/2\times0.35$表示伸出的梯形的体积,$0.35\times0.35\times2.4\times2$表示应该扣除的两个洞口的体积。

(2)清单计算方法同定额工程量。

清单工程量计算见表 4-21。

表 4-21 清单工程量计算表

项目编码	项目名称	项目特征描述	计量单位	工程量
010509002001	异形柱	Ⅰ字形柱,安装高度 11.4m	m^3	1.72

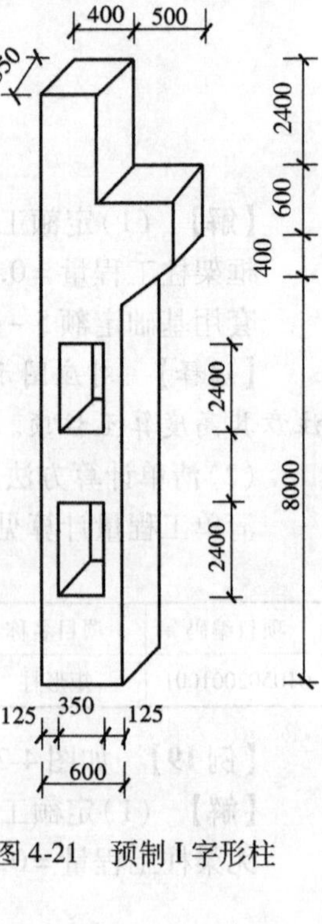

图 4-21 预制Ⅰ字形柱

【例 21】 根据下列数据分别计算不同形状接头的构造柱体积并套用定额及清单(墙厚除注明外均为 240mm):

90°转角形:柱高 12.0m

T 形接头:柱高 15.0m

十字接头:墙 365,柱高 18.0m

一字形:柱高 9.5m

【解】 (1)定额工程量

1)90°转角

$V_1 = 12.0 \times (0.24 \times 0.24 + 0.03 \times 0.24 \times 2)m^3 = 0.86m^3$

【注释】 0.24×0.24 表示构造柱除去马牙槎部分以后的断面面积,0.03×0.24×2 = 1/2×0.06×0.24×2 这部分是 90°构造柱的两侧马牙槎的断面面积,12.0 表示构造柱的高度。两部分的面积加起来再乘以高度就得出构造柱工程量。

2)T 形

$V_2 = 15.0 \times (0.24 \times 0.24 + 0.03 \times 0.24 \times 3)m^3 = 1.19m^3$

【注释】 T 形构造柱和 90°转角构造柱的区别就在于 T 形构造柱的马牙槎数是 3 个,因为构造柱的三个面都和墙接触,所以三面都有马牙槎。15.0 表示构造柱的高度,0.24×0.24 表示构造柱除去马牙槎部分以后的断面面积,0.03 = 0.06/2 表示构造柱马牙槎折算后的宽度,0.03×0.24 表示构造柱马牙槎的断面面积,3 表示 T 形构造柱有三个马牙槎。

3)十字形

$V_3 = 18.0 \times (0.365 \times 0.365 + 0.03 \times 0.365 \times 4)m^3 = 3.19m^3$

【注释】 十字形构造柱的四面都有墙体,所以计算马牙槎的工程量时应该乘以 4。18.0 表示构造柱的高度,0.365×0.365 表示构造柱除去马牙槎部分以后的断面面积,0.03 = 0.06/2 表示构造柱马牙槎折算后的宽度。0.03×0.365 表示构造柱马牙槎的断面面积。4 表示十字形构造柱四面都带有马牙槎。

4)一字形

$V_4 = 9.5 \times (0.24 \times 0.24 + 0.03 \times 0.24 \times 2)m^3 = 0.68m^3$

【注释】 一字形构造柱的两面有马牙槎。9.5 表示构造柱的高度,0.24×0.24 表示构造柱除去马牙槎以后的断面面积,0.03 = 0.06/2 表示构造柱马牙槎折算后的宽度,0.03×0.24 表示构造柱马牙槎的断面面积,2 表示一字形构造柱两面带有马牙槎。

5) $V_{总} = V_1 + V_2 + V_3 + V_4 = (0.86 + 1.19 + 3.19 + 0.68)m^3 = 5.92m^3$

注:把每一种类型构造柱的工程量加起来即可。

套用基础定额 5-403。

(2)清单计算方法同定额工程量。

清单工程量计算见表 4-22。

表 4-22 清单工程量计算表

序号	项目编码	项目名称	项目特征描述	计量单位	工程量
1	010509002001	异形柱	90°转角,柱高 12.0m	m^3	0.86
2	010509002002	异形柱	T 形,柱高 15.0m	m^3	1.19
3	010509002003	异形柱	十字形,柱高 18.0m	m^3	3.19
4	010509002004	异形柱	一字形,柱高 9.5m	m^3	0.68

【例 22】计算图 4-22 所示现浇钢筋混凝土构造柱的图示工程量并套用定额及清单。

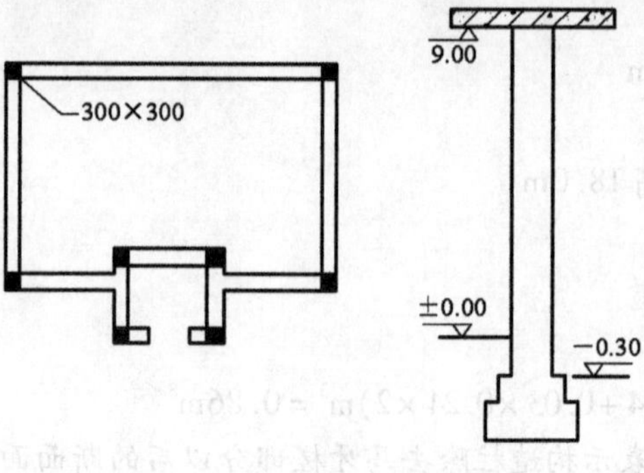

图 4-22　现浇钢筋混凝土构造柱

【解】　构造柱工程量为：

$V=(0.3\times0.3+0.3\times0.03\times2)\times(0.3+9.0)\times8\text{m}^3=8.04\text{m}^3$

套用基础定额 5-403。

【注释】　对应图示易看出：0.3×0.3 表示构造柱的截面面积，(0.3+9.0) 表示构造柱的总高度，包括伸入基础部分，0.03×0.3×2=1/2×0.06×0.3×2 这部分是 90°构造柱的两侧马牙槎的断面面积，两部分的面积加起来再乘以高度就得出构造柱工程量，8 表示有八个这样的构造柱。

需要指出的是，如果构造柱四周都支模板时，可选套矩形柱相应项目。

4.4.4　混凝土及钢筋混凝土楼梯

【例 23】　如图 4-23 所示，求现浇混凝土楼梯工程量并套用定额及清单（已知该楼梯设计为五层不上人剪刀梯）。

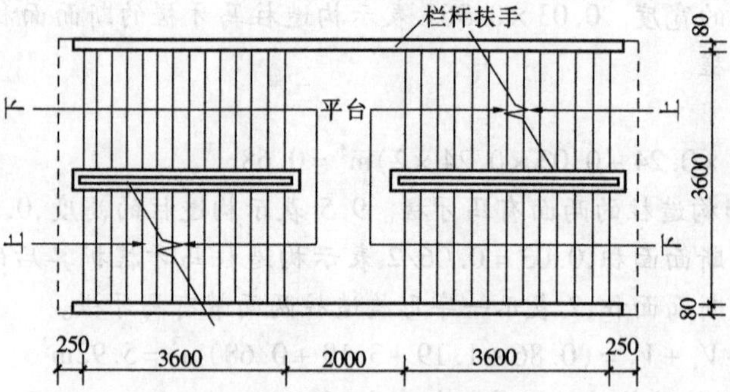

图　4-23

【解】　(1)定额工程量

工程量 $=(3.6\times2+2+0.25\times2)\times(3.6+0.08\times2)\times(5-1)\text{m}^2=145.89\text{m}^2$

套用基础定额 5-421。

【注释】　对应图示来看：(3.6×2+2+0.25×2) 表示楼梯间水平投影长边方向的长度，(3.6+0.08×2) 表示楼梯间水平投影短边方向的长度，(3.6×2+2+0.25×2)×(3.6+0.08×2) 表示每一层楼梯间的水平投影面积，其中包括中间休息平台的面积。又因为有五层楼梯，而到第五层时就不再有楼梯，所以应该计算楼梯时乘以 4 而不是 5。

(2)清单计算方法同定额工程量。

清单工程量计算见表 4-23。

表 4-23 清单工程量计算表

项目编码	项目名称	项目特征描述	计量单位	工程量
010506001001	直形楼梯	C20 混凝土	m^2	145.89

【例 24】 某工程现浇钢筋混凝土楼梯包括休息平台至平台梁(如图 4-24 所示),试计算该建筑物(共 4 层,楼梯 3 层)楼梯工程量并套用定额及清单。

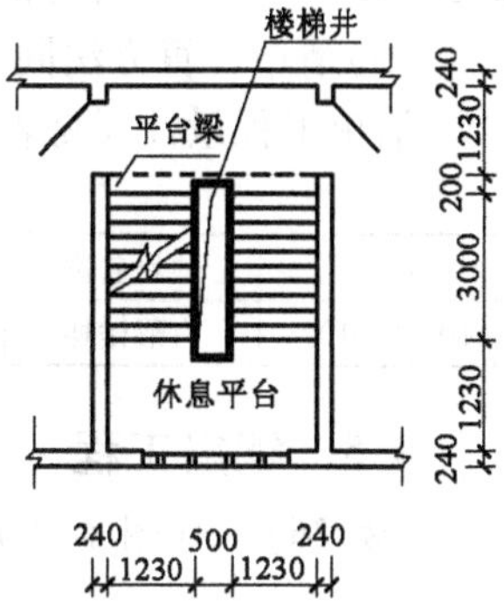

图 4-24 楼梯平面图

【解】 (1)定额工程量

$S=(1.23+0.50+1.23)\times(1.23+3.0+0.20)\times3m^2$

$=13.113\times3m^2=39.34m^2$

套用基础定额 5-421。

【注释】 对应图示易看出:(1.23+0.50+1.23)表示楼梯间水平投影短边方向的长度,(1.23+3.0+0.20)表示楼梯间水平投影长边方向的长度,(1.23+0.50+1.23)×(1.23+3.0+0.20)表示一层楼梯间的水平投影面积。3 表示共三层楼梯间的水平投影面积。

(2)清单计算方法同定额工程量。

清单工程量计算见表 4-24。

表 4-24 清单工程量计算表

项目编码	项目名称	项目特征描述	计量单位	工程量
010506001001	直形楼梯	C20 混凝土	m^2	39.34

【例 25】 如图 4-25 所示,求现浇钢筋混凝土整体楼梯工程量并套用定额及清单(已知为四层楼梯)。

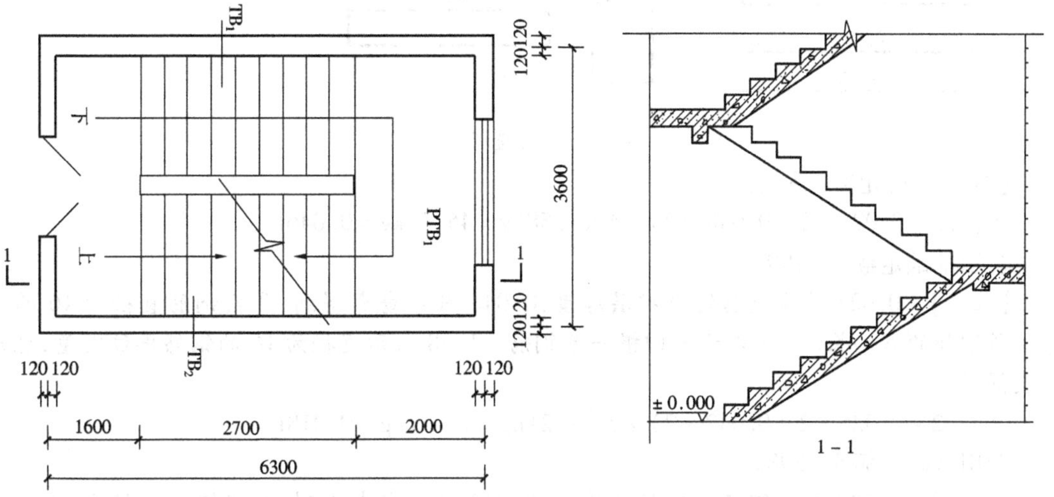

图 4-25

【解】 (1)定额工程量

楼梯工程量 $=(3.6-0.12\times2)\times(1.6-0.12+2.7+2.0-0.12)\times4m^2$

$=3.36\times6.06\times4m^2=81.45m^2$

磁用基础定额 5 - 421。

【注释】 对应图示来看:0.12×2 表示扣除轴线两端墙体部分的长度。(3.6 - 0.12×2) 表示楼梯间水平投影短边方向的长度,(1.6 - 0.12 + 2.7 + 2.0 - 0.12) 表示扣除轴线两端墙体部分的长度以后楼梯间水平投影长边方向的长度。(3.6 - 0.12×2) × (1.6 - 0.12 + 2.7 + 2.0 - 0.12) 表示一层楼梯的截面积。

(2) 清单计算方法同定额工程量。

清单工程量计算见表 4-25。

表 4-25 清单工程量计算表

项目编码	项目名称	项目特征描述	计量单位	工程量
010506001001	直形楼梯	C20 混凝土	m^2	81.45

4.5 钢筋工程

【例 26】 如图 4-26 所示,求其中钢筋用量并套用定额及清单。

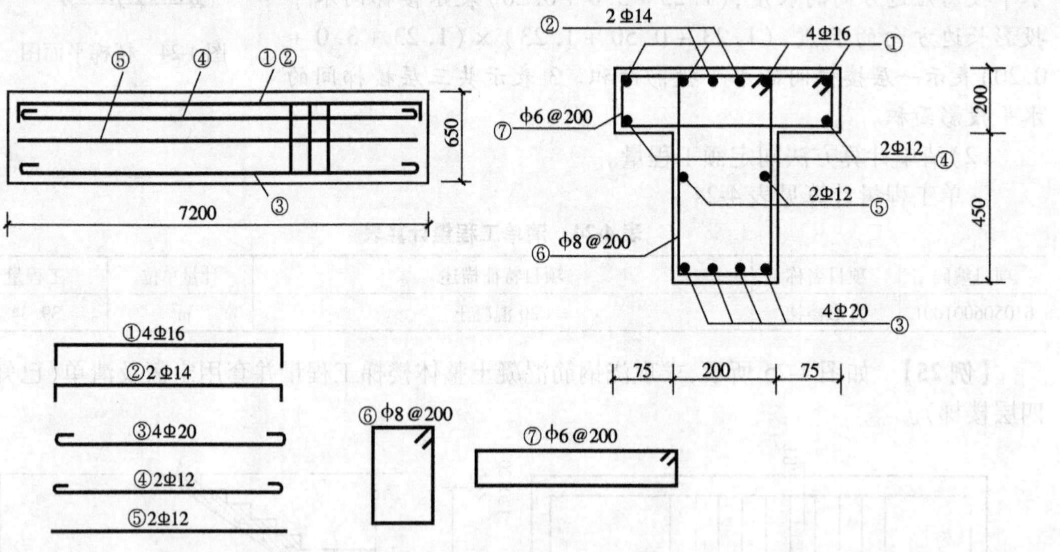

图 4-26 连续梁钢筋

【解】 (1) 定额工程量

①(7.2 - 0.025×2 + 0.048×2) ×4×1.58kg = 45.79kg = 0.046t

套用基础定额 5 - 299。

【注释】 0.025 是指钢筋的保护层厚度,0.048 可以查表得到,是指钢筋直径为 16 的直弯钩所增加的弯钩长度。4 表示有四根一号钢筋。1.58 表示直径为 16 的钢筋单位重量,也是查表得到。

②(7.2 - 0.025×2 + 0.042×2) ×2×1.21kg = 17.51kg = 0.018t

套用基础定额 5 - 298。

【注释】 0.025 是指钢筋的保护层厚度,0.042 可以查表得到,是指钢筋直径为 14 的直弯钩所增加的弯钩长度。2 表示有两根二号钢筋。1.21 是指直径为 14 的钢筋单位重量。

③(7.2 - 0.025×2 + 0.125×2) ×4×2.47kg = 73.11kg = 0.073t

套用基础定额 5 - 301。

【注释】 0.125 表示钢筋直径为 20 的半圆钩所增加的弯钩长度,2.47 表示单位重量。

④(7.2 -0.025 ×2 +0.075 ×2) ×2 ×0.888kg =12.96kg =0.013t

套用基础定额 5 -297。

【注释】 0.075 表示钢筋直径为 12 的半圆钩所增加的弯钩长度,0.888 是单位重量。

⑤(7.2 -0.025 ×2) ×2 ×0.888kg =12.70kg =0.013t

套用基础定额 5 -297。

【注释】 五号钢筋没有弯钩,所以只需减去混凝土保护层的厚度即可。

⑥[(7.2 -0.025 ×2)/0.2 +1] ×[(0.2 +0.45 +0.2 -0.025 ×4) ×2 +0.12] ×0.395kg
 =36.75 ×1.62 ×0.395kg =23.52kg =0.024t

套用基础定额 5 -356。

【注释】 0.2 表示箍筋的间距。[(7.2 -0.025 ×2)/0.2 +1]计算的是箍筋的个数,注意别忘记加上 1。(0.2 +0.45 +0.2 -0.025 ×4) ×2 表示减去保护层后六号箍筋的周长,0.12 是查表得来的,表示箍筋直径为 8 且主筋直径介于 10 到 25 之间时箍筋的两个弯钩增加长度。0.395 表示直径为 8 的钢筋的单位重量。

⑦[(7.2 -0.025 ×2)/0.2 +1] ×[(0.2 +0.075 ×2 +0.2 -0.025 ×4) ×2 +0.10] ×0.222kg
 =36.75 ×1.00 ×0.222kg =8.16kg =0.009t

套用基础定额 5 -355。

【注释】 [(7.2 -0.025 ×2)/0.2 +1]表示箍筋个数,[(0.2 +0.075 ×2 +0.2 -0.025 ×4) ×2 表示七号箍筋的周长,0.10 也是查表得到的,表示箍筋直径为 6 且主筋直径介于 10 到 25 之间时箍筋的两个弯钩增加长度。0.222 表示直径为 6 的钢筋的单位重量。

(2)清单工程量计算方法同定额工程量。

清单工程量计算见表 4-26。

表 4-26 清单工程量计算表

序号	项目编码	项目名称	项目特征描述	计量单位	工程量
1	010515001001	现浇构件钢筋	Φ16	t	0.046
2	010515001002	现浇构件钢筋	Φ14	t	0.018
3	010515001003	现浇构件钢筋	Φ20	t	0.073
4	010515001004	现浇构件钢筋	Φ12	t	0.013
5	010515001005	现浇构件钢筋	Φ12	t	0.013
6	010515001006	现浇构件钢筋	Φ8	t	0.024
7	010515001007	现浇构件钢筋	Φ6	t	0.009

【例 27】 求如图 4-27 所示预制钢筋混凝土槽形板的钢筋工程量并套用定额及清单。

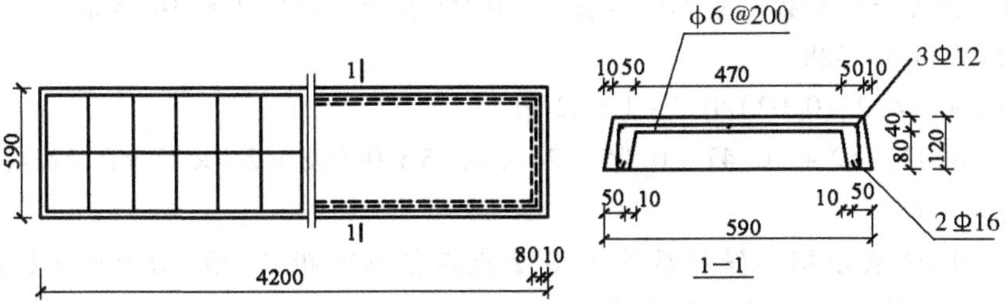

图 4-27 混凝土槽形板的钢筋

【解】 钢筋工程量按重量计算。

(1)定额工程量

①2⌀16:(4.2 - 0.01 × 2 + 6.25 × 0.016 × 2) × 2 × 1.58kg = 8.76 × 1.58kg = 13.84kg

【注释】 0.01 × 2 表示板两端的混凝土保护层厚度,6.25 × 0.016 × 2 表示弯钩为 180°时的两端弯钩增加量(6.25 表示系数,0.016 表示钢筋的直径,2 表示钢筋两端的两个弯钩),1.58 表示直径为 16mm 的钢筋的单位理论重量。

加制作废品率 = 13.84 × (1 + 0.2%) kg = 13.87kg

【注释】 0.2% 表示预制钢筋混凝土槽形板的制作废品率。13.84 × (1 + 0.2%) 表示加上制作废品率以后的钢筋工程量。

运输损耗率 = 13.84 × 0.8% kg = 0.11kg

【注释】 这部分是指运输过程中的损耗量。0.8% 表示运输损耗率,13.84 × 0.8% 表示运输损耗量。

安装损耗率 = 13.84 × 0.5% kg = 0.07kg

【注释】 是指安装过程中的损耗量。0.5% 表示安装损耗率,13.84 × 0.5% 表示安装损耗量。

合计:(13.87 + 0.11 + 0.07) kg = 14.05kg = 0.014t

套用基础定额 5 - 332。

注:实际工程中的钢筋工程量要考虑到这么多的损耗量,所以在计算时如果只按照理论上计算的钢筋工程量是不够的,要加上损耗的工程量。

② 3⌀12:(4.2 - 0.01 × 2 + 6.25 × 0.012 × 2) × 3 × 0.888kg = 12.99 × 0.888kg = 11.54kg

【注释】 0.01 × 2 表示板两端的混凝土保护层厚度,6.25 × 0.012 × 2 表示弯钩为 180°时的两端弯钩增加量(6.25 表示系数,0.012 表示钢筋的直径,2 表示钢筋两端的两个弯钩),0.888 表示直径为 12 钢筋的单位理论重量。

加制作废品率 = 11.54 × (1 + 0.2%) kg = 11.56kg

【注释】 0.2% 表示预制钢筋混凝土槽形板的制作废品率。11.54 × (1 + 0.2%) 表示加上制作废品率以后的直径为 12 的钢筋工程量。

运输损耗率 = 11.54 × 0.8% = 0.09kg

【注释】 0.8% 表示运输损耗率,11.54 × 0.8% 表示运输损耗量。

安装损耗率 = 11.54 × 0.5% = 0.06kg

【注释】 0.5% 表示安装损耗率,11.54 × 0.5% 表示安装损耗量。

合计:(11.56 + 0.09 + 0.06) kg = 11.71kg = 0.012t

【注释】 把每一部分损耗量都计算在内。0.09 表示运输损耗量,0.06 表示安装损耗量。

套用基础定额 5 - 328。

③ ⌀6@200:(4.2 - 0.02)/0.2 + 1 = 22 根

[(0.12 - 0.02) × 2 + (0.47 + 0.05 × 2) + 6.25 × 0.006 × 2] × 22 × 0.222kg = 18.59 × 0.222kg = 4.13kg

【注释】 0.02 表示钢筋保护层厚度,0.2 表示箍筋间距,6.25 × 0.006 × 2 表示弯钩为 180°时的弯钩增加量,0.222 是单位重量。

加制作废品率 = 4.13 × (1 + 0.2%) kg = 4.14kg

【注释】 0.2%表示预制钢筋混凝土槽形板的制作废品率。4.13×(1+0.2%)表示加上制作废品率以后的直径为6mm的箍筋工程量。

运输损耗率=4.13×0.8%kg=0.03kg

【注释】 0.8%表示运输损耗率,4.13×0.8%表示运输损耗量。

安装损耗率=4.13×0.5%kg=0.02kg

【注释】 0.5%表示安装损耗率,4.13×0.5%表示安装损耗量。

合计:(4.14+0.03+0.02)kg=4.19kg=0.004t

【注释】 4.14表示考虑加工制作废品率以后的箍筋工程量,0.03表示运输损耗量,0.02表示安装损耗量。

套用基础定额5-355。

(2)清单工程量计算方法同定额工程量。

清单工程量计算见表4-27。

表4-27 清单工程量计算表

序号	项目编码	项目名称	项目特征描述	计量单位	工程量
1	010515001001	现浇构件钢筋	Φ16	t	0.014
2	010515001002	现浇构件钢筋	Φ12	t	0.012
3	010515001003	现浇构件钢筋	Φ6	t	0.004

注:钢筋的操作和以短接长损耗均已包含在定额中,计算时不另增加。

【例28】 求如图4-28所示现浇钢筋混凝土连续梁钢筋工程量并套用定额及清单。

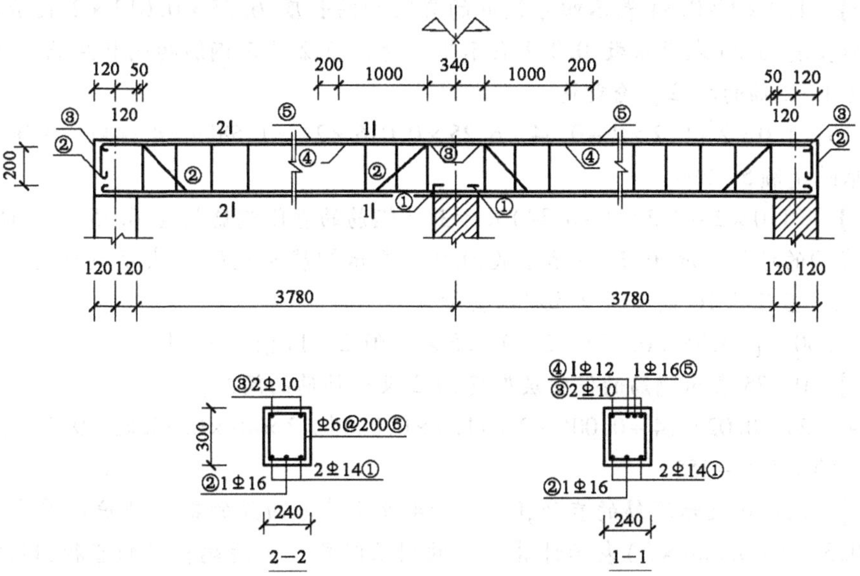

图4-28 钢筋混凝土连续梁

【解】 钢筋工程量按重量计算。

(1)定额工程量

①2Φ14:(3.78+0.12×2-0.025+0.17+6.25×0.014×2)×2×2×1.21kg=21.01kg
=0.021t

套用基础定额 5 - 298。

【注释】 0.12 表示半个墙厚，0.025 表示混凝土保护层厚度，0.17 表示深入中间墙体相交接的钢筋长度，6.25×0.014×2 表示弯钩为 180°时的弯钩增加量，2 表示左右对称部分，再乘以 2 表示两根直径为 14 的钢筋，1.21 表示直径为 14 钢筋的单位理论重量。

②1 ⌀ 16：[3.78+0.12×2-0.025+0.17+0.2+(0.3-0.025×2)×(1.414-1)×2+6.25×0.016×2]×2×1.58kg=15.08kg=0.015t

套用基础定额 5 - 299。

【注释】 0.12 表示半个墙厚，0.025 表示混凝土保护层厚度，0.2 表示竖直钢筋的长度，(0.3-0.025×2)表示箍筋去除保护层厚度以后的净宽度，乘以 1.414 表示直角边的长度计算出斜边长，再减去一倍表示减去前面计算直段钢筋时多计算的等腰直角三角形的直角边。乘以 2 表示每边有两个斜段钢筋，6.25×0.016×2 表示两个 180 度弯钩的增加长度，2 表示对称部分，1.58 表示直径为 16 钢筋的单位理论重量。

③2 ⌀ 10：(3.78+0.12×2-0.025+0.17+6.25×0.01×2)×2×2×0.617kg=10.59kg=0.011t

套用基础定额 5 - 296。

【注释】 0.12 表示半个墙厚，0.025 表示钢筋的保护层厚度，0.17 表示深入中间墙体相交接的钢筋长度，6.25×0.01×2 表示两端弯钩为 180 度时的弯钩增加量，2 表示左右对称部分，再乘以 2 表示两根直径为 10 的钢筋，0.617 表示直径为 10 钢筋的单位理论重量。

④1 ⌀ 12：(1.0×2+0.34+6.25×0.012×2)×0.888kg=2.21kg=0.002t

套用基础定额 5 - 297。

【注释】 1.0×2+0.34 表示四号钢筋的直段钢筋长度，6.25×0.012×2 表示两端 180°弯钩的增加长度(6.25 表示系数，0.012 表示钢筋的直径，2 表示钢筋两端有两端弯钩)，0.888 表示直径为 12 钢筋的单位理论重量。

⑤1 ⌀ 16：(1.0×2+0.2×2+0.34+6.25×0.016×2)×1.58kg=4.64kg=0.005t

套用基础定额 5 - 299。

【注释】 (1.0×2+0.2×2+0.34)表示五号钢筋的直段钢筋长度，6.25×0.016×2 表示两端 180°弯钩的增加长度(6.25 表示系数，0.016 表示钢筋的直径，2 表示钢筋两端有两个弯钩)，1.58 表示直径为 16 钢筋的单位理论重量。

⑥⌀ 6@200：{[(3.78+0.12)×2-0.025×2]/0.2+1}根=40 根

【注释】 0.025 表示钢筋的保护层厚度，0.2 表示箍筋的间距。

[0.3+0.24-0.025×4+0.006×2+11.9×0.006]×2×40×0.222kg=9.30kg=0.009t

套用基础定额 5 - 355。

【注释】 0.006 表示箍筋的直径，0.025×4 表示箍筋四周的钢筋保护层厚度。(0.3+0.24-0.025×4+0.006×2)表示计算箍筋的周长时要加上两端箍筋的直径，11.9×0.006 表示箍筋弯钩为 135°时弯钩增加量，乘以 2 表示箍筋的总周长，0.222 表示直径为 6mm 钢筋的单位理论重量。

(2)清单工程量计算方法同定额工程量。

注：钢筋的操作和以短接长损耗均包含在定额中，计算中不另增加。弯钩按抗震结构斜弯钩考虑。

清单工程量计算见表 4-28。

表 4-28　清单工程量计算表

序号	项目编码	项目名称	项目特征描述	计量单位	工程量
1	010515001001	现浇构件钢筋	Φ14	t	0.021
2	010515001002	现浇构件钢筋	Φ16	t	0.015
3	010515001003	现浇构件钢筋	Φ10	t	0.011
4	010515001004	现浇构件钢筋	Φ12	t	0.002
5	010515001005	现浇构件钢筋	Φ16	t	0.005
6	010515001006	现浇构件钢筋	Φ6	t	0.009

【例 29】　如图 4-29 所示，求现浇 C25 混凝土矩形梁钢筋用量并套用定额及清单。

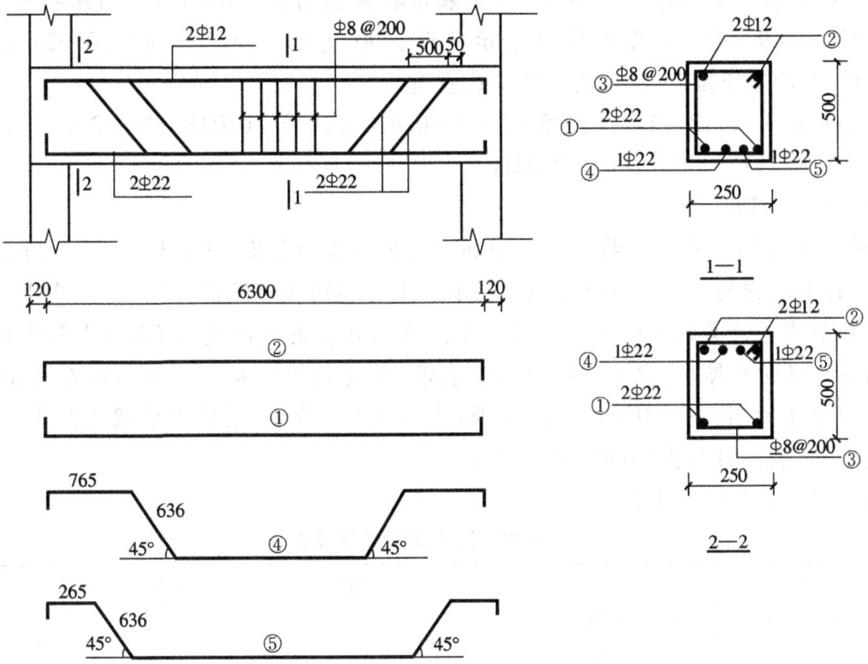

图 4-29　矩形梁钢筋

【解】　(1)定额工程量

①Φ22：$[(6.3+0.12\times2)-0.05+3.5\times0.022\times2]\times2.98\times2\text{kg}=39.60\text{kg}=0.040\text{t}$

套用定额 5－302。

【注释】　0.12 表示半个墙厚，0.05＝0.025×2 表示两端钢筋的保护层厚度，3.5×0.022×2 表示 90°弯钩的弯钩增加量，2.98 表示直径为 22 钢筋的单位理论重量，乘以 2 表示有两个直径为 22 的钢筋。

②Φ12：$[(6.3+0.12\times2)-0.05+3.5\times0.012\times2]\times0.888\times2\text{kg}=11.68\text{kg}=0.012\text{t}$

套用定额 5－297。

【注释】　0.12 表示半个墙厚，0.05＝0.025×2 表示两端钢筋的保护层厚度，3.5×0.012×2 表示 90°弯钩的弯钩增加量，0.888 表示直径为 12 钢筋的单位理论重量，乘以 2 表示有两个直径为 12 的钢筋。

③Φ8：[(0.5+0.25)×2－0.025×8+0.19×2]×[(6.3+0.12×2)/0.2+1]×0.395kg
=22.36kg=0.023t

套用基础定额5－365。

【注释】 0.025×8表示箍筋一周所减去的钢筋保护层厚度，每边减去两个，共有四个边。0.19表示直径为8的箍筋的调整值，[(6.3+0.12×2)/0.2+1]表示箍筋的个数，0.395表示直径为8钢筋的单位理论重量。

④Φ22：[(6.3+0.12×2)－0.025×2+2×0.414×(0.5－0.025×2)+2×3.5×0.022]×
2.98×1kg=20.91kg=0.021t

套用基础定额5－302。

【注释】 0.414=1.414－1同前面例题中的计算方法一样，要扣除直段计算的两端直角边的长度。0.5表示箍筋的高度，0.025×2表示扣除箍筋上下两端钢筋的保护层厚度。2×3.5×0.022表示90°弯钩的增加量(2表示有两个90°弯钩，3.5表示系数，0.022表示钢筋的直径)，2.98表示直径为22钢筋的单位理论重量。

⑤ϕ22：[(6.3+0.12×2)－0.025×2+2×0.414×(0.5－0.025×2)+2×3.5×0.022]×
2.98×1kg=20.91kg=0.021t

套用定额5－302。

【注释】 0.12×2表示轴线两端所增加的墙体所占的长度。(6.3+0.12×2)表示梁的总长度(包括伸入墙内的长度)。0.025×2表示扣除两端钢筋的保护层厚度。0.414=(1.414－1)表示要扣除直段计算的两端直角边的长度，0.5表示箍筋的高度，0.025×2表示扣除箍筋上下两端钢筋的保护层厚度。2×3.5×0.022表示90°弯钩的增加量(3.5表示系数，0.022表示钢筋的直径，2表示有两个90°的弯钩)，2.98表示直径为22钢筋的单位理论重量。

(2)清单工程量计算方法同定额工程量。

清单工程量计算见表4-29。

表4-29 清单工程量计算表

序号	项目编码	项目名称	项目特征描述	计量单位	工程量
1	010515001001	现浇构件钢筋	Φ22	t	0.040
2	010515001002	现浇构件钢筋	Φ12	t	0.012
3	010515001003	现浇构件钢筋	Φ8	t	0.023
4	010515001004	现浇构件钢筋	Φ22	t	0.021
5	010515001005	现浇构件钢筋	Φ22	t	0.021

【例30】 如图4-30所示，求带形混凝土基础钢筋用量并套用定额及清单。

【解】 (1)定额工程量

①Φ20：[(29.7+0.6－0.035×2+0.2)×2+(13.2+0.6－0.035×2+0.2)×3+(9.9×
2+0.6－0.035×2+0.2)+(6.6+0.6－0.035×2+0.2)]×4×2.47kg=130.51×
4×2.47kg=1289.44kg=1.289t

套用基础定额5－301。

【注释】 29.7表示建筑物外墙长边方向的中心线长度，0.6=0.3×2表示两边各加0.3，0.035×2表示两端减去混凝土基础有垫层时钢筋的保护层厚度，(29.7+0.6－0.035×2+0.2)×2表示建筑物外墙长边方向基础中钢筋的总长度。13.2表示建筑物外墙短边方向的

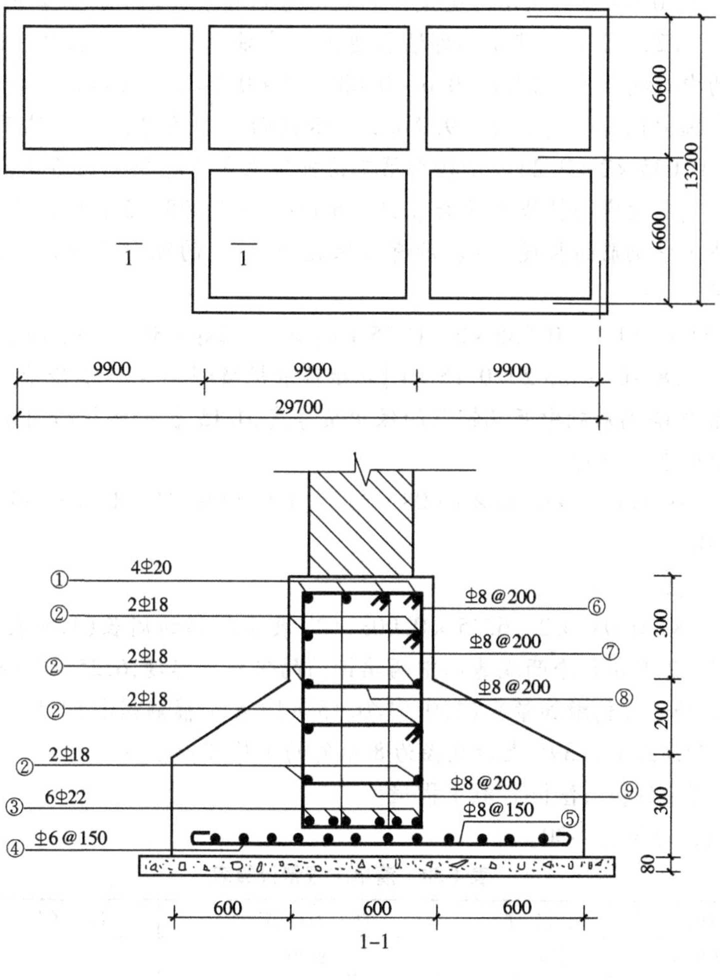

图 4-30　带形混凝土基础钢筋用量

中心线长度，(13.2 + 0.6 − 0.035 × 2 + 0.2) × 3 表示建筑物短边方向两条外墙和一条内墙基础中钢筋的总长度。9.9 × 2 表示横向第二条轴线上内墙两轴线间的长度，(9.9 × 2 + 0.6 − 0.035 × 2 + 0.2) 表示横向第二条轴线上内墙基础中钢筋的长度。6.6 表示左边纵向第二条轴线上的内墙轴线间的长度，(6.6 + 0.6 − 0.035 × 2 + 0.2) 表示左边纵向第二条轴线上内墙基础中钢筋的长度。4 表示有四根直径为 20 的纵筋，2.47 表示直径为 20 钢筋的单位理论重量。

②Φ18：130.51 × 8 × 2kg = 2088.16kg = 2.088t

套用基础定额 5 − 300。

【注释】 钢筋的长度计算方法同上，8 表示有八根直径为 18 的钢筋，2 表示直径为 18 钢筋的单位理论重量。

③Φ22：[(29.7 + 0.6 − 0.035 × 2 + 0.2) × 2 + (13.2 + 0.6 − 0.035 × 2 + 0.2) × 3 + (9.9 × 2 + 0.6 − 0.035 × 2 + 0.2) + (6.6 + 0.6 − 0.035 × 2 + 0.2)] × 6 × 2.98kg = 130.51 × 6 × 2.98kg = 2333.52kg = 2.334t

套用基础定额 5 − 302。

【注释】 对应图示易看出：29.7 表示建筑物外墙长边方向的中心线长度，$0.6=0.3\times2$ 表示两边各加 0.3，0.035×2 表示两端减去混凝土基础有垫层时钢筋的保护层厚度，$(29.7+0.6-0.035\times2+0.2)\times2$ 表示建筑物外墙长边方向基础中钢筋的总长度。13.2 表示建筑物外墙短边方向的中心线长度，$(13.2+0.6-0.035\times2+0.2)\times3$ 表示建筑物短边方向两条外墙和一条内墙基础中钢筋的总长度。9.9×2 表示横向第二条轴线上内墙两轴线间的长度，$(9.9\times2+0.6-0.035\times2+0.2)$ 表示横向第二条轴线上内墙基础中钢筋的长度。6.6 表示左边纵向第二条轴线上的内墙轴线间的长度，$(6.6+0.6-0.035\times2+0.2)$ 表示左边纵向第二条轴线上内墙基础中钢筋的长度。6 表示有六根直径为 22 的纵筋，2.98 表示直径为 22 钢筋的单位理论重量。

④Φ6：$130.51\times[(1.8-0.035\times2)/0.15+1]\times0.222\text{kg}=363.13\text{kg}=0.363\text{t}$

【注释】 $[(1.8-0.035\times2)/0.15+1]$ 表示箍筋根数（1.8 表示混凝土基础底面的宽度，0.035×2 表示扣除两端基础中两端钢筋的保护层厚度，0.15 表示箍筋的间距），0.222 表示直径为 6 钢筋的单位理论重量。

⑤Φ8：$(1.8-0.035\times2+6.25\times0.008\times2)\times(130.51/0.15+1)\times0.395\text{kg}=629.65\text{kg}=0.630\text{t}$

套用基础定额 5－295。

【注释】 $(1.8-0.035\times2+6.25\times0.008\times2)$ 表示箍筋的周长（1.8 表示混凝土基础底面的宽度，0.035×2 表示扣除两端基础中两端钢筋的保护层厚度，$6.25\times0.08\times2$ 表示钢筋两端的两个 180°弯钩的弯钩增加量），$(130.51/0.15+1)$ 表示箍筋根数（130.51，在前面已经计算出来，0.15 表示间距），0.395 表示直径为 8 钢筋的单位理论重量。

(2) 清单工程量计算方法同定额工程量。

清单工程量计算见表 4-30。

表 4-30 清单工程量计算表

序号	项目编码	项目名称	项目特征描述	计量单位	工程量
1	010515001001	现浇构件钢筋	Φ20	t	1.289
2	010515001002	现浇构件钢筋	Φ18	t	2.088
3	010515001003	现浇构件钢筋	Φ22	t	2.334
4	010515001004	现浇构件钢筋	Φ6	t	0.363
5	010515001005	现浇构件钢筋	Φ8	t	0.630

【例 31】 如图 4-31 所示，求其钢筋用量并套用定额及清单。

【解】 (1) 定额工程量

①$(6.6+1.8+0.12+2\times6.25\times0.02-0.025\times2)\times2\times2.47\text{kg}=43.08\text{kg}=0.043\text{t}$

套用基础定额 5－301。

【注释】 $(6.6+1.8+0.12)$ 表示梁的总长度，$2\times6.25\times0.02$ 表示两端 180°钢筋的弯钩增加量，0.025×2 表示梁中钢筋的保护层厚度，注意钢筋的保护层厚度在不同结构里面是不相同的，比如在梁、柱中取 25，在基础中取 35，在板、墙内取 15。计算时要看清楚应该用哪个数据。2 表示有两根直径为 20 的纵筋。2.47 表示直径为 20 的钢筋的单位理论重量。

②$[(6.6+1.8+0.12-0.025\times2)/0.2+1]\times[(0.25+0.45)\times2-0.025\times8+0.12]\times0.395\text{kg}$
$=24.68\text{kg}=0.025\text{t}$

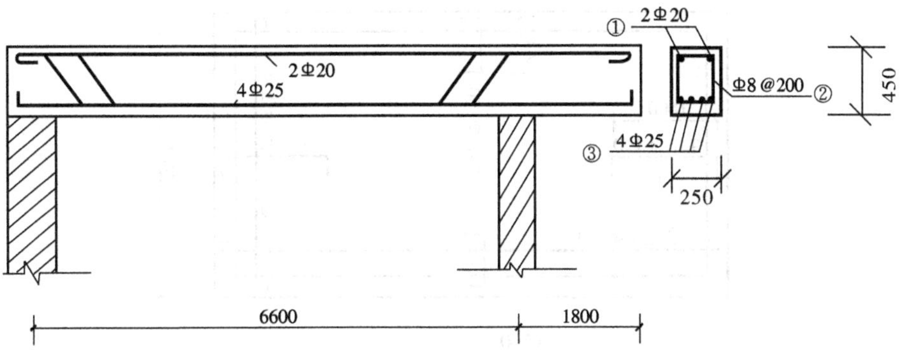

图 4-31　矩形梁钢筋

套用基础定额 5 – 365。

【注释】 对应图示来看：[(6.6 + 1.8 + 0.12 – 0.025 × 2)/0.2 + 1]表示箍筋的根数（向上取整），(6.6 + 1.8 表示梁的长度，0.2 表示间距)，[(0.25 + 0.45) × 2 – 0.025 × 8 + 0.12]表示箍筋的周长（0.25 表示箍筋的断面宽度，0.45 表示箍筋的断面高度，0.025 × 8 = 0.025 × 2 × 4 表示箍筋四周所扣除的钢筋保护层厚度，0.12 表示钢筋的调整值）。0.395 表示直径为 8 钢筋的单位理论重量。

③(6.6 + 1.8 + 0.12 + 3.5 × 0.025 × 2 – 0.025 × 2) × 4 × 3.85kg = 133.13kg = 0.133t

【注释】 (6.6 + 1.8)表示梁的总长度，3.5 × 0.025 × 2 表示钢筋两端 90°弯钩的增加量（3.5 表示系数，0.025 表示钢筋的直径，2 表示两端的两个弯钩）。0.025 × 2 表示应扣除的钢筋两端的保护层厚度。4 表示有四根直径为 25 的纵筋，3.85 表示直径为 25 的钢筋的单位理论重量。

套用基础定额 5 – 303。

(2)清单工程量计算方法同定额工程量。

清单工程量见表 4-31。

表 4-31　清单工程量计算表

序号	项目编码	项目名称	项目特征描述	计量单位	工程量
1	010515001001	现浇构件钢筋	Φ20	t	0.043
2	010515001002	现浇构件钢筋	Φ8	t	0.025
3	010515001003	现浇构件钢筋	Φ25	t	0.133

【例 32】 如图 4-32 所示，求其钢筋用量并套用定额及清单。

【解】 (1)定额工程量

①(6.3 – 0.015 × 2 + 2 × 6.25 × 0.008) × [(3.6 – 0.015 × 2)/0.2 + 1] × 0.395kg = 6.37 × 18.85 × 0.395kg = 47.43kg = 0.047t

套用基础定额 5 – 295。

【注释】 0.015 表示板中钢筋的保护层厚度，2 × 6.25 × 0.008 表示 180°弯钩的增加量（2 表示有两个 180°弯钩，6.25 表示系数，0.008 表示钢筋的直径）。0.2 表示箍筋间距，[(3.6 – 0.015 × 2)/0.2 + 1]表示箍筋根数（3.6 表示短边方向板的长度，0.015 × 2 表示应扣除的板两端的钢筋保护层的厚度）。0.395 表示直径为 8 钢筋的单位理论重量。

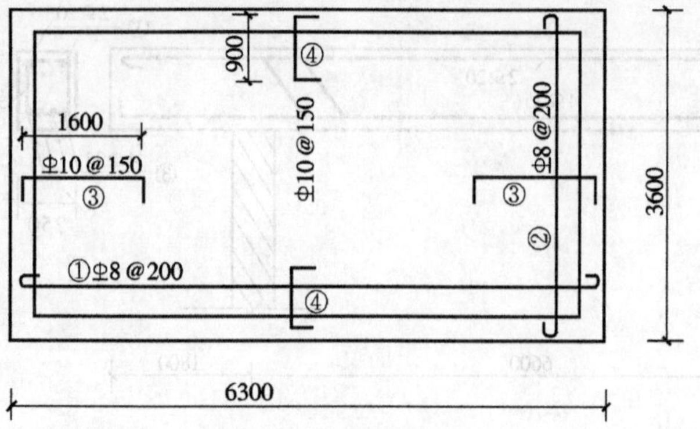

图 4-32　某混凝土钢筋

②$(3.6-0.015\times2+2\times6.25\times0.008)\times[(6.3-0.015\times2)/0.2+1]\times0.395\text{kg}=3.67\times32.35\times0.395\text{kg}=46.90\text{kg}=0.047\text{t}$

套用基础定额 5-295。

【注释】 3.6 表示短边方向板的长度，0.015×2 表示应扣除的板两端的钢筋保护层厚度，2×6.25×0.008 表示 180°弯钩的增加量（2 表示有两个弯钩，6.25 表示系数，0.008 表示钢筋的直径）。(6.3-0.015×2)/0.2+1 表示钢筋的根数，0.395 表示直径为 8 钢筋的单位理论重量。

③$(1.6+0.1\times2)\times[(3.6-0.015\times2)/0.15+1]\times2\times0.617\text{kg}=1.8\times24.8\times2\times0.617\text{kg}=55.09\text{kg}=0.055\text{t}$

套用基础定额 5-296。

【注释】 1.6 表示③号钢筋的直段钢筋的长度，0.1×2 表示两端竖直段的长度，[(3.6-0.015×2)/0.15+1 表示箍筋根数（3.6 表示短边方向板的长度，0.015×2 表示应扣除的两端钢筋保护层的厚度，0.15 表示间距），2 表示左、右两侧，0.617 表示直径为 10 钢筋的单位理论重量。

④$(0.9+0.1\times2)\times[(6.3-0.015\times2)/0.15+1]\times2\times0.617\text{kg}=1.1\times42.8\times2\times0.617\text{kg}=58.10\text{kg}=0.058\text{t}$

套用基础定额 5-296。

【注释】 0.9 表示④号钢筋的直段钢筋长度 ，0.1×2 表示两端竖直段钢筋的长度，(6.3-0.015×2)/0.15+1 表示钢筋的根数（6.3 表示长边方向板的长度，0.015×2 表示应扣除的两端钢筋的保护层厚度，0.15 表示钢筋的间距），2 表示板上、下两侧。0.617 表示直径为 10 钢筋的单位理论重量。

(2)清单工程量计算方法同定额工程量。

清单工程量计算见表 4-32。

表 4-32　清单工程量计算表

序号	项目编码	项目名称	项目特征描述	计量单位	工程量
1	010515001001	现浇构件钢筋	⌀8	t	0.047
2	010515001002	现浇构件钢筋	⌀8	t	0.047
3	010515001003	现浇构件钢筋	⌀10	t	0.055
4	010515001004	现浇构件钢筋	⌀10	t	0.058

【例 33】 如图 4-33 所示,求矩形柱钢筋用量并套用定额及清单。

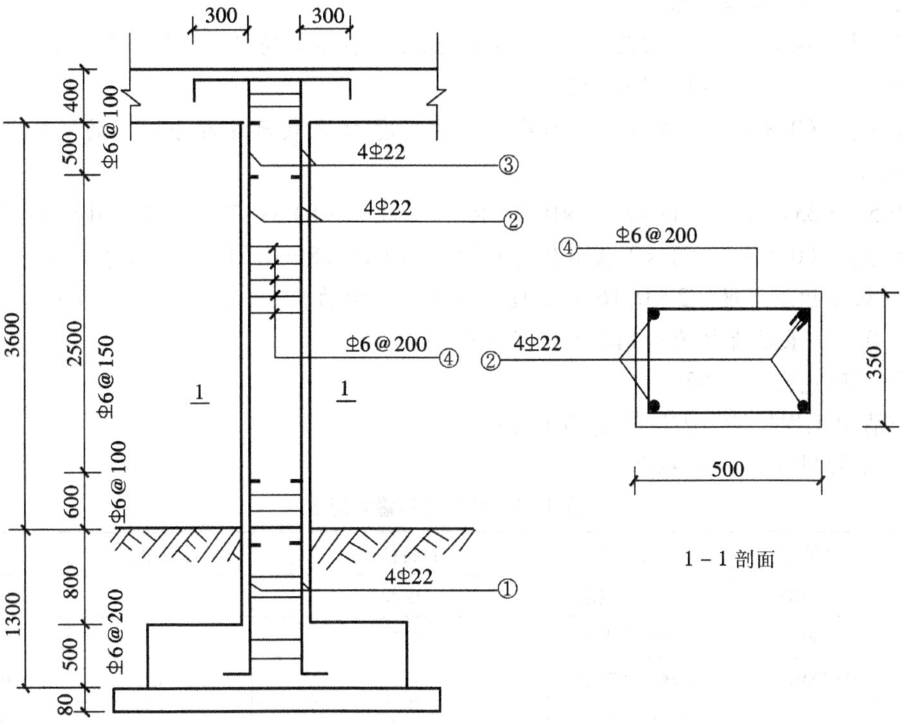

图 4-33 现浇雨篷矩形柱示意图

【解】 (1)定额工程量

①Φ22:(0.5+0.8+0.6+3.5×0.022×2－0.035)×4×2.98kg=24.066kg=0.024t

套用基础定额 5－302。

【注释】 (0.5+0.8+0.6)表示直段钢筋的钢筋长度,3.5×0.022×2 表示钢筋的两端弯钩增加量(3.5 表示系数,0.022 表示钢筋的直径,2 表示有两个弯钩)。0.035 表示基础中钢筋的保护层厚度,4 表示有四根直径为 22 的钢筋,2.98 是指直径为 22 钢筋的单位理论重量。

②Φ22:(0.5+2.5+0.6+3.5×0.022×2)×4×2.98kg=44.75kg=0.045t

套用基础定额 5－302。

【注释】 (0.5+2.5+0.6)表示直段钢筋的钢筋长度,3.5×0.022×2 表示钢筋的两端弯钩增加量(3.5 表示系数,0.022 表示钢筋的直径,2 表示有两个弯钩)。4 表示有四根直径为 22 的钢筋,2.98 是指直径为 22 钢筋的单位理论重量。

③Φ22:(0.5+0.4+0.3+3.5×0.022×2－0.025)×4×2.98kg=15.84kg=0.016t

【注释】 (0.5+0.4+0.3)表示直段钢筋的钢筋长度,3.5×0.022×2 表示钢筋的两端弯钩增加量(3.5 表示系数,0.022 表示钢筋的直径,2 表示有两个弯钩)。0.025 表示梁中钢筋的保护层厚度。4 表示有四根钢筋,2.98 表示直径为 22 钢筋的单位理论重量。

④Φ6:[(0.5+0.4)/0.1+1]根=10 根

【注释】 对应图示来看:(0.5+0.4)表示矩形柱上端高度。0.1 表示梁中箍筋加密间距,求出加密箍筋根数是 10 根。

(2.5/0.15+1)根=18 根

【注释】 2.5表示矩形柱身的高度。这部分箍筋的间距是0.15,求出箍筋根数是18根。

(0.6/0.1+1)根=7根

【注释】 柱身下段的加密区高度0.6,0.1表示加密区箍筋的间距。求出箍筋的根数是7根。

[(0.8+0.5)/0.2+1]根=8根

【注释】 (0.8+0.5)表示伸入到基础中的高度,0.2表示这部分箍筋的间距,求出箍筋的根数是8根。

[(0.5+0.35)×2-0.015×8+2×0.16]×(10+18+7+8)×0.222kg=18.14kg=0.018t

【注释】 (0.5+0.35)×2表示箍筋的周长,0.015×8=0.015×2×4表示应扣除的箍筋四周的钢筋保护层厚度。2×0.16表示箍筋的弯钩增加的长度。(10+18+7+8)表示箍筋的总根数。0.222表示直径为6钢筋的单位理论重量。

套用基础定额5-355。

(2)清单工程量计算方法同定额工程量。

清单工程量计算见表4-33。

表4-33 清单工程量计算表

序号	项目编码	项目名称	项目特征描述	计量单位	工程量
1	010515001001	现浇构件钢筋	Φ22	t	0.024
2	010515001002	现浇构件钢筋	Φ22	t	0.045
3	010515001003	现浇构件钢筋	Φ22	t	0.016
4	010515001004	现浇构件钢筋	Φ6	t	0.018

【例34】 如图4-34所示,求雨篷钢筋用量并套用定额及清单(保护层厚度为25mm)。

【解】 (1)定额工程量

①Φ18:(2.4-0.025×2+3.5×0.018×2)×6×2.0=29.71kg=0.030t

套用基础定额5-300。

【注释】 2.4表示雨篷长边方向的长度,0.025×2表示应扣除两端钢筋的保护层厚度,3.5×0.018×2表示两端弯钩的增加量(3.5表示系数,0.018表示钢筋的直径,2表示有两个

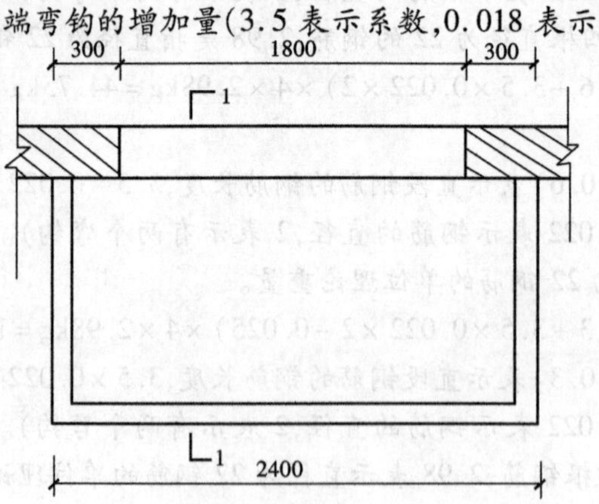

a)

图4-34 雨篷示意图

a)平面图

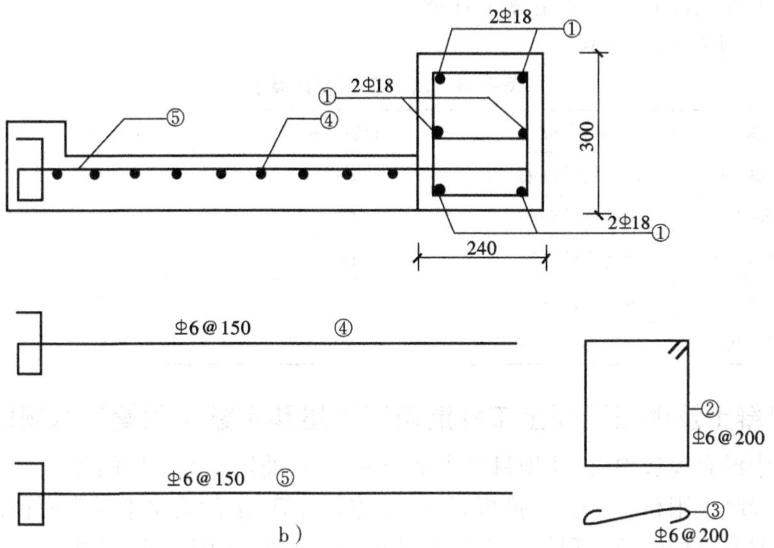

图 4-34　雨篷示意图（续）

b）剖面图

弯钩）。6 表示一号钢筋有六根，2.0 表示直径为 18 钢筋的单位理论重量。

②⌀6：[(0.3 + 0.24) × 2 − 0.025 × 8 + 0.17] × [(2.4 − 0.015 × 2)/0.2 + 1] × 0.222 = 3.03kg = 0.003t

【注释】 (0.3 + 0.24) × 2 表示箍筋的周长，0.025 × 8 = 0.025 × 2 × 4 表示应扣除箍筋四周的保护层厚度，0.17 表示箍筋直径为 6 时两个弯钩增加量，[(2.4 − 0.015 × 2)/0.2 + 1]表示箍筋个数（2.4 表示雨篷长边方向的长度，0.2 表示箍筋的间距）。0.222 表示直径为 6 钢筋的单位理论重量。

③⌀6：(0.24 − 0.025 × 2 + 6.25 × 0.006 × 2) × [(2.4 − 0.015 × 2)/0.2 + 1] × 0.222 = 0.76kg = 0.001t

【注释】 对应图示来看：0.24 表示钢筋断面的宽度，0.025 × 2 表示扣除两端的钢筋保护层厚度，6.25 × 0.06 × 2 表示两端两个 180°弯钩的增加量。[(2.4 − 0.015 × 2)/0.2 + 1]表示腰筋的根数（2.4 表示总长度，0.2 表示间距）。0.222 表示直径为 6 钢筋的单位理论重量。

④⌀6：(2.4 − 0.025 × 2) × [(1.2 − 0.015 × 2)/0.15 + 1] × 0.222 = 4.59kg = 0.005t

【注释】 (2.4 − 0.025 × 2)表示④号钢筋的直段钢筋长度（2.4 表示雨篷长边方向的长度，0.025 × 2 表示扣除板中两端钢筋的保护层厚度）。[(1.2 − 0.015 × 2)/0.15 + 1]表示钢筋的根数（1.2 表示雨篷短边方向的长度，0.15 表示间距，）。0.222 表示直径为 6 钢筋的单位理论重量。

⑤⌀6：(1.2 − 0.025 × 2) × [(2.4 − 0.015 × 2)/0.15 + 1] × 0.222 = 4.29kg = 0.004t

【注释】 (1.2 − 0.025 × 2)表示⑤号钢筋的直段钢筋长度（1.2 表示雨篷短边方向的长度，0.025 × 2 表示扣除板中两端钢筋的保护层厚度）。[(2.4 − 0.015 × 2)/0.15 + 1]表示钢筋的根数（2.4 表示雨篷长边方向的长度，0.15 表示间距）。0.222 表示直径为 6 钢筋的单位理论重量。

(2)清单工程量计算方法同定额工程量。

清单工程量计算见表4-34。

表4-34　清单工程量计算表

序号	项目编码	项目名称	项目特征描述	计量单位	工程量
1	010515001001	现浇构件钢筋	⌀18	t	0.030
2	010515001002	现浇构件钢筋	⌀6	t	0.003
3	010515001003	现浇构件钢筋	⌀6	t	0.001
4	010515001004	现浇构件钢筋	⌀6	t	0.005
5	010515001005	现浇构件钢筋	⌀6	t	0.004

4.6　混凝土及钢筋混凝土工程清单工程量和定额工程量计算规则的区别

(1)清单中没有模板项目,此项目列入措施项目中,而定额有对应的项目。

(2)现浇混凝土阳台、雨篷(悬挑板)清单按体积计算,定额按水平投影面积计算。

(3)预制混凝土柱清单工程量计算规则以 m^3/根有两种而定额只有以 m^3 计算。

(4)预制混凝土梁清单工程量计算规则以 m^3/根(数量)两种,而定额只有以 m^3 计算。

(5)钢筋的计算规则不同,清单按设计图示钢筋(网)长度(面积)×单位理论质量,而定额在搭接时还要计入搭接长度。

第 5 章　屋面及防水工程

5.1　总说明

本章所讲述的内容主要是屋面及防水工程。其中包含的小分项工程有瓦屋面、带天窗的屋面、带小气窗的屋面、屋面排水天沟、屋面排水管、屋面防水等内容。每一小节的结构均是按照规则—案例—算量进行讲解的，规则指定额计算规则和清单计算规则，案例指列举的贴近定额和清单计算规则的实际案例，根据定额计算规则和清单计算规则有两种算量求法。

为了进一步说明个别实例中的疑点、难点，在实例的后面还加有小注，更详细地解释说明了该题的疑难点。结构层次一目了然，内容解析详略得当。

本章的最后一节是清单和定额计算规则的区别，该节主要是汇总本章的计算规则的重点、难点。将这些计算规则放在一块，一方面看起来比较方便，另一方面查阅计算规则的区别与联系时，对照起来比较容易。

5.2　瓦屋面

工程量计算规则：定额和清单均按设计图示尺寸以斜面积计算，且房上烟囱、风帽底座、风道、屋面小气窗、斜沟、小气窗的出檐部分均不增加面积。

【例 1】 如图 5-1 所示，求两面坡水（坡度 1/2 的黏土瓦屋面）屋面的工程量并套用定额及清单。

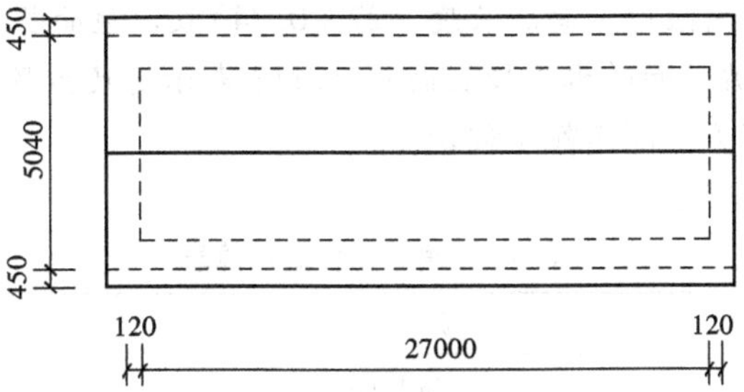

图 5-1　二坡水屋面示意图

【解】 (1)定额工程量

查表 5-1，$C=1.118$。

表 5-1　屋面坡度系数表

坡度 B/A	坡度 $B/2A$	坡度 角度 a	延尺系数 C ($A=1$)	隅延尺系数 D ($A=1$)
1	1/2	45°	1.4142	1.7321
0.75		36°52′	1.2500	1.6008
0.70		35°	1.2207	1.5779

（续）

坡度 B/A	坡度 B/2A	坡度 角度 a	延尺系数 C （A=1）	隅延尺系数 D （A=1）
0.666	1/3	33°40′	1.2015	1.5620
0.65		33°01′	1.1926	1.5564
0.60		30°58′	1.1662	1.5362
0.577		30°	1.1547	1.5270
0.55		28°19′	1.1413	1.5170
0.50	1/4	26°34′	1.1180	1.5000
0.45		24°14′	1.0966	1.4839
0.40	1/5	21°48′	1.0770	1.4697
0.35		19°17′	1.0594	1.4569
0.30		16°42′	1.0440	1.4457
0.25		14°02′	1.0308	1.4362
0.20	1/10	11°19′	1.0198	1.4283
0.15		8°32′	1.0112	1.4221
0.125		7°8′	1.0078	1.4191
0.100	1/20	5°12′	1.0050	1.4177
0.083		4°45′	1.0035	1.4166
0.066	1/30	3°49′	1.0022	1.4157

两面坡水屋面工程量 $=(5.04+0.9)\times(27+0.24)\times1.118\text{m}^2=180.90\text{m}^2$

套用基础定额 9－2。

【注释】 *由坡度 1/2 可查表得出延尺系数是 1.118，所以直接用坡屋面的水平投影面积乘以延尺系数即可。5.04 表示建筑物短边方向的长度，0.9＝0.45×2 表示两端挑出屋檐的长度。(5.04＋0.9)表示屋面短边方向的长度，(27＋0.24)表示屋面长边方向的长度。(5.04＋0.9)×(27＋0.24)表示坡屋面的水平投影面积，1.118 表示延尺系数。*

(2)清单工程量计算方法同定额工程量。

清单工程量计算见表 5-2。

表 5-2　清单工程量计算表

项目编码	项目名称	项目特征描述	计量单位	工程量
010901001001	瓦屋面	黏土瓦屋面	m^2	180.90

注：屋面坡度延尺系数由查表可得 $C=1.118$。

工程量计算规则：四坡水屋面斜面积均按屋面水平投影面积乘以规定的屋面坡度系数。

【例 2】 某四坡水小青瓦屋面水平图如图 5-2 所示，设计屋面坡度＝0.5（即 $\theta=26°34'$，坡度比例＝1/4），试应用屋面坡度系数计算以下数值：

(1)屋面斜面积；

(2)四坡水屋面斜脊长度；

(3)全部屋脊长度；

(4)两坡水沿山墙泛水长度。

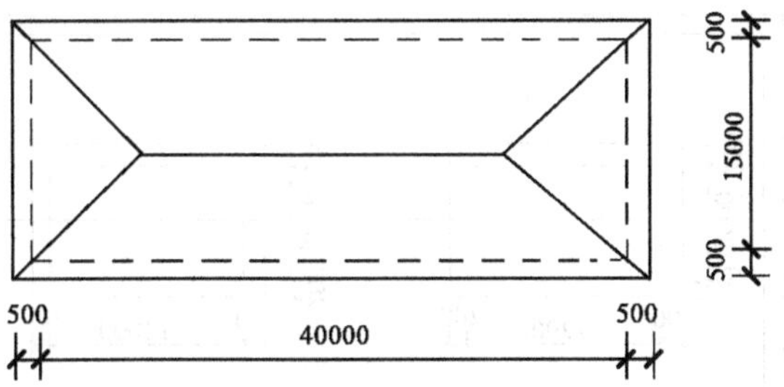

图 5-2　四坡水屋面平面图

【解】 (1)定额工程量

查表 5－1，$C=1.118$。

屋面斜面积 $=(40.0+0.5\times2)\times(15.0+0.5\times2)\times1.118\text{m}^2$

$=41\times16\times1.118\text{m}^2$

$=733.41\text{m}^2$

【注释】 坡屋面的水平投影面积乘以延尺系数就得出屋面的斜面积。40.0 表示建筑物长边方向的长度，0.5×2 表示屋顶两端挑出部分的长度。(40.0+0.5×2)表示屋面长边方向的长度，(15.0+0.5×2)表示屋面短边方向的长度。1.118 表示查表得出的延尺系数。

查表 5－1，$D=1.5$，四坡水屋面斜脊长度 $=AD=8\times1.5\text{m}=12\text{m}$

全部屋脊长度 $=[12\times2\times2+(41-8\times2)]\text{m}=(48+25)\text{m}=73\text{m}$

【注释】 12 计算的是一个斜脊的长度，乘以 4 表示四个斜脊的长度，再加上中间的斜脊长度即是整个屋面的斜脊长度。

两坡水沿山墙泛水长度 $=2AC=2\times8\times1.118\text{m}=17.89\text{m}$(一端)

(2)清单工程量计算方法同定额工程量。

清单工程量计算见表 5-3。

表 5-3　清单工程量计算表

项目编码	项目名称	项目特征描述	计量单位	工程量
010901001001	瓦屋面	小青瓦	m^2	733.41

注：①四坡水屋面斜脊长度 = 半山墙长度 × 隅延尺系数 D，隅延尺系数查表得 $D=1.5$。

②两坡水沿山墙泛水长度 = 2 × 半山墙长度 × 延尺系数 C，延尺系数查表得 $C=1.118$。

5.3　带天窗的屋面

工程量计算规则：定额和清单中计算带天窗的屋面工程量时应将天窗的弯起部分按图示尺寸并入屋面工程量，如图纸无规定时，天窗弯起部分可按 500mm 计算。

【例 3】 如图 5-3 所示，设计天窗屋面坡度为 0.5，求带天窗的黏土瓦屋面工程量并套用定额及清单。

【解】 (1)定额工程量

工程量 $=[(45+0.4)\times(20+0.4)+(12+0.2\times2)\times0.2\times2\times2+8\times0.2\times2\times2]\times1.118\text{m}^2$

$=1053.69\text{m}^2$

【注释】 (45+0.4)表示屋面长边方向的长度，(20+0.4)表示屋面短边方向的长度。(45+0.4)×(20+0.4)表示坡屋面的水平投影面积。对应图示来看：(12+0.2×2)表示天窗

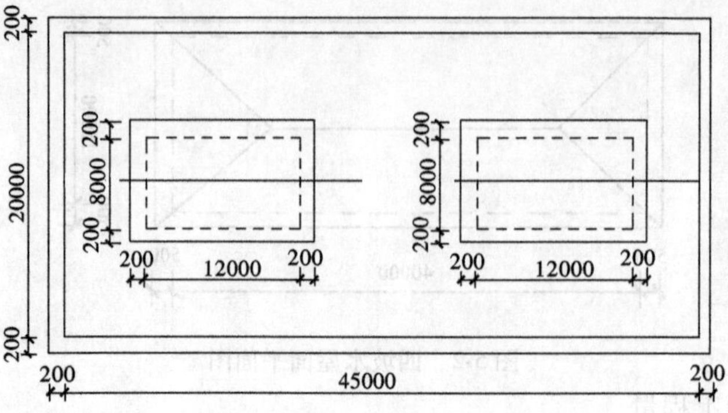

图 5-3　带天窗瓦屋面示意图

长边方向所需计算部分的长度,0.2 表示天窗所需计算部分的宽度,2 表示天窗长边方向两侧所需计算的投影面积。2 表示左、右两个天窗长边方向的总投影面积。8 ×0.2 表示天窗短边方向所需计算部分的投影面积,2 表示短边方向两侧的投影面积,2 表示左、右两个天窗短边方向的总投影面积。即图中所示的虚线以外实线以内的四周边框投影面积。1.118 表示查表得出的延尺系数。

套用基础定额 9 -2。

(2)清单工程量计算方法同定额工程量。

清单工程量计算见表 5-4。

表 5-4　清单工程量计算表

项目编码	项目名称	项目特征描述	计量单位	工程量
010901001001	瓦屋面	黏土瓦屋面	m^2	1053.69

【例 4】　如图 5-4 所示,设计屋面坡度为 0.5,计算带有天窗的小青瓦屋面工程量并套用定额与清单。

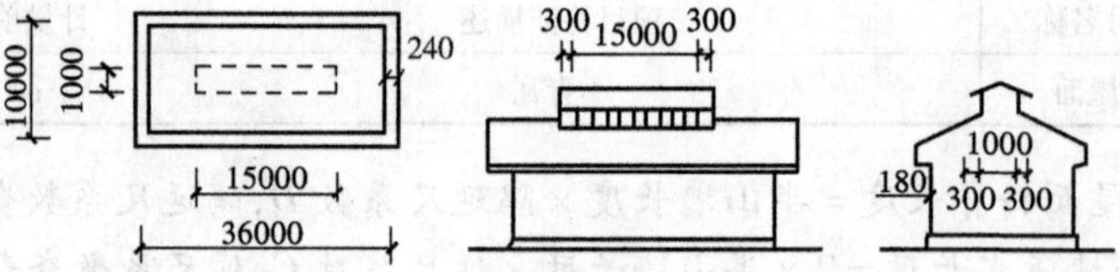

图　5-4

【解】　(1)定额工程量

天窗出檐部分与屋面重叠部分的面积应计入相应屋面工程量,工程量计算如下:

工程量 $=\{(36+0.24+0.18\times2)\times(10+0.24+0.18\times2)+[(15+0.3\times2)\times0.3\times2+1\times0.3\times2]\}\times1.118\text{m}^2$

$=(387.96+9.96)\times1.118\text{m}^2$

$=444.87\text{m}^2$

套用基础定额 9 -3。

【注释】　0.18 表示屋檐伸出墙体部分的长度。0.24 =0.12 ×2 表示轴线两端所增加的轴线到外墙外边线的长度。(36 +0.24 +0.18 ×2)表示屋面长边方向的长度。(10 +0.24 +

0.18×2)表示屋面短边方向的长度。两部分相乘就得出屋面的水平投影面积。(15+0.3×2)表示天窗长边方向所需计算部分的长度,0.3 表示所需计算部分的宽度,2 表示天窗两侧长边方向的投影面积。1×0.3 表示天窗短边方向所需计算部分的投影面积。2 表示天窗两侧短边方向的投影面积。[(15+0.3×2)×0.3×2+1×0.3×2]表示天窗的弯起部分总的投影面积。1.118 表示查表得出的延尺系数。

(2)清单工程量计算方法同定额工程量。

清单工程量计算见表 5-5。

表 5-5　清单工程量计算表

项目编码	项目名称	项目特征描述	计量单位	工程量
010901001001	瓦屋面	小青瓦	m^2	444.87

5.4　带小气窗的屋面

工程量计算规则:定额和清单中计算带有小气窗的屋面工程量应按图示尺寸的投影面积乘以屋面坡度延尺系数,小气窗出檐与屋面重叠部分的面积亦不增加。

【例 5】　如图 5-5 所示,计算带有屋面小气窗的四坡水瓦屋工程量(设计屋面坡度为 0.5)并套用定额及清单。

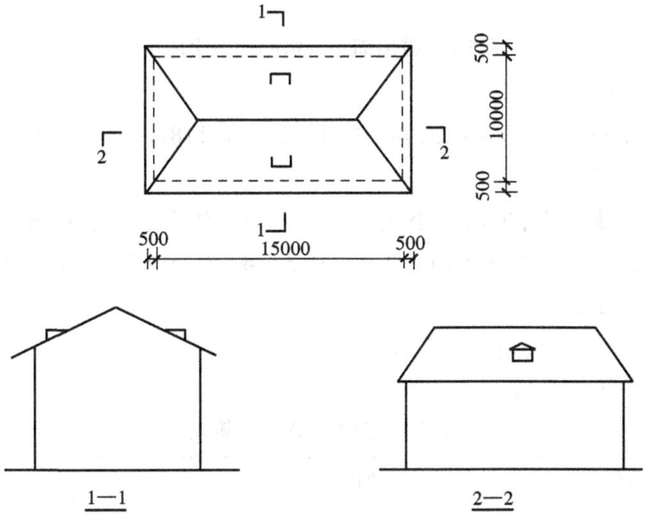

图　5-5

【解】　(1)定额工程量

工程量 = (15+0.5×2)×(10+0.5×2)×1.118m^2 = 176×1.118m^2 = 196.77m^2

套用基础定额 9-1。

【注释】　不增加小气窗的工程量,只按坡屋面的水平投影面积乘以延尺系数来计算。0.5表示屋檐伸出墙体部分的长度。(15+0.5×2)表示屋面长边方向的长度,(10+0.5×2)表示屋面短边方向的长度,1.118 表示查表得出的延尺系数。

(2)清单工程量计算方法同定额工程量。

清单工程量计算见表 5-6。

表 5-6 清单工程量计算表

项目编码	项目名称	项目特征描述	计量单位	工程量
010901001001	瓦屋面	水泥瓦屋面	m^2	196.77

【例 6】 有一带屋面小气窗的四坡水平瓦屋面,尺寸及坡度如图 5-6 所示。试计算屋面工程量并套用定额及清单,计算屋脊长度和工料用量。

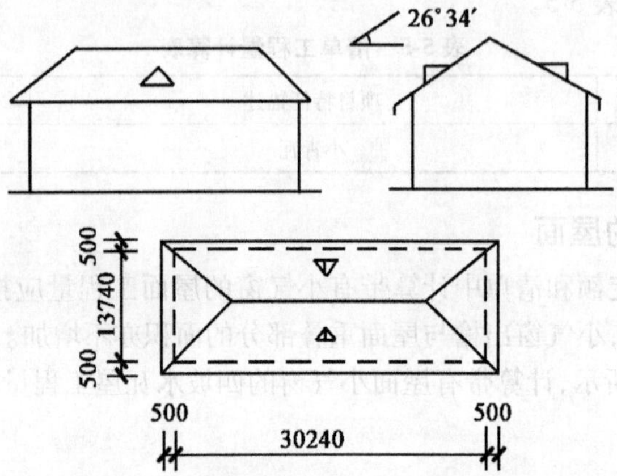

图 5-6 带屋面小气窗的四坡水屋面

【解】 (1)定额工程量

工程量 = $(30.24+0.5\times2)\times(13.74+0.5\times2)\times1.118m^2 = 514.81m^2$

套用基础定额 9-2。

【注释】 计算方法同上,不增加小气窗的工程量。0.5 表示屋檐伸出墙体部分的长度。$(30.24+0.5\times2)$表示屋面长边方向的长度,$(13.74+0.5\times2)$表示屋面短边方向的长度,1.118 表示查表得出的延尺系数。

(2)清单工程量计算方法同定额工程量。

清单工程量计算见表 5-7。

表 5-7 清单工程量计算表

项目编码	项目名称	项目特征描述	计量单位	工程量
010901001001	瓦屋面	黏土瓦屋面	m^2	514.81

(3)屋脊长度:

①正屋脊长度:

若 $S=A$,则 $L_{j1} = (30.24-13.74)m = 16.5m$

【注释】 30.24 为水平瓦屋面的长度,13.74 为水平瓦屋面的宽度,因 $S=A$,所以(30.24 - 13.74)表示正屋脊的长度。

②斜脊长度:

查得坡度隅延尺系数 $D=1.50$,斜脊 4 条,则

$$L_{j2} = \frac{13.74+0.5\times2}{2}\times1.50\times4m = 44.22m$$

【注释】 $(13.74+0.5\times2)/2\times1.50$ 表示一条斜屋脊的长度，乘以 4 表示四条斜屋脊的长度。

③屋脊总长：

$L_j = L_{j1} + L_{j2} = (16.5 + 44.22)\text{m} = 60.72\text{m}$

【注释】 正屋脊的长度加上四条斜屋脊的长度就是屋脊的总长度。16.5 表示正屋脊的长度，44.22 表示斜屋脊的长度。

(4)工料用量：

因屋面坡度较大，考虑檐瓦穿铁丝钉，按定额规定增加工料，檐长：$(30.24+13.74)\times2\text{m}=87.96\text{m}$，根据定额 9－2，该四坡水屋面的工料汇总在表 5-8 内。

表 5-8 四坡水屋面工料汇总

名称	人工	黏土瓦 380×240	黏土脊瓦	水泥砂浆	20#铁丝	铁钉
单位	工日	千块	块	m^3	kg	kg
基本定额	34.75	8.6	146.51	0.57		
定额调增	1.90				0.62	0.43
合计	36.65	8.6	147	0.57	0.62	0.43

5.5 屋面排水天沟

工程量计算规则：定额和清单中铁皮排水工程量均按图示尺寸以展开面积计算。

【例 7】 假设某仓库屋面为铁皮排水天沟（如图 5-7 所示）12m 长，求该排水天沟所需铁皮工程量并套用定额及清单。

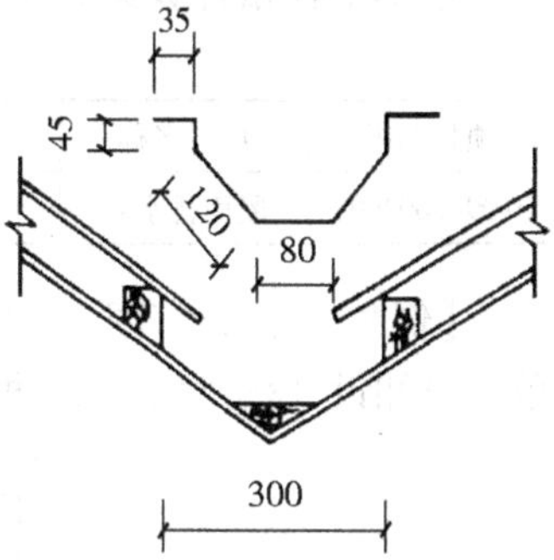

图 5-7 某排水沟剖面

【解】 (1)定额工程量

$$\text{工程量} = 12\times(0.035\times2+0.045\times2+0.12\times2+0.08)\text{m}^2 = 5.76\text{m}^2$$

套用基础定额 9－58。

【注释】 12 表示天沟长度，对应图示易看出：$(0.035\times2+0.045\times2+0.12\times2+0.08)$ 表示天沟的断面总宽度。以展开面积来计算。

(2)清单工程量计算方法同定额工程量

清单工程量计算见表 5-9。

表 5-9 清单工程量计算表

项目编码	项目名称	项目特征描述	计量单位	工程量
010902007001	屋面天沟、檐沟	铁皮排水天沟	m^2	5.76

5.6 屋面排水管

工程量计算规则：①定额中屋面排水管区别不同直径按图示尺寸以延长米计算，雨水口、水斗、弯头、短管以个计算，咬口和搭接等已计入定额项目中，不另计算。

②清单中屋面排水管按设计图示尺寸以长度计算，如设计未标注尺寸，以檐口至设计室外散水上表面垂直距离计算。

【例8】 计算如图5-8所示白铁皮落水管(共10根)的工程量并套用定额及清单。

【解】 (1)定额工程量

铸铁落水管工程量 = (16.9 + 0.3 − 0.15) × 10m

= 170.50m

套定额9 − 57。

【注释】 (16.9 + 0.3 − 0.15)表示一根落水管的长度(16.9表示铁皮水落管上口的标高,0.3表示室外地坪的高,0.15表示应扣除室外地坪以上结构层的厚度)。10表示有十根落水管。

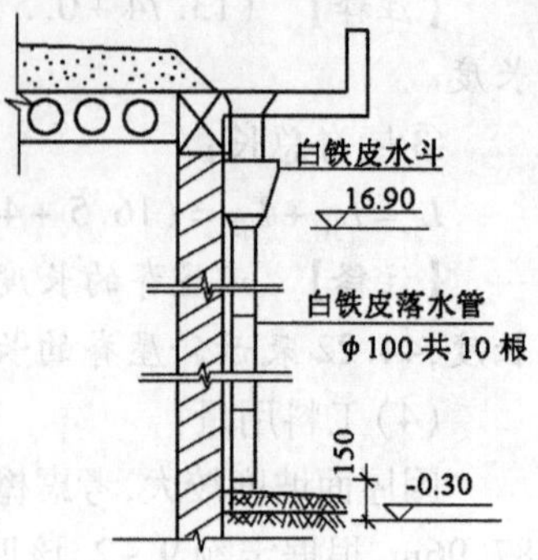

图5-8 白铁皮落水斗

铸铁落水斗工程量为10个。

套定额9 − 63。

铸铁落水口工程量为10个。

套定额9 − 63。

(2)清单工程量

铁皮落水管工程量 = (16.9 + 0.3 − 0.15) × 10 = 170.50m

【注释】 清单工程量是按设计图示尺寸以长度计算的,所以只计算出落水管的总长度即可。16.9表示铁皮落水管上口的标高,0.3表示室外地坪的高。0.15表示应扣除室外地坪以上结构层的厚度。(16.9 + 0.3 − 0.15)表示落水管的计算高度。10表示有十根落水管。

清单工程量计算见表5-10。

表5-10 清单工程量计算表

项目编码	项目名称	项目特征描述	计量单位	工程量
010902004001	屋面排水管	白铁皮水落水管	m	170.50

【例9】 试计算图5-9所示建筑物铁皮落水管、雨水口及水斗的工程量并套用定额和清单。已知设计落水管共18根,排水系统简图如图5-9所示。

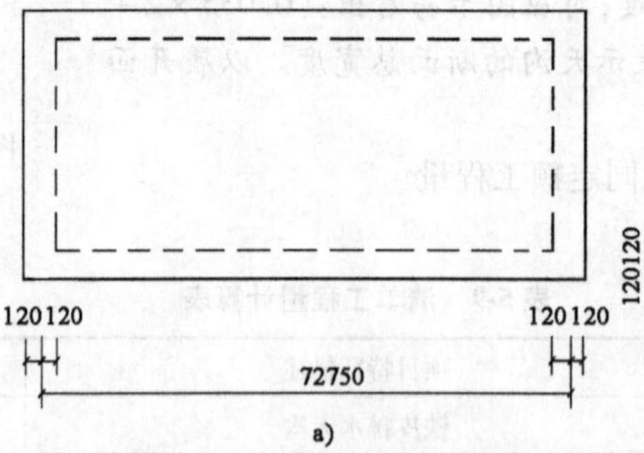

图5-9 屋面排水系统简图

a)平面

【解】(1)定额工程量

铁皮落水管工程量:

(19.6 + 0.3) × 18m = 358.20m

套用基础定额9 − 57。

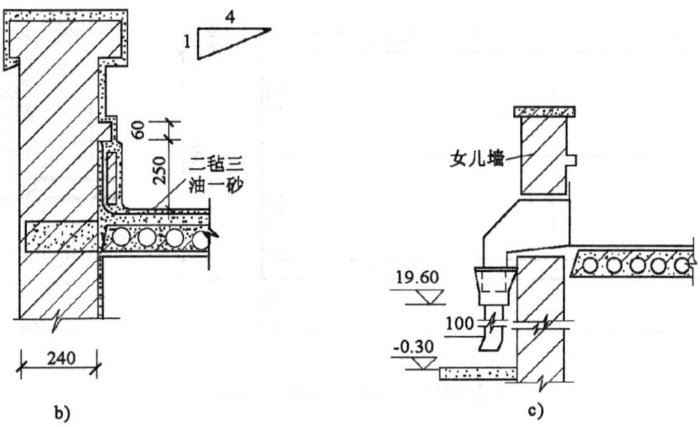

图 5-9　屋面排水系统简图(续)

b)女儿墙　c)屋面排水装置

【注释】 (19.6 +0.3)表示一根落水管的高度(19.6 表示落水管上口的标高,0.3 表示室外地坪高)。18 表示有十八根落水管。

雨水口工程量:18 个

套用基础定额 9 -61。

水斗工程量:18 个

套用基础定额 9 -63。

(2)清单工程量

铁皮落水管工程量 = (19.6 +0.3) ×18 =358.20m

【注释】 (19.6 +0.3)表示落水管的计算高度,18 表示有十八根水落管。

清单工程量计算见表 5-11。

表 5-11　清单工程量计算表

项目编码	项目名称	项目特征描述	计量单位	工程量
010902004001	屋面排水管	铁皮落水管	m	358.20

注:雨水斗、雨水箅子安装已包括在清单工程内容中,但没有单独列项。

5.7　屋面防水

工程量计算规则:定额清单中屋面防水均按设计图示尺寸以面积计算,不扣除房上烟囱、风帽底座、风道、屋面小气窗和斜沟所占面积,屋面的女儿墙、伸缩缝和天窗等处的弯起部分,并入屋面工程量。

【例 10】 如图 5-10 所示为保温平屋面,计算该工程屋面保温防水的工程量并套用定额及清单。

【解】 (1)定额工程量

工程量 = $24.24 \times 9.24\text{m}^2 = 223.98\text{m}^2$

套用基础定额 10 -200

【注释】 工程量计算规则中规定,平屋面按水平投影面积来计算。24.24 表示建筑物长边方向的长度,9.24 表示建筑物短边方向的长度。

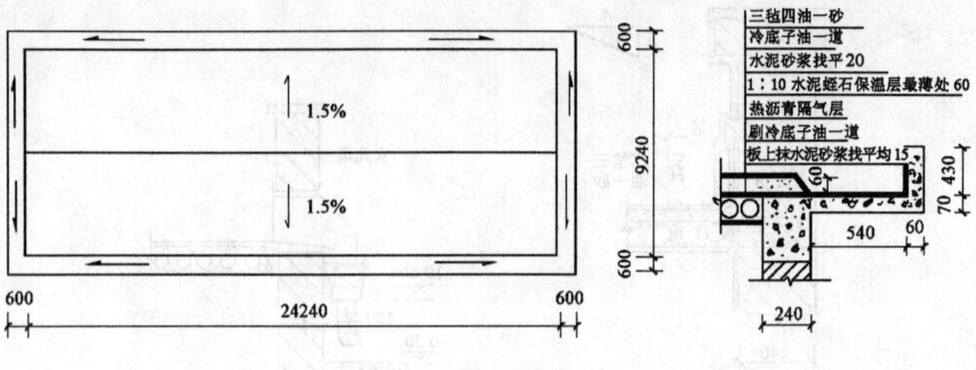

图5-10 保温平屋面的剖面

(2)清单工程量计算方法同定额工程量。

清单工程量计算见表5-12。

表5-12 清单工程量计算表

项目编码	项目名称	项目特征描述	计量单位	工程量
010902001001	屋面卷材防水	三毡四油一砂,冷底子油道水泥砂浆找平	m^2	223.98

【例11】 有一两坡水二毡三油卷材屋面,尺寸如图5-11所示。屋面防水层构造层次为:预制钢筋混凝土空心板,1∶2水泥砂浆找平层,冷底子油一道,二毡三油一砂防水层。试计算:

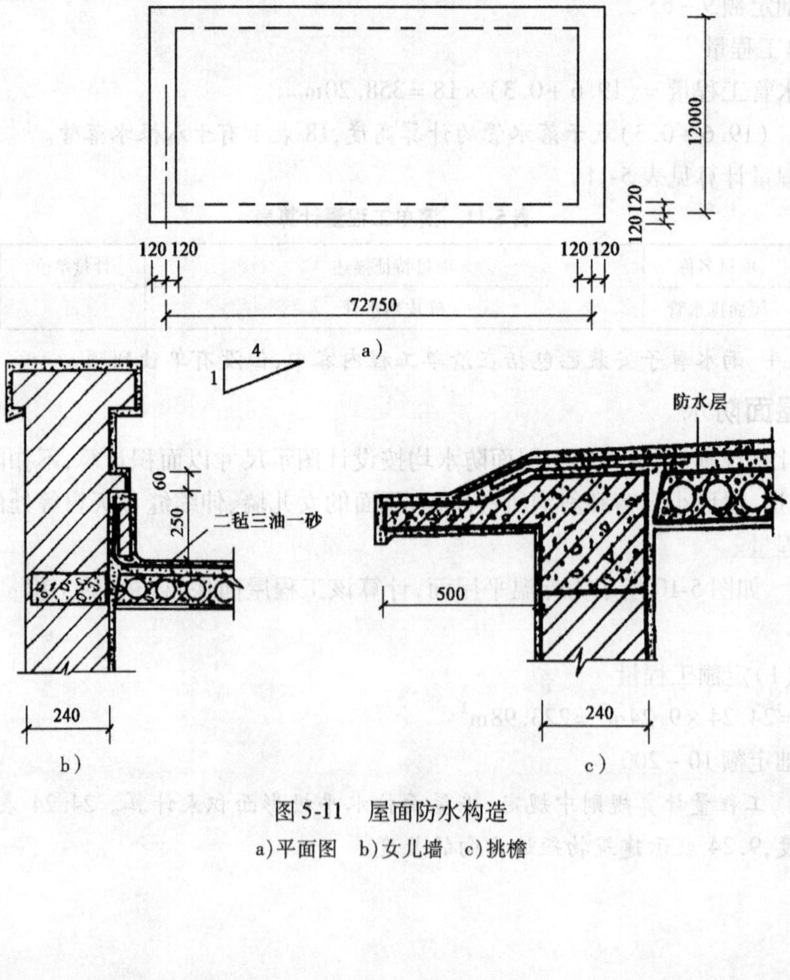

图5-11 屋面防水构造

a)平面图 b)女儿墙 c)挑檐

(1)当有女儿墙，屋面坡度为1∶4时的工程量并套用定额及清单。

(2)当有女儿墙，坡度为3%时的工程量并套用定额及清单。

(3)当无女儿墙有挑檐，坡度为3%时的工程量并套用定额及清单。

【解】 (1)定额工程量

①屋面坡度为1∶4时，相应的角度为14°02′，查得$C=1.0308$。

$$F_{ju}=[(72.75-0.24)\times(12-0.24)\times1.0308+0.25\times(72.75-0.24+12.0-0.24)\times2]\text{m}^2$$
$$=(878.98+42.14)\text{m}^2=921.12\text{m}^2$$

式中 F_{ju}——屋面防水层工程量。

套用基础定额9－15。

【注释】 1.0308表示坡屋面的延尺系数，(72.75－0.24)表示屋面平铺防水层长边方向的长度，(12－0.24)表示屋面平铺防水层短边方向的长度。(72.75－0.24)×(12－0.24)×1.0308表示屋顶平铺防水层部分的水平投影面积，0.25表示女儿墙上翻高度，(72.75－0.24＋12.0－0.24)×2表示上翻部分的总长度，两部分面积加起来就是坡屋面的防水层工程量。

②有女儿墙，3%的坡度，因坡度很小，按平屋面计算。

$$F_{ju}=[(72.75-0.24)\times(12-0.24)+(72.75+12-0.48)\times2\times0.25]\text{m}^2$$
$$=(852.72+42.14)\text{m}^2=894.86\text{m}^2$$

【注释】 按平屋面计算，只需计算出屋面的水平投影面积和上翻面积即可。(72.75－0.24)×(12－0.24)表示屋顶的水平投影面积[(72.75－0.24)表示屋面平铺防水层长边方向的长度，(12－0.24)表示屋面平铺防水层短边方向的长度]。0.25表示女儿墙上翻防水层的高度。(72.75＋12－0.48)×2表示上翻防水层的总长度。

或 $[(72.75+0.24)\times(12+0.24)-(72.75+12)\times2\times0.24+(72.75+12-0.48)\times2\times0.25]\text{m}^2=894.85\text{m}^2$

套用基础定额9－15

【注释】 [(72.75＋0.24)×(12＋0.24)]表示建筑物屋面的整体水平投影面积[包括女儿墙所占的水平投影面积，(72.75＋0.24)表示建筑物屋面长边方向的总长度，(12＋0.24)表示建筑物屋面短边方向的总长度]。(72.75＋12)×2×0.24表示应扣除的屋面女儿墙所占的水平投影面积[(72.75＋12)×2表示女儿墙的总长度，0.24表示女儿墙的宽度]。(72.75＋12－0.48)×2×0.25表示女儿墙上翻防水层的展开面积[(72.75＋12－0.48)表示上翻防水层的总长度，0.25表示上翻防水层的高度]。

③无女儿墙有挑檐平屋面(坡度3%)，按图5-11a、c，有：

F_{ju}＝外墙外围水平面积＋($L_{外}$＋4×檐宽)×檐宽

代入数据得：

$$F_{ju}=\{(72.75+0.24)\times(12+0.24)+[(72.75+12+0.48)\times2+4\times0.5]\times0.5\}\text{m}^2$$
$$=979.63\text{m}^2$$

套用基础定额9－15。

【注释】 无女儿墙有挑檐时，定额计算规则中有直接套用的公式，只需按照公式分别计算出相应的数据即可。(72.75＋0.24)×(12＋0.24)表示建筑物外墙外围水平面积。(72.75＋12＋0.48)×2表示建筑物外墙外边线的总长度[(72.75＋0.24)表示建筑物外墙长边方向外边线的长度，(12＋0.24)表示建筑物外墙短边方向外墙线的长度]。0.5表示檐宽。

④找平层面积：

1∶2 水泥砂浆找平层，按净空面积计算其工程量：

1）有女儿墙坡屋面时，找平层面积为：

$F=(72.75-0.24)\times(12-0.24)\times1.0308\text{m}^2=878.98\text{m}^2$

套用基础定额 8－18。

【注释】 定额中规定找平层是按照净面积来计算的，所以要减去墙体所占的面积。(72.75－0.24)×(12－0.24)表示除去女儿墙部分以后屋面的净面积。坡屋面计算时要乘以延尺系数 1.0308。

2）有女儿墙平屋面时，找平层面积：

$F=(72.75-0.24)\times(12-0.24)\text{m}^2=852.72\text{m}^2$

套用基础定额 8－18。

【注释】 平屋面只需计算出水平投影的净面积即可。(72.75－0.24)×(12－0.24)表示除去女儿墙部分以后屋面的净面积。

⑤无女儿墙有挑檐平屋面，包括檐沟的找平层面积为（如图 5-11c 所示）：

$$F=(72.75+0.24+0.5\times2+0.2\times2)\times(12+0.24+0.5\times2+0.2\times2)\text{m}^2$$
$$=1014.68\text{m}^2$$

套用基础定额 8－18。

【注释】 有檐沟时，计算找平层要加上檐沟的工程量，所以每边各加 0.5×2。(72.75＋0.24＋0.5×2＋0.2×2)表示无女儿墙时屋面长边方向的长度（包括挑檐的长度），(12＋0.24＋0.5×2＋0.2×2)表示无女儿墙时屋面短边方向的长度。

（2）清单工程量计算方法同定额工程量。

清单工程量计算见表 5-13。

表 5-13 清单工程量计算表

序号	项目编码	项目名称	项目特征描述	计量单位	工程量
1	010902001001	屋面卷材防水	1∶2 水泥砂浆找平，冷底子油一道，二毡三油一砂防水层，坡度 1∶4	m^2	921.12
2	010902001002	屋面卷材防水	1∶2 水泥砂浆找平，冷底子油一道，二毡三油一砂防水层，坡度 3%	m^2	894.86
3	010902001003	屋面卷材防水	1∶2 水泥砂浆找平，冷底子油一道，二毡三油一砂防水层，坡度 3%	m^2	1014.68

5.8 屋面及防水工程清单工程量和定额工程量计算规则的区别

1. 相似点

（1）瓦屋面：

瓦屋面工程量计算规则，按设计图示尺寸以斜面积计算，不扣除房上烟囱、风帽底座、风道、小气窗、斜沟等所占面积，小气窗的过檐部分不增加面积。

（2）带天窗的屋面：

带天窗的屋面工程量计算规则，应将天窗的弯起部分按图示尺寸并入屋面工程量，如图纸无规定时，天窗弯起部分按 500mm 计算。

（3）带小气窗的屋面：

带小气窗的屋面工程量计算规则，按图示尺寸的投影面积乘以屋面坡度延尺系数，小气窗出檐与屋面重叠部分的面积，亦不增加。

（4）屋面排水天沟：

屋面排水天沟工程量计算规则，按图示尺寸以展开面积计算。

（5）屋面防水：

屋面防水工程量计算规则，按设计图示尺寸以面积计算，不扣除房上烟囱，风帽底座、风道、屋面小气窗和斜沟所占面积。屋面的女儿墙、伸缩缝和天窗等处的弯起部分，并入屋面工程量。

2. 易错点

（1）瓦屋面

①清单里诸如铺防水层安顺水条和挂瓦条，刷防护材料等工作内容已包括在瓦屋面的工程量计算内，无须另外单独列项计算。

②屋面坡度系数不是凭空想象出来，需根据具体的坡度，查屋面坡度系数表得到相应的数值。

（2）带天窗的屋面：

定额计算规则里提到，带天窗的屋面工程量计算，屋面的女儿墙、伸缩缝和天窗等处的弯起部分，并入屋面工程量内。如图纸无规定时，伸缩缝、女儿墙的弯起部分可按 250mm 计算，天窗弯起部分按 500mm 计算。清单计算规则里无明确说明，在实际的问题解决中可以根据具体情况的不同合理取定。

（3）带小气窗的屋面：

在这里要强调的是，不论是瓦屋面、金属压型板，还是卷材屋面，均不扣除房上烟囱、风帽底座、风道、屋面小气窗和斜沟所占面积。

（4）屋面排水天沟：

清单和定额工程量计算规则均是按图示尺寸以面积计算。但应注意的是，铁皮和卷材天沟按展开面积计算。

（5）屋面排水管：

①清单中屋面排水管的工程量计算规则，按设计图示尺寸以长度计算。如设计未标注尺寸，以檐口至设计室外散水上表面垂直距离计算。

②定额中屋面排水管的工程量计算规则，按图示尺寸以展开面积计算，如图纸没有说明尺寸时，按《全国统一建筑工程预算工程量计算规则》里表 3.9.4 计算。咬口和搭接等已计入定额项目中，不另计算。

③清单里雨水斗、雨水箅子安装，排水管及配件安装、固定，已包括在屋面排水管的工程量内容里，无须另外单独列项计算。

（6）防水工程：

①建筑物地面防水、防潮层，按主墙间净空面积计算，扣除凸出地面的构筑物、设备基础等所占的面积，不扣除柱、垛、间壁墙、烟囱及 $0.3m^2$ 以内孔洞所占面积，与防水墙面连接处高度在 500mm 以内者按展开面积计算，并入平面工程内，超过 500mm 时，按立面防水层计算。

②构筑物及建筑物地下室防水层，按实铺面积计算，但不扣除 $0.3m^2$ 以内的孔洞面积。平面与立面交接处的防水层，其上卷高度超过 500mm 时，按立面防水层计算。

③防水卷材的附加层、接缝、收头、冷底子油等人工材料均已计入定额内，不另计算。

第6章 防腐、保温、隔热工程

6.1 总说明

本章的主要内容是防腐、保温、隔热工程工程量的计算，在阐述其清单工程量与定额工程量计算规则异同的基础上，加以案例详细说明其具体算法及不同，进行详细的讲解，使读者一目了然，更方便学习。

本章包括平面防腐、踢脚板防腐、屋面保温、隔热、天棚保温隔热、墙体保温隔热、地面保温隔热、柱面隔热的工程量的计算规则和计算方法，对其中的难点、易错点、易混点，以"注"的形式加以解释说明，使之一目了然，方便读者理解、记忆、学习。工程量计算规则：定额和清单中，平面防腐工程量均应区别不同防腐材料种类及其晒太阳度，按照设计图示尺寸，以实铺面积计算，并扣除凸出地面的构筑物、设备基础等所占的面积。为了进一步说明个别实例中的疑点、难点，在实例的后面还加有小注，更详细地解释说明了该题的疑难点。结构层次一目了然，内容解析详略得当。

本章的最后一节是清单和定额计算规则的相似点和易错点归纳，该节主要是汇总本章的计算规则的重点、难点。将这些计算规则放在一块，一方面看起来比较方便，另一方面查阅计算规则的区别与联系时，对照起来比较容易。

6.2 平面防腐

工程量计算规则：定额和清单中，平面防腐工程量均应区别不同防腐材料种类及其晒太阳度，按照设计图示尺寸，以实铺面积计算，并扣除凸出地面的构筑物、设备基础等所占的面积。

【例1】 如图6-1所示，地面为水玻璃耐酸混凝土面层，计算其工程量。

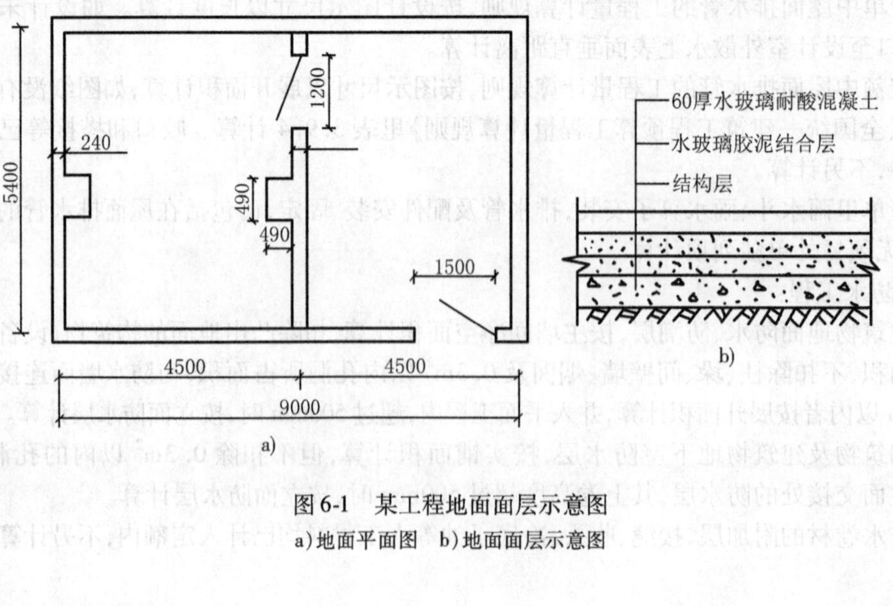

图6-1 某工程地面面层示意图

a）地面平面图 b）地面面层示意图

【解】 (1)定额工程量

水玻璃耐酸混凝土地面面层的工程量为：

$[(4.5-0.24)\times(5.4-0.24)\times2-0.49\times0.49\times2+1.5\times0.12+0.24\times1.2]\text{m}^2=(43.963-0.48+0.468)\text{m}^2=43.95\text{m}^2$

【注释】 0.24=0.12×2 表示扣除轴线两端墙体所占的长度。(4.5－0.24)表示房间短边方向的长度，(5.4－0.24)表示房间长边方向的长度。(4.5－0.24)×(5.4－0.24)表示一个房间墙线间的净面积，乘以2表示两个房间的净面积。0.49×0.49×2表示凸出部分地面的构筑物所占的面积，这部分面积应该扣除，1.5×0.12表示外墙门洞口应该增加的面积(外墙计算一半的门洞口水平投影面积)，0.24×1.2表示内墙门洞口的投影面积(内墙计算全部的门洞口水平投影面积)。

套用基础定额10－1和基础定额10－2。

(2)清单工程量

水玻璃耐酸混凝土地面面层的工程量为：

$[(4.5-0.24)\times(5.4-0.24)\times2-0.49\times0.49\times2]\text{m}^2=(43.963-0.48)\text{m}^2=43.48\text{m}^2$

【注释】 清单工程量中扣除凸出地面的构筑物、设备基础等以及面积 $>0.3\text{m}^2$ 孔洞、柱、垛等所占面积，门洞、空圈、暖气包槽、壁龛的开口部分不增加面积。

清单工程量计算见表6-1。

表6-1 清单工程量计算表

项目编码	项目名称	项目特征描述	计量单位	工程量
011002001001	防腐混凝土面层	地面水玻璃耐酸混凝土面层	m^2	43.48

【例2】 某工程如图6-2所示，地面做30厚水玻璃砂浆面层，求该工程水玻璃砂浆面层的工程量。

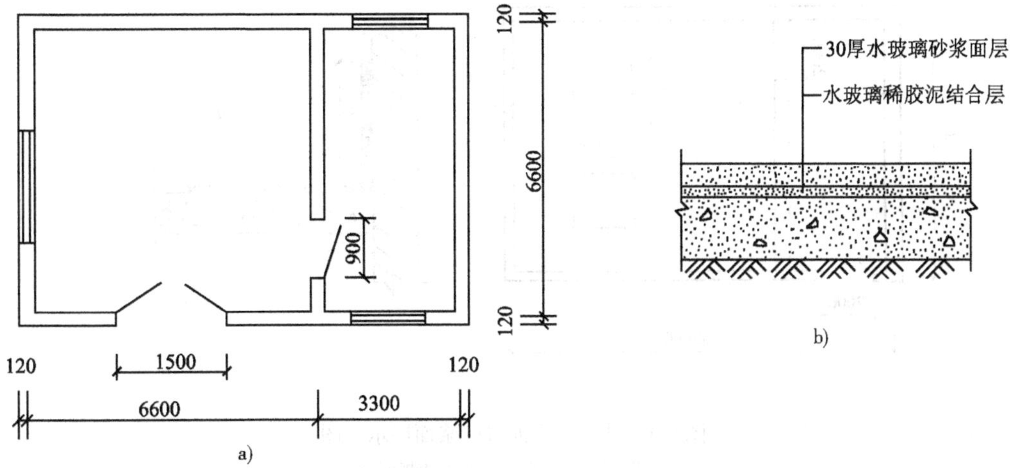

图6-2 某工程示意图

a)平面示意图 b)水玻璃砂浆面层示意图

【解】 (1)定额工程量

水玻璃砂浆面层的工程量为：

$[(6.6-0.24)\times(6.6-0.24)+(3.3-0.24)\times(6.6-0.24)+1.5\times0.12+0.9\times0.24]m^2$
$=(59.91+0.18+0.22)m^2=60.31m^2$

【注释】 0.24表示墙厚,计算水玻璃砂浆面层的工程量是按墙线间的净面积来计算的,所以计算净面积时每边长要减去0.24,(6.6−0.24)表示左边大房间墙体内侧的净长度,(6.6−0.24)×(6.6−0.24)表示左边大房间内墙体间的净面积。(3.3−0.24)×(6.6−0.24)表示右边小房间内墙体间的净面积。1.5×0.12表示外墙门洞口应该增加的面积(外墙按一半的门洞口水平投影面积来计算),0.9×0.24表示内墙门洞口的投影面积(内墙按全部的门洞口水平投影面积来计算)。

(2)清单工程量

$(6.6-0.24)\times(6.6-0.24)+(3.3-0.24)\times(6.6-0.24)m^2=59.91m^2$

【注释】 清单工程量平面防腐扣除凸出地面的构筑物、设备基础等以及面积$>0.3m^2$孔洞、柱、垛等所占面积,门洞、空圈、暖气包槽、壁龛的开口部分不增加面积。

清单工程量计算见表6-2。

表6-2 清单工程量计算表

项目编码	项目名称	项目特征描述	计量单位	工程量
011002002001	防腐砂浆面层	地面、厚30mm水玻璃砂浆面层	m^2	59.91

注:定额计算中,内墙洞口地面计算全面积,外墙门洞口在无说明情况下,按1/2面积计算,并入平面防腐工程量中。

6.3 立面防腐

工程量计算规则:定额和清单中,立面防腐工程量计算均应区分不同防腐材料种类及其厚度,按设计图示尺寸,以实铺面积计算,并增加砖垛等凸出地面的展开面积。

【例3】 如图6-3所示,计算不发火沥青砂浆面层的工程量。

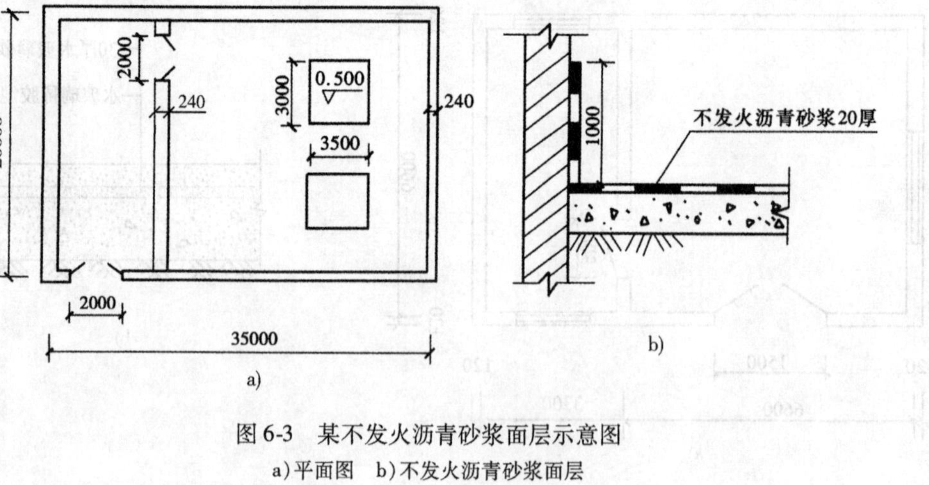

图6-3 某不发火沥青砂浆面层示意图

a)平面图 b)不发火沥青砂浆面层

【解】 不发火沥青砂浆地面面层和墙裙工程量计算方法如下:

地面面层工程量:$[(35-0.24\times2)\times(20-0.24)-3.5\times3\times2+2\times(0.24+0.12)]m^2=661.84m^2$

【注释】 0.24=0.12×2表示应该扣除轴线两端墙体所占的长度,(35−0.24×2)×(20−

0.24)表示房间的净面积,3.5×3×2 表示应该扣除突出地面的构筑物所占的面积,2×(0.24+0.12)表示内墙和外墙门洞口增加的面积,内墙计算全部的门洞口水平投影面积,外墙按 1/2 门洞口水平投影面积来计算。

墙裙工程量:$[(35-0.24\times2)\times2+(20-0.24)\times4-2\times3+0.24\times2+0.12\times2]\times1.0m^2$

$=(69.04+79.04-6+0.72)\times1.0m^2=142.80m^2$

【注释】 (35-0.24×2)×2 表示建筑物长边方向外墙内侧墙裙的长度(已扣除中间内墙所占的长度),(20-0.24)×4 表示建筑物短边方向外墙内侧和内墙两侧的墙裙总长度。2×3 表示应扣除门洞口所占的长度(内墙扣除两侧,外墙扣除内侧),(0.24×2+0.12×2)表示门洞口应增加的侧面长度(0.24×2 表示所增加的内墙门洞口的侧面长度,0.12×2 表示所增加的外墙门洞口的侧面长度,外墙计算一半的门洞口侧面长度)。1.0 表示墙裙的高度。

总工程量:$(661.84+142.8)m^2=804.64m^2$

【注释】 两部分工程量加起来即可。

清单工程量计算同定额工程量。

套用基础定额 10-23。

清单工程量计算见表 6-3。

表 6-3 清单工程量计算表

序号	项目编码	项目名称	项目特征描述	计量单位	工程量
1	011002002001	防腐砂浆面层	地面不发火沥青	m^2	661.84
2	011002002002	防腐砂浆面层	墙裙不发火沥青	m^2	142.80

6.4 踢脚板防腐

工程量计算规则:定额和清单中,踢脚板防腐工程均应区分防腐材料种类及其厚度,按实铺长度乘其高度以平方米计算,并扣除门洞所占面积,同时增加门洞侧壁展开面积。

【例 4】 某地板如图 6-4 所示,地板表面贴软聚氯乙烯板,试求贴软聚氯乙烯板面层的工程量(取踢脚线高 150mm)。

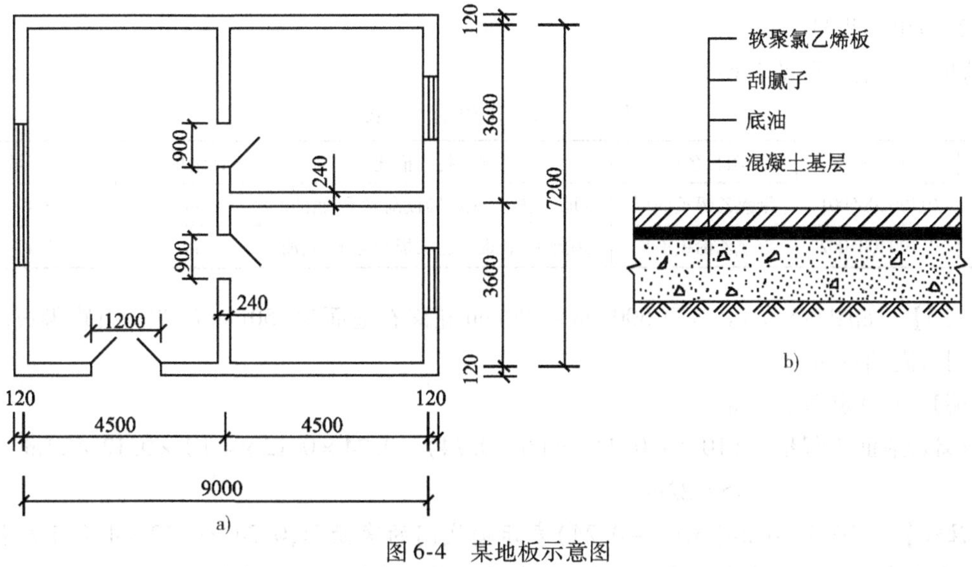

图 6-4 某地板示意图

a)平面图 b)地板做法图

【解】 (1)定额工程量

软聚氯乙烯板面层的工程量按图示尺寸以面积计算，并包括踢脚板面积，平面应扣除凸出地面的构筑物、设备基础等所占面积；砖垛等凸出部分按展开面积并入墙面积内，踢脚板部分应扣除门洞所占面积并相应增加门洞侧壁面积。故该软聚氯乙烯板面层的工程量如下：

地面软聚氯乙烯板面层的工程量为：

$[(4.5-0.24)\times(7.2-0.24)+(4.5-0.24)\times(3.6-0.24)\times2+0.9\times0.24\times2+1.2\times0.12]\text{m}^2=58.85\text{m}^2$

【注释】 0.24=0.12×2表示应扣除的轴线两端墙体所占的长度。(4.5-0.24)×(7.2-0.24)表示左边的房间净面积，(4.5-0.24)×(3.6-0.24)×2表示右边两个房间的净面积。

墙面踢脚板软聚氯乙烯板面层的工程量为：

$[(7.2-0.24)\times2+(4.5-0.24)\times6+(3.6-0.24)\times4-0.9\times2\times2-1.2+0.24\times2\times2+0.12\times2]\times0.15\text{m}^2=(13.92+25.56+13.44-3.6-1.2+0.96+0.24)\times0.15\text{m}^2=49.32\times0.15\text{m}^2=7.40\text{m}^2$

【注释】 0.24=0.12×2表示应扣除的轴线两端墙体所占的长度。(7.2-0.24)×2表示左边房间长边方向的踢脚板长度，(4.5-0.24)×6表示轴线长为4500的墙体内侧踢脚线的总长度，(3.6-0.24)×4表示右边两个小房间内轴线长为3600的墙体内侧踢脚板的长度。0.9×2×2表示内墙上应该扣除的门洞口长度（内墙门洞口两侧都应扣除踢脚板的长度，并且内墙上有两个门洞口），1.2表示外墙上应该扣除的门洞口长度（外墙门洞口只扣除里侧的长度），0.24×2×2表示内墙门洞口应增加的侧面长度（每个门洞口有两个侧面，有两个门洞口），0.12×2表示外墙门洞口应增加的侧面长度（外墙计算门洞口一半的宽度），0.15表示踢脚线高度。

故贴软聚氯乙烯板面层的工程量为：

$(58.85+7.40)\text{m}^2=66.25\text{m}^2$

套用基础定额10-44。

(2)清单工程量

清单工程量计算见表6-4。

表6-4 清单工程量计算表

序号	项目编码	项目名称	项目特征描述	计量单位	工程量
1	011002005001	聚氯乙烯板面层	地面、软聚氯乙烯板刮腻子、底油	m^2	58.85
2	011002005002	聚氯乙烯板面层	踢脚板、软聚氯乙烯板刮腻子、底油	m^2	7.40

【例5】 如图6-5所示，计算500mm×500mm花岗石地面和150mm高花岗石踢脚板的工程量（门口满铺花岗石）。

【解】 (1)定额工程量

花岗岩地面工程量：$[(10.5-0.24)\times(6-0.24)-0.24\times0.12\times4+1\times0.12\times2]\text{m}^2=59.22\text{m}^2$

【注释】 (10.5-0.24)×(6-0.24)表示墙线间的净面积，0.24×0.12×4表示应扣除的突出地面构筑物所占的面积，1×0.12×2表示门洞口应该增加的面积。

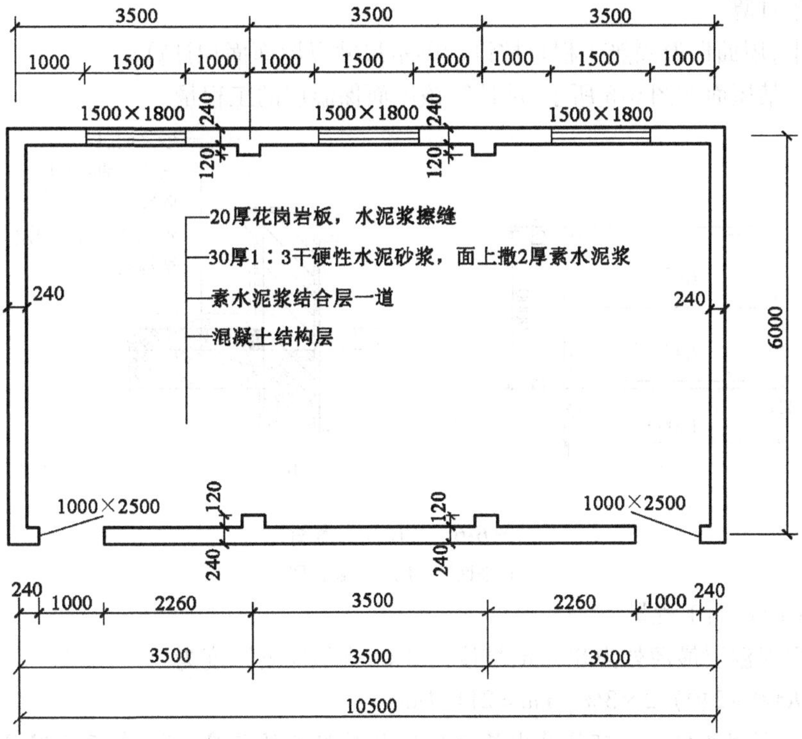

图6-5　花岗岩地面示意图

花岗石踢脚板工程量：$\{[(10.5-0.24)+(6-0.24)]\times2+0.12\times2\times4-1\times2+0.12\times2\times2\}\times0.15\text{m}^2=4.72\text{m}^2$

【注释】 (10.5－0.24)表示建筑物长边方向墙体内墙面的净长。(6－0.24)表示建筑物短边方向墙体内墙面的净长。[(10.5－0.24)＋(6－0.24)]×2表示墙体内墙线的总净长，0.12×2×4表示突出地面构筑物的侧边长，1×2表示应扣除的两个门洞口的长度，0.12×2×2表示应增加的门洞口的侧边长(0.12＝0.24/2表示按门洞口一半的宽度来计算)。0.15表示花岗石踢脚板的高度。

(2)清单工程量

清单工程量计算同定额工程量。

清单工程量计算见表6-5。

表6-5　清单工程量计算表

序号	项目编码	项目名称	项目特征描述	计量单位	工程量
1	011002006001	块料防腐面层	地面、花岗石500mm×500mm	m^2	59.22
2	011002006002	块料防腐面层	踢脚线、花岗石500mm×500mm	m^2	4.72

注：内墙门洞侧壁按墙厚乘以踢脚板高计算展开面积，外墙门洞侧壁在无说明的情况下，可按墙厚的1/2计算展开面积。

6.5　屋面保温隔热

工程量计算规则：①定额中，屋面保温隔热工程量按保温隔热层的设计实铺厚度乘以屋面面积以立方米计算。

②清单中，屋面保温隔热工程量按设示图示尺寸以屋面面积计算。

【例 6】 某屋面如图 6-6 所示，试计算该屋面保温层的工程量。

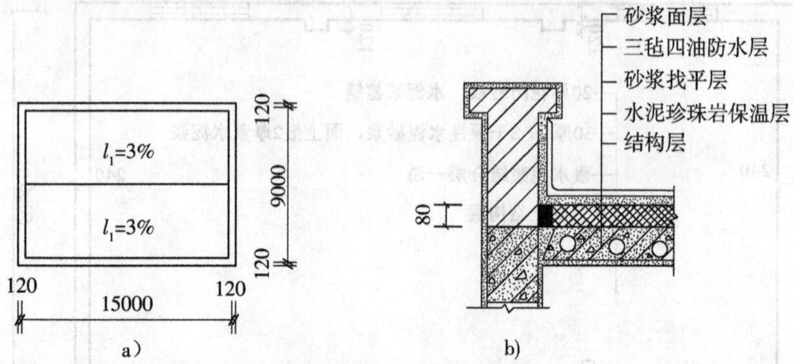

图 6-6 某屋面示意图

a)平面图 b)屋面做法图

【解】 (1)定额工程量

已知屋面保温层最薄处为 80mm，坡度为 3%，则最厚处厚度为：

$[80+(9000-240)/2\times3\%]\text{mm}=211.4\text{mm}$

【注释】 利用几何知识可计算出屋面保温层最厚处的厚度。80 表示保温层最薄处的厚度。(9000－240)表示屋面短边方向的净长。

屋面保温层平均厚度为：

$[(80+211.4)/2]\text{mm}=145.7\text{mm}$

屋面保温层面积为：

$(15.0-0.24)\times(9.0-0.24)\text{m}^2=129.30\text{m}^2$

【注释】 计算保温层的面积是按照屋面净面积来计算的。0.24＝0.12×2 表示扣除女儿墙压顶所占的部分。(15.0－0.24)表示屋面长边方向的净长度，(9.0－0.24)表示屋面短边方向的净长度。

故屋面保温层工程量为：

$129.30\times0.1457\text{m}^3=18.84\text{m}^3$

【注释】 保温层的厚度乘以屋面面积就得出保温层的工程量。

(2)清单工程量

$(15.0-0.24)\times(9.0-0.24)\text{m}^2=129.30\text{m}^2$

清单工程量计算见表 6-6。

表 6-6 清单工程量计算表

项目编码	项目名称	项目特征描述	计量单位	工程量
011001001001	保温隔热屋面	屋面	m^2	129.30

【例 7】 计算如图 6-7 所示的屋面保温层工程量。

【解】 (1)定额工程量

屋面保温层(如图 6-7 所示)工程量按图示尺寸面积乘以平均厚度,以体积立方米计算。其工程量计算如下:

已知保温层最薄处为 60mm,坡度为 3%,双向找坡。

屋面图示保温面积为:

$(4.5-0.12\times2)\times(3.6-0.12\times2)\text{m}^2$

$=14.31\text{m}^2$

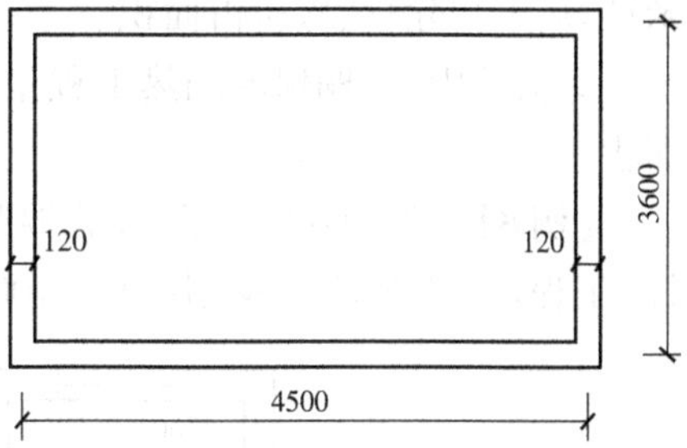

图 6-7 屋面示意图

【注释】 计算屋面净面积。0.12×2 表示应扣除屋面女儿墙压顶所占的长度。(4.5-0.12×2)表示屋面长边方向的净长,(3.6-0.12×2)表示屋面短边方向的净长。

保温层平均厚度为:

$$\left[0.06+\frac{(3.6-0.12\times2)}{2}\times3\%/2\right]\text{m}=0.085\text{m}$$

【注释】 0.06 表示屋面最薄处的保温层厚度。(3.6-0.12×2)/2 表示屋面短边方向净长线的一半。3% 表示屋面的泄水坡度。

保温层(水泥珍珠岩)工程量为:

$0.085\times14.31\text{m}^3=1.22\text{m}^3$

【注释】 保温层的平均厚度乘以屋面面积。0.085 表示保温层的平均厚度,14.31 表示屋面保温面积。

套用基础定额 10-201。

(2)清单工程量

$(4.5-0.12\times2)\times(3.6-0.12\times2)\text{m}^2=14.31\text{m}^2$

清单工程量计算见表 6-7。

表 6-7 清单工程量计算表

项目编码	项目名称	项目特征描述	计量单位	工程量
011001001001	保温隔热屋面	屋面	m^2	14.31

注:屋面保温层平均厚度计算如图 6-8 所示。

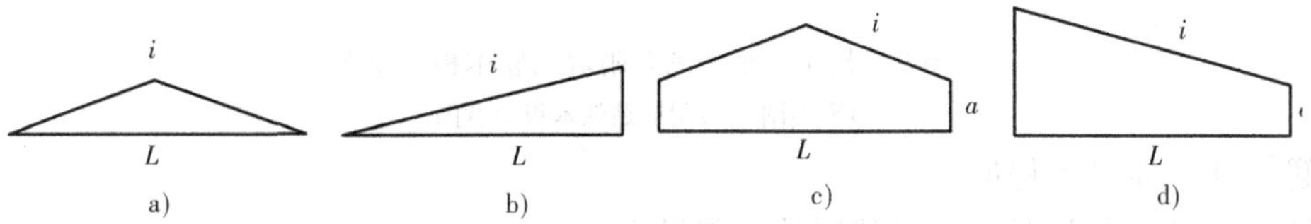

图 6-8 平均厚度计算示意图

a) $h=\frac{i}{4}L$ b) $h=\frac{i}{2}L$ c) $h=\frac{i}{4}L+a$ d) $h=\frac{i}{2}L+a$

6.6 天棚保温隔热

工程量计算规则:①定额中,天棚保温隔热工程量按天棚面积乘以保温隔热层厚度以立方米计算，不扣除柱、垛所占面积。

②清单中，天棚保温隔热工程量按天棚面积计算，扣除面积 $>0.3m^2$ 上柱、垛、孔洞所占面积。

【例8】 如图6-9所示，计算混凝土天棚下铺贴软木板隔热层（带50mm×50mm的木龙骨）工程量。（保温隔热层厚度为100mm）

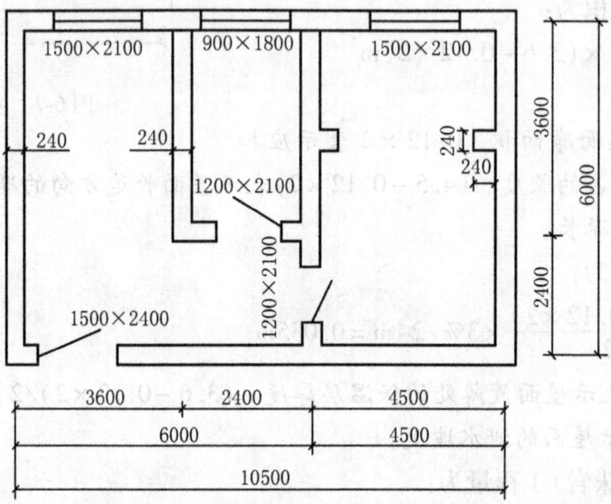

a）

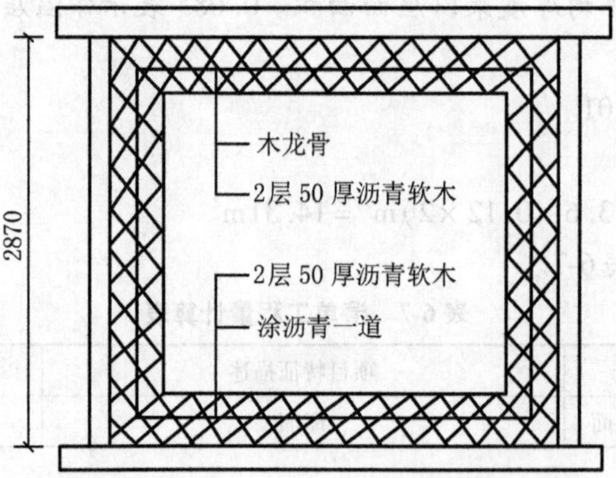

b）

图6-9　某建筑平面图及附墙贴软木板示意图

a）平面图　b）附墙贴软木板示意图

【解】（1）定额工程量

混凝土天棚下铺贴软木板隔热层的工程量为：

$[(4.5-0.24)\times(6-0.24)+(2.4-0.24)\times(3.6-0.24)+(3.6-0.24)\times(6-0.24)+(2.4-0.24)\times2.4]\times0.1m^3=(24.538+7.258+19.354+5.184)\times0.1m^3=5.63m^3$

套用基础定额10－207

【注释】 0.24＝0.12×2表示扣除轴线两端墙体所占的长度。(4.5－0.24)×(6－0.24)表示右边大房间的天棚隔热层的面积，(2.4－0.24)×(3.6－0.24)表示中间小房间的天棚隔热层的面积，$(3.6-0.24)\times(6-0.24)$表示左边小房间的天棚隔热层的面积，$(2.4-0.24)\times 2.4$表示中间所剩的那部分面积。0.1 表示天棚的厚度。计算天棚的工程量定额中是按天棚面面积乘以保温隔热层厚度以立方米计算的。

(2)清单工程量

$[(4.5-0.24)\times(6-0.24)+(2.4-0.24)\times(3.6-0.24)+(3.6-0.24)\times(6-0.24)+(2.4-0.24)\times 2.4]m^2=(24.538+7.258+19.354+5.184)m^2=56.33m^2$

清单工程量计算见表 6-8。

表 6-8　清单工程量计算表

项目编码	项目名称	项目特征描述	计量单位	工程量
011001002001	保温隔热天棚	天棚、软木板隔热层 50mm×50mm、木龙骨	m^2	56.33

注：清单中天棚保温隔热工程量按天棚面面积计算。

6.7　墙体保温隔热

工程量计算规则：①定额中，墙体保温隔热工程量按墙长乘以墙高乘以保温隔热层厚度以立方米计算。其中墙长：外墙按保温隔热层中心线，内墙按保温隔热层净长线计算，并且应扣除冷藏门洞口和管道穿墙洞口所占的体积。

②清单中，墙体保温隔热工程量按设计图示尺寸以面积计算，扣除门窗洞口所占面积，增加门窗洞口侧壁做保温时的面积。

【例 9】　如图 6-10 所示，计算墙体填充沥青玻璃棉工程量。

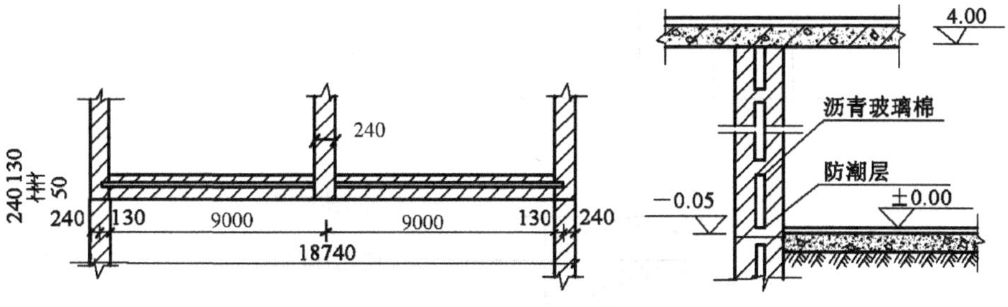

图 6-10　墙体填充沥青玻璃棉工程

【解】　(1)定额工程量

沥青玻璃棉隔热 $=(18.74-0.24\times3)\times4.05\times0.05m^3=3.65m^3$

套用基础定额 10－216。

【注释】　$(18.74-0.24\times3)$表示墙体的长度(0.24×3 表示应扣除的三个墙体的宽度)，$4.05=4.00+0.05$ 表示墙体的高度，0.05 表示沥青玻璃棉隔热层的厚度。

(2)清单工程量

$(18.74-0.24\times3)\times4.05m^2=72.98m^2$

清单工程量计算见表 6-9。

表 6-9　工程量清单计算表

项目编码	项目名称	项目特征描述	计算单位	工程量
011001003001	保温隔热墙面	墙体、沥青玻璃棉	m^2	72.98

【例 10】 如图 6-11 所示为某建筑示意图，该建筑外墙采用 120mm 厚泡沫混凝土做隔热层，试计算隔热墙工程量。

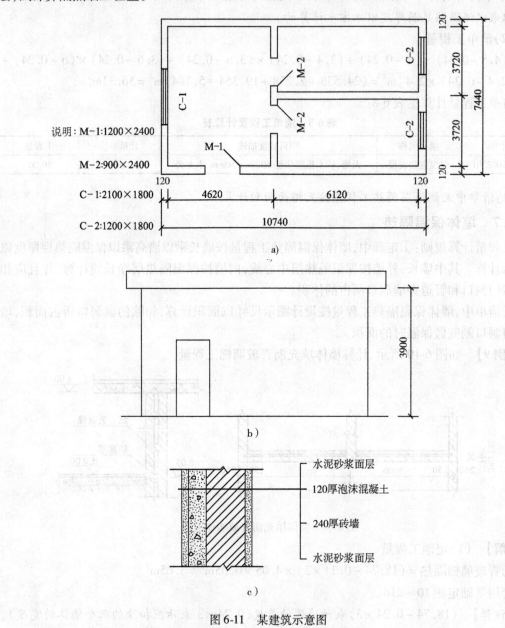

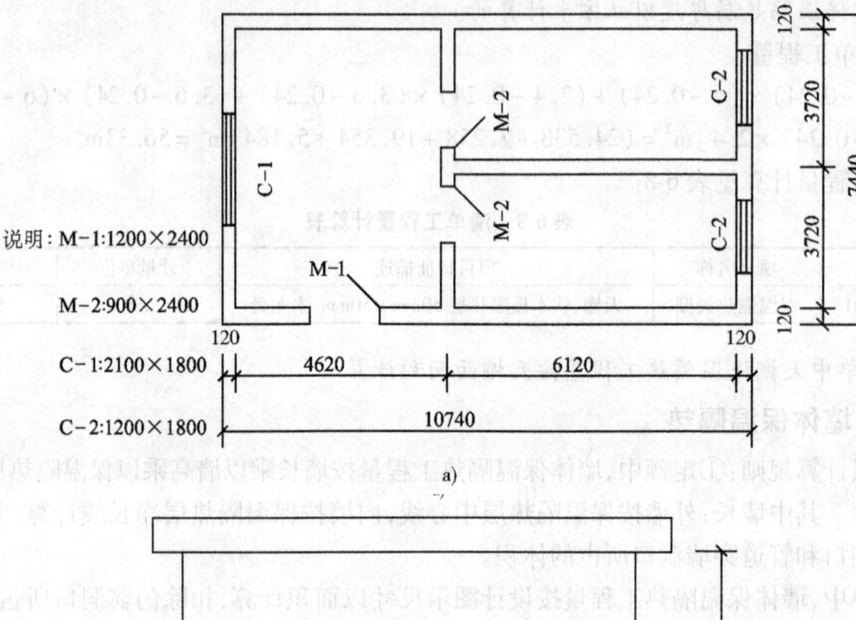

图 6-11 某建筑示意图

a）平面图 b）立面图 c）外墙做法图

【解】 (1)定额工程量

保温隔热层中心线长为：

$[(10.74-0.12)+(7.44-0.12)]\times 2\text{m}=35.88\text{m}$

【注释】 0.12 表示外墙的保温隔热层厚度，因为外墙按中心线长度计算，所以 $0.12=0.06\times 2$。$(10.74-0.12)$表示建筑物外墙长边方向保温隔热层的中心线长度，$(7.44-0.12)$表示建筑物外墙短边方向保温隔热层的中心线长度。两部分加起来乘以 2 就表示建筑物外墙保温隔热层中心线的总长度。

保温隔热墙总面积为：

$35.88\times3.90m^2=139.93m^2$

【注释】 35.88表示保温隔热层中心线的中长度，3.9表示建筑物外墙墙体的高度。

应扣除的门窗洞口面积为：

$(1.2\times2.4+2.1\times1.8+1.2\times1.8\times2)m^2=10.98m^2$

【注释】 1.2×2.4表示应扣除外墙上M-1门洞口所占的面积，2.1×1.8表示应扣除外墙上C-1窗洞口所占的面积，1.2×1.8×2表示应扣除外墙上C-2窗洞口所占的面积。

保温隔热墙的工程量为：

$(139.93-10.98)\times0.12m^3=15.47m^3$

【注释】 定额中保温隔热墙的工程量是以立方米来计算的。0.12表示保温层的厚度。(139.93-10.98)表示外墙保温隔热层的总面积扣除门窗洞口所占的面积以后墙体实际的保温层面积。

(2)清单工程量

$\{[(10.74-0.12)+(7.44-0.12)]\times2\times3.90-(1.2\times2.4+2.1\times1.8+1.2\times1.8\times2)\}m^2=128.95m^2$

清单工程量计算见表6-10。

表6-10 清单工程量计算表

项目编码	项目名称	项目特征描述	计量单位	工程量
011001003001	保温隔热墙面	外墙、水泥砂浆泡沫混凝土	m^2	128.95

6.8 地面保温隔热

工程量计算规则：①定额中，地面保温隔热工程量按墙体间净面积乘以设计厚度以立方米计算，不扣除柱、垛所占体积。

②清单中，地面保温隔热工程量按主墙间净面积计算，扣除面积 $>0.3m^2$ 上柱、垛、孔洞所占面积。门洞、空圈、暖气包槽、壁龛的开口部分不增加面积

【例11】 某建筑如图6-12所示，建筑内地面做保温隔热层；隔热层采用现浇水泥蛭石铺设，试求隔热楼地面的工程量。

【解】 (1)定额工程量

$[(3.3-0.24)\times(6.6-0.24)+(4.5-0.24)\times(6.6-0.24)+(4.5-0.24)\times(3.3-0.24)\times2+0.9\times0.24\times3+1.2\times0.12]\times0.08m^3=[19.46+27.09+26.07+0.65+0.14]\times0.08m^3=5.87m^3$

套用基础定额10-202。

【注释】 0.24=0.12×2表示扣除轴线两端墙体所占的长度。(3.3-0.24)×(6.6-0.24)表示最左边房间内墙体间的净面积。(4.5-0.24)×(6.6-0.24)表示中间房间内墙体间的净面积。(4.5-0.24)×(3.3-0.24)×2表示右边两个小房间内墙体间的净面积。0.9×0.24×3表示所增加的内墙上三个M-2门洞口的水平投影面积，1.2×0.12表示外墙上M-1门洞口所增加的面积(外墙计算按一半的水平投影面积来计算)，0.08表示保温层的厚度。

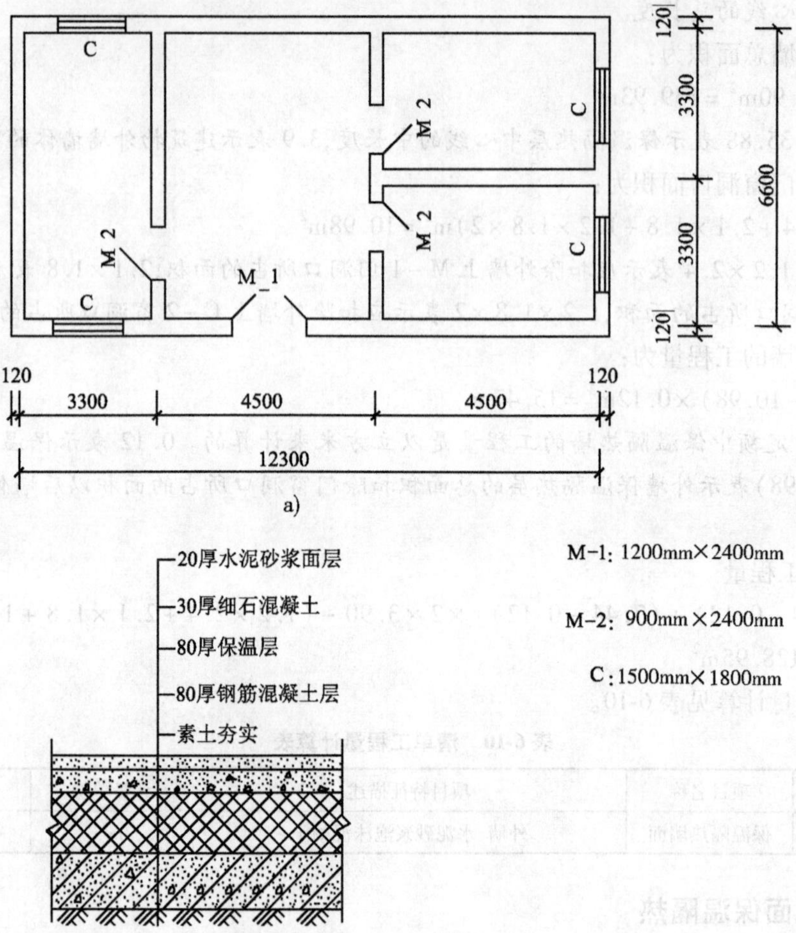

图 6-12　某建筑示意图

a) 平面图　b) 地板做法图

(2)清单工程量

$[(3.3-0.24)\times(6.6-0.24)+(4.5-0.24)\times(6.6-0.24)+(4.5-0.24)\times(3.3-0.24)\times2]\text{m}^2=72.63\text{m}^2$

【注释】　清单工程量中只计算地面保温层的展开面积即可。$0.24=0.12\times2$ 表示扣除轴线两端墙体所占的长度。$(3.3-0.24)\times(6.6-0.24)$表示最左边房间内墙体间的净面积。$(4.5-0.24)\times(6.6-0.24)$表示中间房间内墙体间的净面积。$(4.5-0.24)\times(3.3-0.24)\times2$表示右边两个小房间内墙体间的净面积。

清单工程量计算见表 6-11。

表 6-11　清单工程量计算表

项目编码	项目名称	项目特征描述	计量单位	工程量
011001005001	保温隔热楼地面	地面、现浇水泥蛭石	m^2	72.63

【例 12】 如图 6-13 所示，计算冷库室内软木保温层工程量。

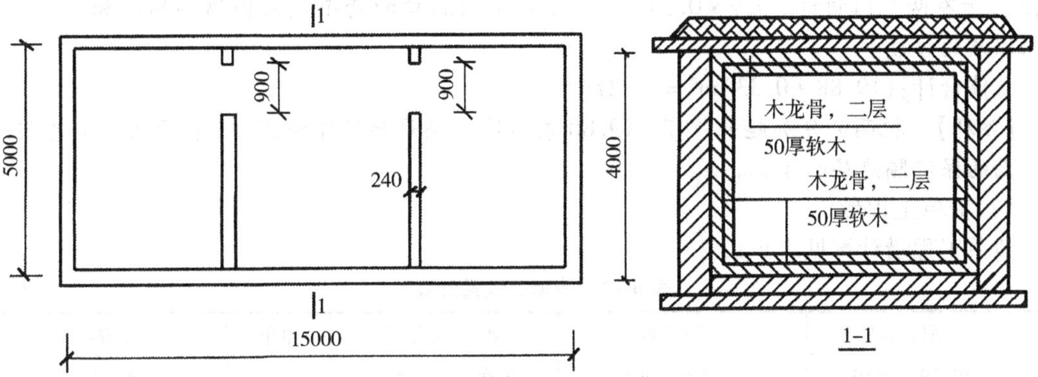

图 6-13 某小型冷库保温隔热示意图

【解】 (1)定额工程量

地面隔热层 $= [(15-0.24\times3)\times(5.0-0.24)\times0.1+0.9\times0.24\times0.1\times2]$

$=(6.797+0.0432)\text{m}^3=6.84\text{m}^3$

【注释】 $(15-0.24\times3)$表示建筑物长边方向地面保温隔热层的净长度(0.24×3 表示扣除两个内墙的宽度和两端外墙所占的宽度)，$(5.0-0.24)$表示建筑物短边方向地面保温隔热层的净长度。0.1 表示保温隔热层的厚度。$(15-0.24\times3)\times(5.0-0.24)\times0.1$ 表示墙体间地面保温隔热层的体积。$0.9\times0.24\times0.1\times2$ 表示两个门洞口所增加的地面保温隔热层的体积。

天棚隔热 $=(15-0.24\times3)\times(5.0-0.24)\times0.1\text{m}^3=6.80\text{m}^3$

【注释】 $(15-0.24\times3)$表示长边方向天棚保温隔热层的净长度，$(5.0-0.24)$表示短边方向天棚保温隔热层的净长度。$(15-0.24\times3)\times(5.0-0.24)$表示天棚面的净面积，0.1 表示天棚隔热层的厚度。

墙体隔热 $=\{[(15-0.24\times3-0.1)\times2+(5.0-0.24-0.1)\times2+(5-0.24-0.1\times2)\times$

$4]\times(4-0.1\times2)-0.9\times4\times(4-0.1\times2)\}\times0.1\text{m}^3$

$=198.82\times0.1\text{m}^3=19.88\text{m}^3$

【注释】 0.1 表示两层 50 厚软木，$(15-0.24\times3-0.1)\times2$ 表示长边方向墙体保温隔热层中心线的长度(0.24×3 表示所扣除的两条内墙的宽度和两端外墙所占的长度，$0.1=0.05\times2$ 表示两端各扣除半个保温层的厚度 0.05)，$(5.0-0.24-0.1)$表示短边方向墙体保温隔热层中心线的长度(0.24 表示扣除两端外墙所占的长度，$0.1=0.05\times2$ 表示两端各扣除半个保温层的厚度)。$[(15-0.24\times3-0.1)\times2+(5.0-0.24-0.1)\times2]$表示外墙保温隔热层中心线的总长度。$(5-0.24-0.1\times2)\times4$ 表示内墙按净长线长度计算的内墙保温隔热层的长度(0.1×2 表示两端各扣除 0.1，4 表示内墙两侧都保温，且有两条内墙)，$(4-0.1\times2)$表示墙体高度(0.1×2 表示扣除地面和天棚保温层所占的厚度厚度)，$0.9\times4\times(4-0.1\times2)$表示应该扣除的门洞口的面积。

门侧 $=[2\times0.34\times4+0.9\times0.34\times2]\times0.1\text{m}^3=(2.72+0.612)\times0.1\text{m}^3=0.33\text{m}^3$

【注释】 2 表示门洞口的高度，$0.34=0.24+0.05\times2$ 表示墙体两侧各加保温层厚度的一半以后门洞口两侧保温层的宽度，$4=2\times2$ 表示每个门洞口计算两个侧面的面积，有两个门洞口。$2\times0.34\times4$ 表示两个门洞口的四个侧边的保温层的面积。0.9 表示门洞口的宽度，

0.34 =(0.24 +0.05 ×2)表示墙体两侧各加保温层厚度的一半以后门洞口顶面保温层的宽度,2 表示有两个门洞口。0.9 ×0.34 ×2 表示两个门洞口的两个顶面保温层的面积。0.1 表示保温层的厚度。

墙体合计:$(19.88 +0.33)m^3 =20.21m^3$

【注释】 把两部分加起来即可。19.88 表示墙体隔热层的体积,0.33 表示所增加的门洞口侧面的保温隔热层的体积。

(2)清单工程量

清单工程量计算见表 6-12。

表 6-12 清单工程量计算表

序号	项目编码	项目名称	项目特征描述	计量单位	工程量
1	011001005001	保温隔热楼地面	地面、室内、软木	m^2	67.97
2	011001002001	保温隔热天棚	天棚、室内软木、木龙骨	m^2	67.97
3	011001003001	保温隔热墙面	墙体、室内、软木	m^2	198.82

6.9 柱保温隔热

工程量计算规则:①定额中,柱保温隔热工程量按设计图示柱保温隔热层的中心线展开长度乘以保温隔热层高度乘以保温隔热层厚度,以立方米计算。

②清单中,柱保温隔热工程量按设计图示柱断面保温隔热层的中心线展开长度乘以保温隔热层高度,以平方米计算。

【例 13】 如果在图 6-14 的冷库内加设四根方柱(600mm ×600mm),不带柱帽,尺寸如图 6-15 所示,仍采用沥青软木保温,计算其工程量。

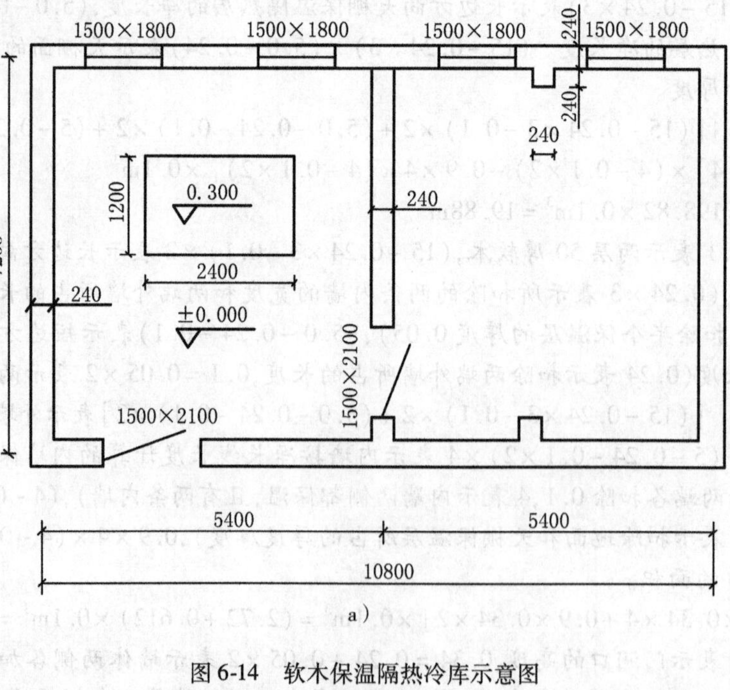

a)

图 6-14 软木保温隔热冷库示意图

a)平面图

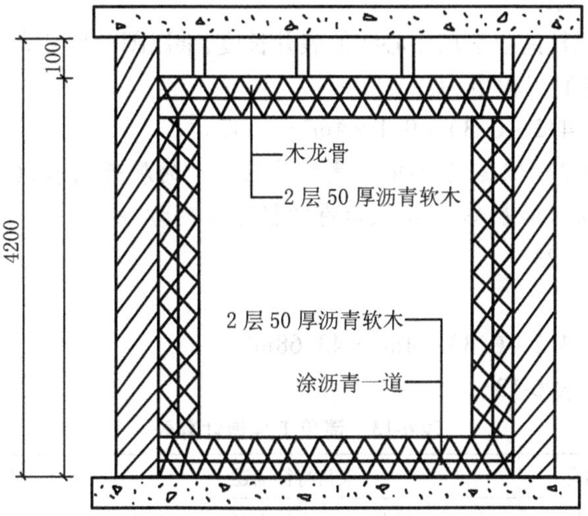

b)

图6-14　软木保温隔热冷库示意图(续)

b)软木保温隔热示意图

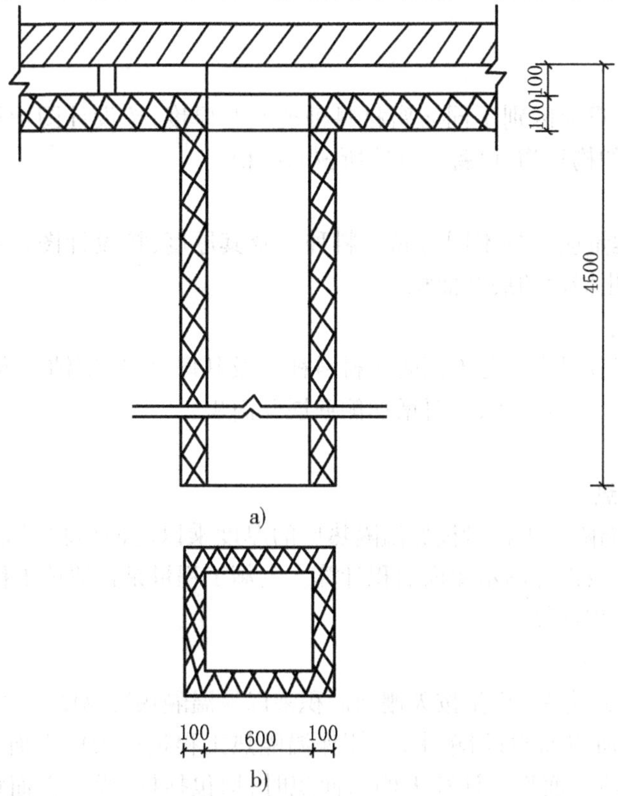

a)

b)

图6-15　软木保温隔热冷库示意图

a)柱子立面图　b)柱子平面图

【解】 (1)定额工程量

柱包隔热层,按图示柱的隔热层中心线的展开长度,乘以图示尺寸高度及厚度以"m^3"计算。

则沥青软木保温柱的工程量为:

$(0.7+0.7)\times2\times(4.2-0.3)\times0.1\times4m^3=4.37m^3$

【注释】 $(0.7+0.7)\times2$表示按中心线计算的柱子的展开周长,$(4.2-0.3)$表示柱的计算高度,0.1表示柱子的保温层厚度,4表示有四根这样的方柱。

套用基础定额10-223。

(2)清单工程量

$(0.7+0.7)\times2\times(4.2-0.3)\times4m^2=43.68m^2$

清单工程量计算见表6-13。

表6-13 清单工程量计算表

项目编码	项目名称	项目特征描述	计量单位	工程量
011001004001	保温柱	柱、柱包隔热层、沥青软木600mm×600mm	m^2	43.68

注:内墙门窗洞口侧壁保温隔热层宽可按墙厚加两侧保温隔热层厚度计算,外墙门窗洞口侧壁在无说明的情况下,可按半墙厚加一侧保温隔热层厚度计算。

6.10 防腐、保温、隔热工程清单工程量和定额工程量计算规则的区别

1. 相似点

(1)平面防腐:

平面防腐的工程量应区别不同防腐材料种类及其厚度,按设计图示尺寸,以实铺面积计算,并扣除凸出地面的构筑物、设备基础等所占的面积。

(2)立面防腐:

立面防腐的工程量应区分不同防腐材料种类及其厚度,按设计图示尺寸,以实铺面积计算,并增加砖垛等凸出墙面的展开面积。

(3)踢脚板防腐:

踢脚板防腐的工程量应区分不同防腐材料种类及其厚度,按实铺长度乘以其高度以平方米计算,并扣除门洞口所占面积,同时增加侧壁展开面积。

2. 易错点

(1)屋面保温隔热:

定额中,屋面保温隔热工程量按保温隔热层的厚度乘以屋面面积以立方米计算;清单中,屋面保温隔热工程量按设计图示屋面面积计算。定额工程量是在清单工程量的基础上乘以保温隔热层的厚度以体积计算。

(2)天棚保温隔热:

定额中,天棚保温隔热工程量按天棚面面积乘以保温隔热层厚度以立方米计算,其中天棚面面积不扣除柱、垛所占面积;清单中,天棚保温隔热工程量按天棚面面积计算,扣除面积>$0.3m^2$上柱、垛、孔洞所占面积。计算天棚面面积时,均包括柱、垛所占面积,定额工程量是在清单工程量的基础上乘以保温隔热层的厚度以体积计算。

(3)墙体保温隔热:

定额中,墙体保温工程量按墙长乘以墙高乘以保温隔热层厚度以立方米计算。其中墙长:

外墙按保温隔热层中心线，内墙按保温隔热层净长线计算，并且应扣除冷藏门洞口和管道穿墙洞口所占的体积。清单中，墙体保温隔热工程量按设计图示尺寸以面积计算，扣除门窗洞口所占面积，增加门窗洞口侧壁做保温时的面积。

（4）地面保温隔热：

定额中，地面保温隔热工程量按墙体间净面积乘以设计厚度以立方米计算，不扣除柱、垛所占体积；清单中，地面保温隔热工程量是按主墙间净面积计算，扣除面积大于 $0.3m^2$ 上柱、垛、孔洞所占面积。定额工程量是以清单工程量为基础，乘以保温隔热层厚度以体积计算。

（5）柱保温隔热：

定额中，柱保温隔热工程量按设计图示柱保温隔热层的中心线展开长度乘以保温隔热层高度乘以保温隔热层厚度以立方米计算；清单中，柱保温隔热工程量按设计图示柱断面保温隔热层的中心线展开长度乘以保温隔热层高度以平方米计算。定额工程量是在清单工程量的基础上乘以保温隔热层的厚度以立方米计算。

第7章　桩与地基基础工程

7.1　总说明

桩与地基基础工程在定额中称为桩基础工程。

本章主要介绍了预制混凝土桩、接桩、混凝土灌注桩、砂石灌注桩、灰土挤密桩等项目的清单工程量和定额工程量计算规则、计算实例，并介绍了桩与地基基础工程清单工程量与定额工程量计算规则的区别。

7.2　预制钢筋混凝土桩

定额工程量计算规则：按设计桩长（包括桩尖，不扣除桩尖虚体积）乘以桩截面面积计算，管桩的空心体积应扣除。如管桩的空心部分按设计要求灌注混凝土或其他填充材料时，应另行计算。

清单工程量计算规则：按设计图示尺寸以桩长（包括桩尖）或按设计图示截面面积乘以桩长以实体积或根数计算。

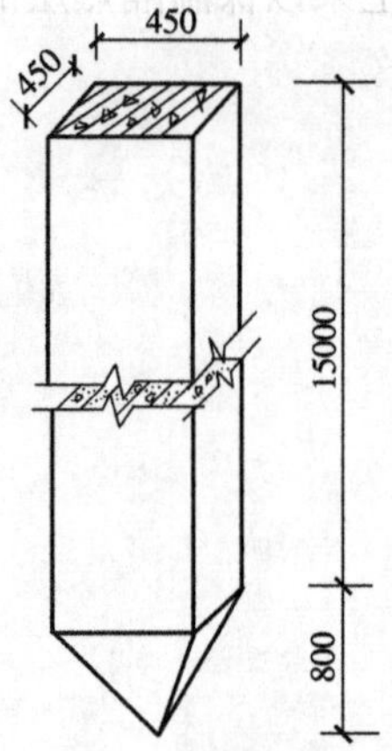

图7-1　预制钢筋混凝土桩示意图

【例1】　如图7-1所示，已知共有20根预制钢筋混凝土桩，二类土。求用柴油打桩机打桩工程量。

【解】　(1)定额工程量

工程量 $=0.45\times0.45\times(15+0.8)\times20\text{m}^3=63.99\text{m}^3$

套用基础定额2-4。

【注释】　定额工程量计算规则中规定的不扣除桩间虚体积。0.45×0.45表示桩的截面面积，(15+0.8)表示桩长（包括桩身和桩尖部分），20表示有二十根预制钢筋混凝土桩。

(2)清单工程量

清单工程量计算见表7-1。

表7-1　清单工程量计算表

项目编码	项目名称	项目特征描述	计量单位	工程量
010301001001	预制钢筋混凝方土桩	二类土，单桩长度15.8m，20根，桩截面尺寸为450mm×450mm	根	20

【例2】　如图7-2所示，求用履带式柴油打桩机打桩工程量。已知土质为二类土，预制钢筋混凝土桩28根。

【解】　(1)定额工程量

工程量 $=[\pi\times(0.3^2-0.2^2)\times21.2+\pi\times0.3^2\times0.8]\times28\text{m}^3=99.58\text{m}^3$

套用基础定额2-20。

【注释】　$\pi\times(0.3^2-0.2^2)$ 表示桩身的截面面积，21.2表示桩身高度，$\pi\times0.3^2\times0.8$ 表示桩尖的体积。28表示根数。

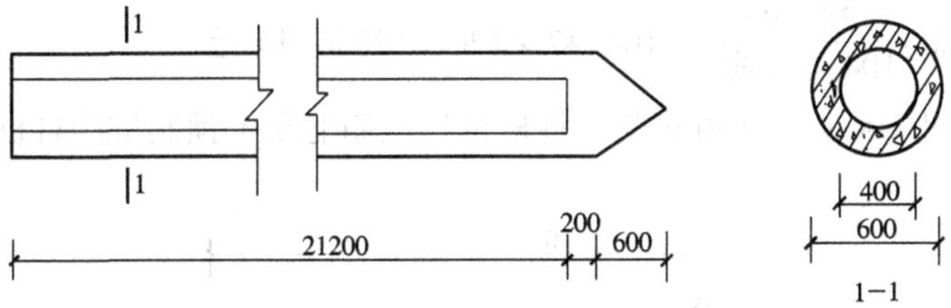

图 7-2 预制钢筋混凝土离心桩图

(2)清单工程量

清单工程量计算见表 7-2。

表 7-2 清单工程量计算表

项目编码	项目名称	项目特征描述	计量单位	工程量
010301002001	预制钢筋混凝土管桩	二类土,单桩长度 22m,28 根,桩外径 600mm	根	28

【例 3】 某单位工程采用钢筋混凝土方桩基础,三类土,用柴油打桩机打预制钢筋混凝土方桩 160 根,根据图 7-3 计算打方桩工程量和定额直接费。

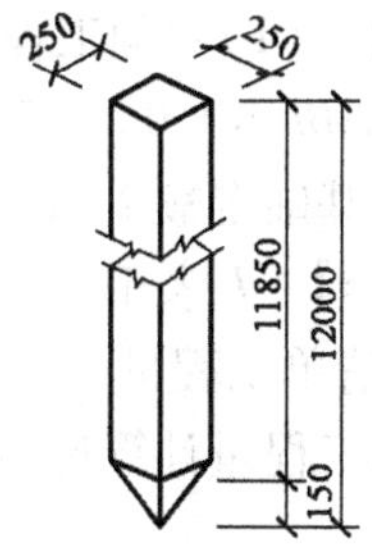

图 7-3 预制钢筋混凝土方桩

【解】 1. 打桩工程量

(1)定额工程量

V = 桩截面面积 × 设计全长 = $0.25 \times 0.25 \times 12 \times 160\text{m}^3$

$= 120\text{m}^3$

【注释】 0.25 ×0.25 表示桩身截面面积,12 表示桩长(包括桩身和桩尖部分的长度),160 表示桩的根数。

(2)清单工程量

清单工程量计算见表 7-3。

表 7-3 清单工程量计算表

项目编码	项目名称	项目特征描述	计量单位	工程量
010301001001	预制钢筋混凝土方桩	三类土,单桩长度 12m,160 根,桩截面尺寸为 250mm × 250mm	根	160

2. 分项工程定额直接费

因为本单位工程方桩体积为 120m^3,小于 150m^3,属于小型打桩工程,按定额规定小型打桩工程,人工和机械用量乘以系数 1.25 计算。

人工、机械用量的调整:$2.2 \times 1.25 = 2.75$ 工日

$0.14 \times 1.25 = 0.175$ 台班

$0.03 \times 1.25 = 0.0375$ 台班

定额基价的调整:$(6.22 \times 2.75 + 0.175 \times 416.96 + 0.0375 \times 288.54 + 3.58)$元

$= 104.47$ 元

注:6.22 元为 7 级工日工资单价。

或 定额基价 +(人工费 + 机械费)×(1.25 − 1)= [84.29 + (13.68 + 67.03) × (1.25 − 1)]元 = 104.47 元

分项工程直接费：$\frac{38-93}{104.47(换)}$　104.47 × 120 = 12536.40 元

【例4】 求如图7-4所示轨道式柴油打桩机打钢筋混凝土预制桩的打桩工程量(二类土，共有120根桩)。

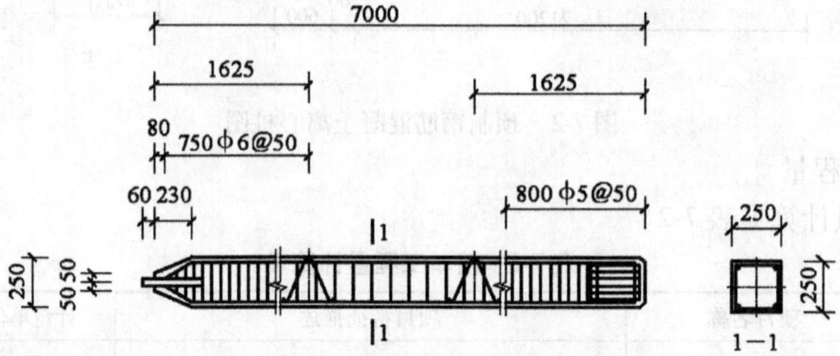

图7-4 钢筋混凝土预制桩

【解】 (1)定额工程量

$V = LABn = 7.0 \times 0.25 \times 0.25 \times 120\text{m}^3 = 52.50\text{m}^3$

套用基础定额2-2。

【注释】 L表示桩长即7.0，AB表示截面面积即0.25×0.25，n表示根数即120。

(2)清单工程量

清单工程量计算见表7-4。

表7-4 清单工程量计算表

项目编码	项目名称	项目特征描述	计量单位	工程量
010301001001	预制钢筋混凝土方桩	二类土，单桩长度7.0m，120根，桩截面尺寸为250mm×250mm	根	120

【例5】 履带式柴油打桩机打预制钢筋混凝土管桩，二类土，外径为50cm，内径为34cm，桩长为10m(如图7-5所示)，试计算其工程量。

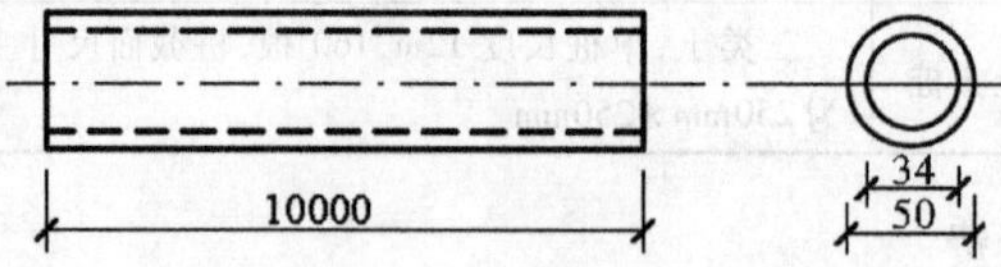

图7-5 预制钢筋混凝土管桩示意图

【解】 该管桩的工程量为：

(1)定额工程量

$V = 10 \times 3.1416 \times [(0.5/2)^2 - (0.34/2)^2]\text{m}^3 = 1.06\text{m}^3$

套用基础定额2-18。

【注释】 10表示管桩的长度，$3.1416 \times [(0.5/2)^2 - (0.34/2)^2]$表示管桩的截面面积(0.5表示管桩的外径，0.34表示管桩的内径)。

(2)清单工程量

清单工程量计算见表7-5。

表 7-5　清单工程量计算表

项目编码	项目名称	项目特征描述	计量单位	工程量
010301002001	预制钢筋混凝土管桩	二类土，单桩长 10m，外径为 50cm，内径 34cm	根	1

【例 6】　如图 7-6 所示为预制钢筋混凝土桩，250 根，试计算其打桩工程量并套定额。

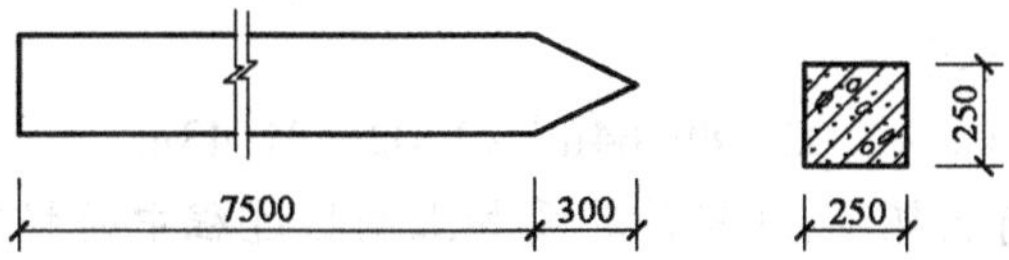

图 7-6　预制钢筋混凝土桩

【解】　根据计算规则，按桩全长（不扣除桩尖虚体积）以 m^3 计算。

工程量 = $(7.5+0.3)\times0.25\times0.25\times250m^3=121.88m^3$

【注释】　按桩长乘以桩截面面积来计算。(7.5 +0.3)表示预制钢筋混凝土桩的长度(7.5表示桩身的长度，0.3 表示桩尖的长度)。0.25 ×0.25 表示预制钢筋混凝土桩的断面面积。250 表示桩的根数。

采用柴油打桩机打桩，二类土，工程量为 $122m^3$（工程量小于 $150m^3$），属于小型工程，其人工、机械量应乘以系数 1.25。

打桩属定额第二章，在该章中查到"柴油打桩机打预制钢筋混凝土方桩"是第一节，再在第一节中查到打桩桩长在 12m 以内，应套用定额 2 - 2（因工程量小于 $150m^3$，小型工程，人工、机械量应乘以系数 1.25）。

清单工程量计算见表 7-6。

表 7-6　清单工程量计算表

项目编码	项目名称	项目特征描述	计量单位	工程量
010301001001	预制钢筋混凝土方桩	二类土，单桩长度 7.8m，桩截面尺寸为 250mm × 250mm	根	250

【例 7】　图 7-7 为预制钢筋混凝土桩，柴油打桩机打桩，二类土，计算桩基的制作、运输、打桩、打送桩以及承台的工程量（30 个承台）。

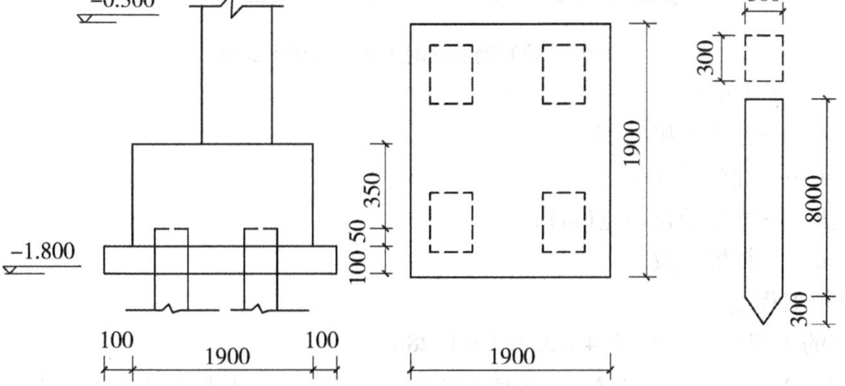

图 7-7　预制钢筋混凝土方桩（示意）

【解】 (1)定额工程量

1)预制桩图示工程量:

$V_{图} = (8.0 + 0.3) \times 0.3 \times 0.3 \times 4 \times 30m^3 = 89.64m^3$

套用基础定额 2－2。

【注释】 (8.0+0.3)表示桩长,0.3×0.3 表示桩身截面面积,4 表示每根承台下有四根预制桩,30 表示有三十个承台。

2)制桩工程量:$V_{制} = V_{图} \times 1.02 = 89.64m^3 \times 1.02 = 91.43m^3$

【注释】 制桩中会有损耗量,这里计算要加上制桩过程中的损耗量。89.64 表示计算出的桩的工程量。1.02 = 1 + 0.02 表示加上损耗率。

3)运输工程量:$V_{运} = V_{图} \times 1.019 = 89.64m^3 \times 1.019 = 91.34m^3$

【注释】 运输中也会有损耗量,计算时要考虑运输过程中的损耗量。89.64 表示计算出的桩工程量。1.019 表示加上损耗率。

4)打桩工程量:$V_{打} = V_{图} = 89.64m^3$

5)送桩工程量:$V_{送} = (1.8 - 0.3 - 0.15 + 0.5) \times 0.3 \times 0.3 \times 4 \times 30m^3 = 19.98m^3$

【注释】 对应图示易看出:0.5 表示桩顶距地面的距离,(1.8－0.3－0.15+0.5)表示送桩的长度,0.3×0.3 表示桩截面面积。

6)桩承台工程量:$V_{承台} = 1.9 \times 1.9 \times (0.35 + 0.05) \times 30m^3 = 43.32m^3$

【注释】 1.9×1.9 表示承台的截面面积,(0.35+0.05)表示承台的高度,30 表示承台的个数。

(2)清单工程量

清单工程量计算见表 7-7。

表 7-7 清单工程量计算表

项目编码	项目名称	项目特征描述	计量单位	工程量
010301001001	预制钢筋混凝土方桩	二类土,单桩长度 8.3m,120 根,桩截面尺寸为 300mm×300mm	根	120

【例 8】 如图 7-8 所示为预制钢筋混凝土实心方桩,二类土,桩长 8m,计算其打桩工程量。

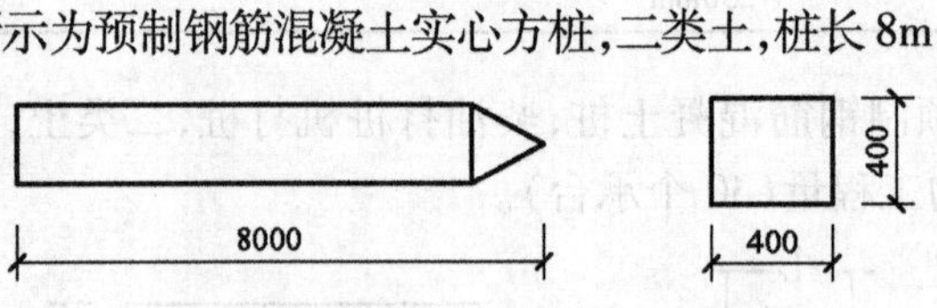

图 7-8 预制钢筋混凝土实心方桩示意图

【解】 $V = L\ A\ B\ n$

式中 V——方桩体积(m^3);

L——桩全长(m);

A、B——方桩的长和宽(m);

n——打桩根数。

(1)定额工程量

该方桩的工程量:$V = 8 \times 0.4 \times 0.4m^3 = 1.28m^3$

【注释】 8 表示桩的总长度(包括桩尖的长度)。0.4×0.4 表示桩的断面面积。

套用基础定额 2－37。

(2)清单工程量

清单工程量计算见表7-8。

表7-8 清单工程量计算表

项目编码	项目名称	项目特征描述	计量单位	工程量
010301001001	预制钢筋混凝土方桩	二类土,单桩长度8m,桩截面尺寸为400mm×400mm	m	8

7.3 预制钢筋混凝土方桩、接桩

定额工程量计算规则:电焊接桩按设计接头,以个计算;硫磺胶泥接桩按桩断面以平方米计算。

清单工程量计算规则:以米计量,按设计图示尺寸以桩长(包括桩尖)计算;以立方米计量,按设计图示截面积乘以桩长(包括桩尖)以实体积计算;以根计量,按设计图示数量计算。

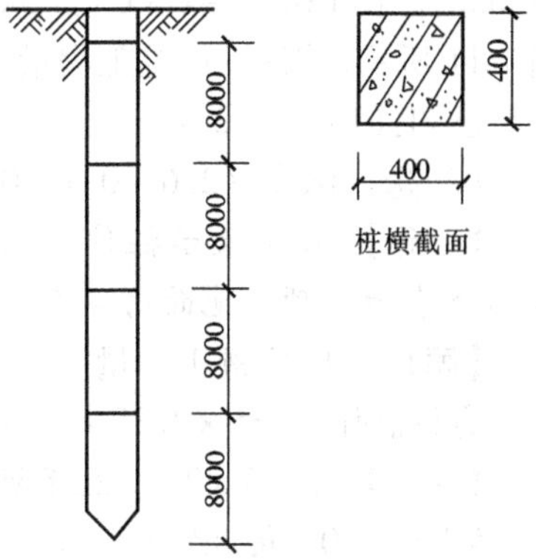

图7-9 硫磺胶泥接桩示意图

【例9】 某工程需打桩20根,每根桩由四段接成,如图7-9所示,求接桩工程量。

【解】 (1)定额工程量

工程量 $=0.4\times0.4\times(4-1)\times20\text{m}^2=9.60\text{m}^2$

套用基础定额2-35。

【注释】 定额工程量计算规则中规定:硫磺胶泥接桩按桩断面以平方米计算。0.4×0.4是指桩身的截面面积,(4-1)表示每根桩的接头个数,20表示有二十根桩。

(2)清单工程量

清单工程量计算见表7-9。

表7-9 清单工程量计算表

项目编码	项目名称	项目特征描述	计量单位	工程量
010301001001	预制钢筋混凝土方桩	桩截面尺寸为400mm×400mm,硫磺胶泥接桩,每根由四段接成	根	20

【例10】 如图7-10所示为某工程需进行钢筋混凝土方桩的送桩、接桩工作。桩断面尺寸为400mm×400mm,每根桩长3m,设计桩全长12.00m,电焊接桩,包钢板。桩底标高-13.20m,桩顶标高-1.20m。该工程共需用80根桩,试计算送桩、接桩工程量。

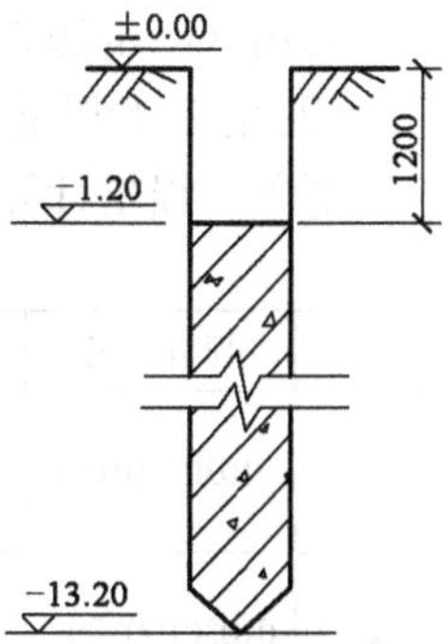

图7-10 钢筋混凝土方桩送桩、接桩示意图

【解】 (1)定额工程量

送桩工程量 $=0.4\times0.4\times(1.2+0.5)\times80\text{m}^3=21.76\text{m}^3$

【注释】 0.4×0.4表示桩截面面积,(1.2+0.5)表示送桩长度(桩顶距地面的距离),80表示桩个数。

接桩工程量 =(4-1)×80个 =240个

【注释】 每根设计桩有(4-1)个接头,共有80根桩。

套用基础定额2-34。

(2)清单工程量

清单工程量计算见表 7-10。

表 7-10　清单工程量计算表

项目编码	项目名称	项目特征描述	计量单位	工程量
010301001001	预制钢筋混凝土方桩	桩截面尺寸为 400mm × 400mm，电焊接桩，每根由四段接成	根	80

【例 11】　某工程打预制钢筋混凝土方桩，断面为 350mm × 350mm，桩长 18m(6 +6 +6)，二类土，硫磺胶泥接头，承台大样如图 7-11 所示，试计算单桩工程量。

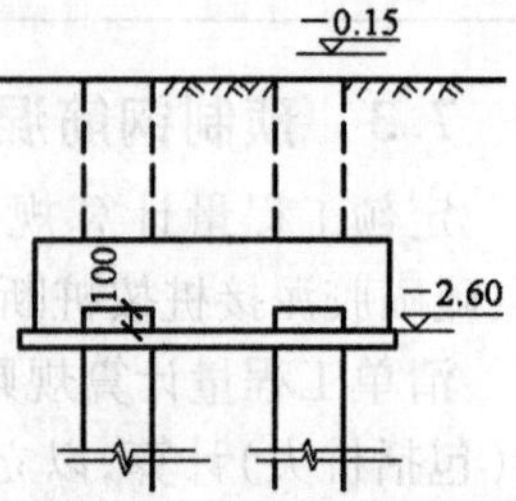

图 7-11　桩立面图

已知：(1)接头 2 个。

(2)送桩深度：$(2.6-0.1-0.15+0.5)\text{m}=2.85\text{m}$

【注释】　0.1 表示桩伸入承台的高度，0.15 表示地面的标高，0.5 表示桩顶距地面的高度。

【解】　(1)定额工程量

方桩制作：$0.35\times0.35\times18\times1.02\text{m}^3=2.25\text{m}^3$

【注释】　0.35 ×0.35 表示桩的断面面积。18 表示桩长。0.35 ×0.35 ×18 表示方桩工程量，再乘以 1.02 表示加上制作过程中的损耗量以后的工程量。

方桩场外运输：$0.35\times0.35\times18\times1.019\text{m}^3=2.25\text{m}^3$

【注释】　0.35 ×0.35 表示桩的断面面积。18 表示桩长。再乘以 1.019 表示加上场外运输过程中的损耗量以后的工程量。

方桩场内运输：$0.35\times0.35\times18\times1.015\text{m}^2=2.24\text{m}^2$

【注释】　场外运输和场内运输的损耗率不相同，所以计算出来的工程量也不相同。

方桩硫磺胶泥接头：$0.35\times0.35\times2\text{m}^2=0.25\text{m}^2$

套用基础定额 2 - 35。

【注释】　定额工程量计算规则中硫磺胶泥接头式按桩断面面积计算。0.35 ×0.35 表示断面面积，2 表示接头个数。

打桩：$0.35\times0.35\times18\times1.015\text{m}^3=2.24\text{m}^3$

送桩：$0.35\times0.35\times2.85\text{m}^3=0.35\text{m}^3$

套用基础定额 2 - 39。

(2)清单工程量

清单工程量计算见表 7-11。

表 7-11　清单工程量计算表

序号	项目编码	项目名称	项目特征描述	计量单位	工程量
1	010301001001	预制钢筋混凝土方桩	二类土，单桩长 18m，桩截面尺寸为 350mm × 350mm	m	18
2	010301001002	预制钢筋混凝土方桩	桩截面尺寸为 350mm × 350mm，硫磺胶泥接头，接头 2 个	根	1

7.4 混凝土灌注桩

定额工程量计算规则：

(1)打孔灌注桩

①混凝土桩、砂桩、碎石桩的体积，按设计规定的桩长(包括桩尖，不扣除桩尖虚体积)乘以钢管管箍外径截面面积计算。

②扩大桩的体积按单桩体积乘以次数计算。

③打孔后先埋入预制混凝土桩尖再灌注混凝土的，桩尖按定额钢筋混凝土章节规定计算体积，灌注桩按设计长度(自桩尖顶面至桩顶面高度)乘以钢管管箍外径截面面积计算。

(2)钻孔灌注桩，按设计桩长(包括桩尖，不扣除桩尖虚体积)增加0.25乘以设计断面面积计算。

清单工程量计算规则：按设计图示尺寸以桩长(包括桩尖)或根数计算。

【例12】 如图7-12所示，已知土质为二类土，求套管成孔灌注80根桩的工程量。

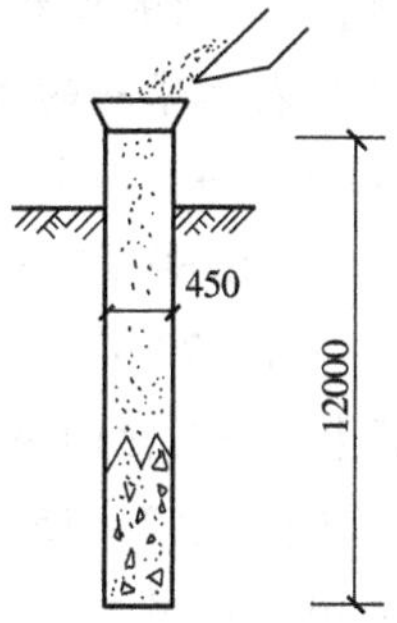

图7-12 套管成孔灌注桩示意图

【解】 (1)定额工程量

工程量 $=\pi\times\left(\dfrac{0.45}{2}\right)^2\times12\times80\text{m}^3=152.68\text{m}^3$

套用基础定额2-64。

【注释】 管桩的截面面积乘以管桩的长度再乘以根数。$\pi\times\left(\dfrac{0.45}{2}\right)^2$ 表示管桩的截面面积。12表示桩长，80表示桩的根数。

(2)清单工程量

清单工程量计算见表7-12。

表7-12 清单工程量计算表

项目编码	项目名称	项目特征描述	计量单位	工程量
010302002001	沉管灌注桩	二类土，单桩长12m，80根，桩径为450mm，套管成孔灌注	根	80

【例13】 计算单根人工挖孔扩底混凝土灌注桩的工程量(二类土，如图7-13所示)。

【解】 (1)定额工程量

由图7-13可知，计算可分为7个圆台，1个扩大圆台，1个圆柱，1个球缺。分别算出体积再叠加。

圆台体积：$V_1=\dfrac{1}{3}\times\pi\times1.2\times(0.6^2+0.4^2+0.6\times0.4)\times7\text{m}^3$

$=6.69\text{m}^3$

【注释】 直接利用圆台体积公式计算即可：$V=1/3\pi H\times$(大圆半径的平方+小圆半径的平方+大圆半径乘以小圆半径)，再乘以7表示七个圆台的总体积。其中 $H=1.2$ 表示圆台的高度，$R=0.6$ 表示大圆的半径，0.4表示小圆的半径。7表示有七个圆台。

扩大圆台体积：$V_2=\dfrac{1}{3}\times\pi\times1.5\times(0.85^2+0.6^2+0.85\times0.6)\text{m}^3$

$=2.50\text{m}^3$

【注释】 也利用公式计算：$V=1/3\pi H\times$（大圆半径的平方＋小圆半径的平方＋大圆半径乘以小圆半径）。其中 $H=1.5$ 表示扩大圆台的高度，$R=0.85$ 表示扩大圆台的下口半径，0.6 表示扩大圆台的上口半径。

圆柱体积：$V_3=\pi\times0.85^2\times0.4\text{m}^3=0.91\text{m}^3$

【注释】 $\pi\times0.85^2$ 表示圆柱截面面积，0.4 表示圆柱高度。

球缺体积：$V_4=\pi/6\times0.5\times(3\times0.85^2+0.5^2)\text{m}^3$
$=0.63\text{m}^3$

【注释】 球缺的体积公式：$V=\pi H/6(3\times R^2+H^2)$。其中 $H=0.5$ 表示球缺的高度，$R=0.85$ 表示半径。

工程量 $=V_1+V_2+V_3+V_4$
$=(6.69+2.5+0.91+0.63)\text{m}^3$
$=10.73\text{m}^3$

【注释】 分别把四个部分的体积加起来即可。

套用基础定额 2－15。

（2）清单工程量

清单工程量计算见表 7-13。

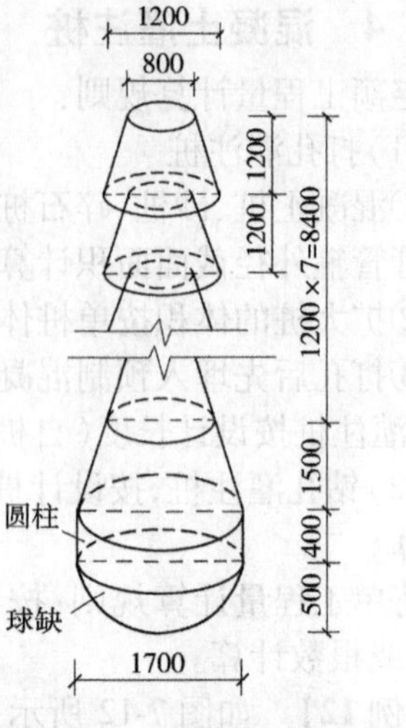

图 7-13 混凝土灌注桩

注：图示尺寸均为扩壁内侧尺寸

表 7-13 清单工程量计算表

项目编码	项目名称	项目特征描述	计量单位	工程量
010302005001	人工挖孔灌注桩	二类土，桩长 10.8m	根	1

【例 14】 现场钻孔灌注混凝土桩，二类土，设计全长 3m，直径 30cm，如图 7-14 所示，求单桩体积。

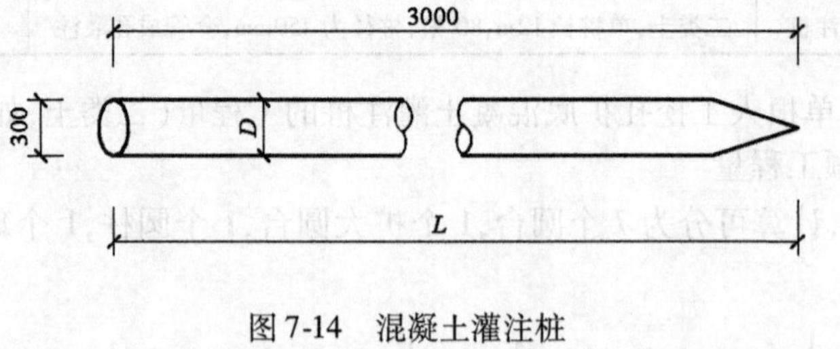

图 7-14 混凝土灌注桩

【解】 （1）定额工程量

$V=\pi\times\dfrac{0.3^2}{4}\times(3.00+0.25)\text{m}^3=0.23\text{m}^3$

套用基础定额 2－62。

【注释】 定额工程量计算规则中规定：钻孔桩灌注混凝土工程量计算公式为 $V=$（设计桩长＋0.25m）×设计截面面积。$\pi\times\dfrac{0.3^2}{4}$表示桩的截面面积。（3.00＋0.25）表示桩的计算长度。

(2)清单工程量

清单工程量计算见表 7-14。

表 7-14 清单工程量计算表

项目编码	项目名称	项目特征描述	计量单位	工程量
010302001001	泥浆护壁成孔灌注桩	二类土，桩长 3m，桩直径 30cm，现场钻孔灌注	m	3

【例 15】 混凝土灌注桩，如图 7-15 所示，一类土，共 270 根，计算其工程量。

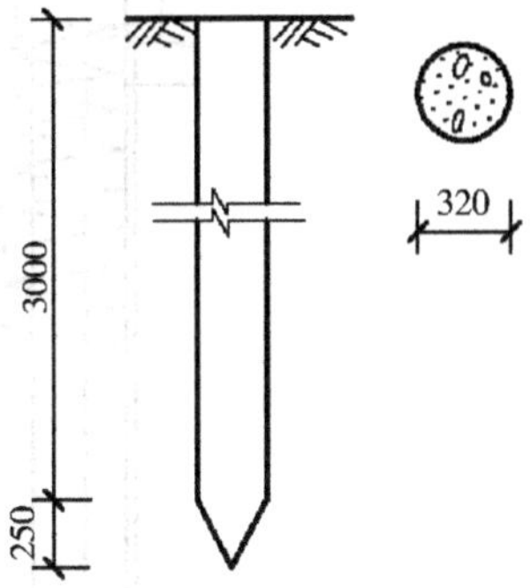

图 7-15 混凝土灌注桩

【解】 (1)定额工程量

工程量 $=(3+0.25)$(不扣除桩尖虚体积)$\times(0.32^2\times\frac{\pi}{4})\times 270\text{m}^3$

$=70.57\text{m}^3$

【注释】 $(3+0.25)$表示桩的长度(3 表示桩身的长度，0.25 表示桩尖的长度)。$0.32^2\times\frac{\pi}{4}$表示桩的断面面积。270 表示桩的根数。

套用基础定额 2－61。

(2)清单工程量

清单工程量计算见表 7-15。

表 7-15 清单工程量计算表

项目编码	项目名称	项目特征描述	计量单位	工程量
010302002001	沉管灌注桩	一类土，单桩长 3.25m，270 根，桩径 320mm	根	270

【例 16】 如图 7-16 所示，求履带式螺旋钻机钻孔灌注 80 根桩的工程量(二类土)。

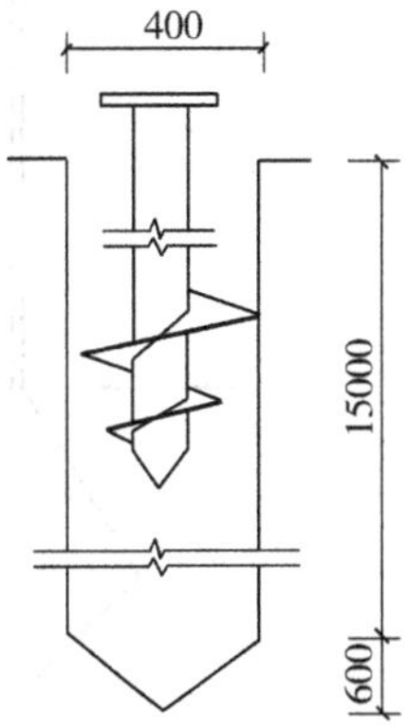

图 7-16 履带式螺旋钻机钻孔混凝土灌注桩

【解】 (1)定额工程量

工程量 = 钻杆螺旋外径截面面积 ×(设计桩长 +0.25)× 桩数

$=\pi\times0.2^2\times(15+0.6+0.25)\times80\text{m}^3=159.34\text{m}^3$

【注释】 $\pi\times0.2^2$ 表示桩的断面面积。$(15+0.6+0.25)$表示桩的计算长度(15 表示桩身的长度，0.6 表示桩尖的长度，0.25 表示定额工程量计算规则中规定增加的长度)。80 表示灌注桩的根数。

套用基础定额 2－84。

(2)清单工程量

清单工程量计算见表 7-16。

表 7-16 清单工程量计算表

项目编码	项目名称	项目特征描述	计量单位	工程量
010302003001	干作业成孔灌注桩	二类土，单桩长 15.6m，80 根，桩外径 400mm，履带式螺旋钻机钻孔	根	80

【例 17】 某工程设计室外地坪 －0.6m，一类土，螺旋钻孔混凝土灌注桩，混凝土为 C20，

共 238 根(其中补桩 29 根,试桩 6 根),按图 7-17 所示计算桩成孔(汽车式钻机)、混凝土灌注桩工程量。

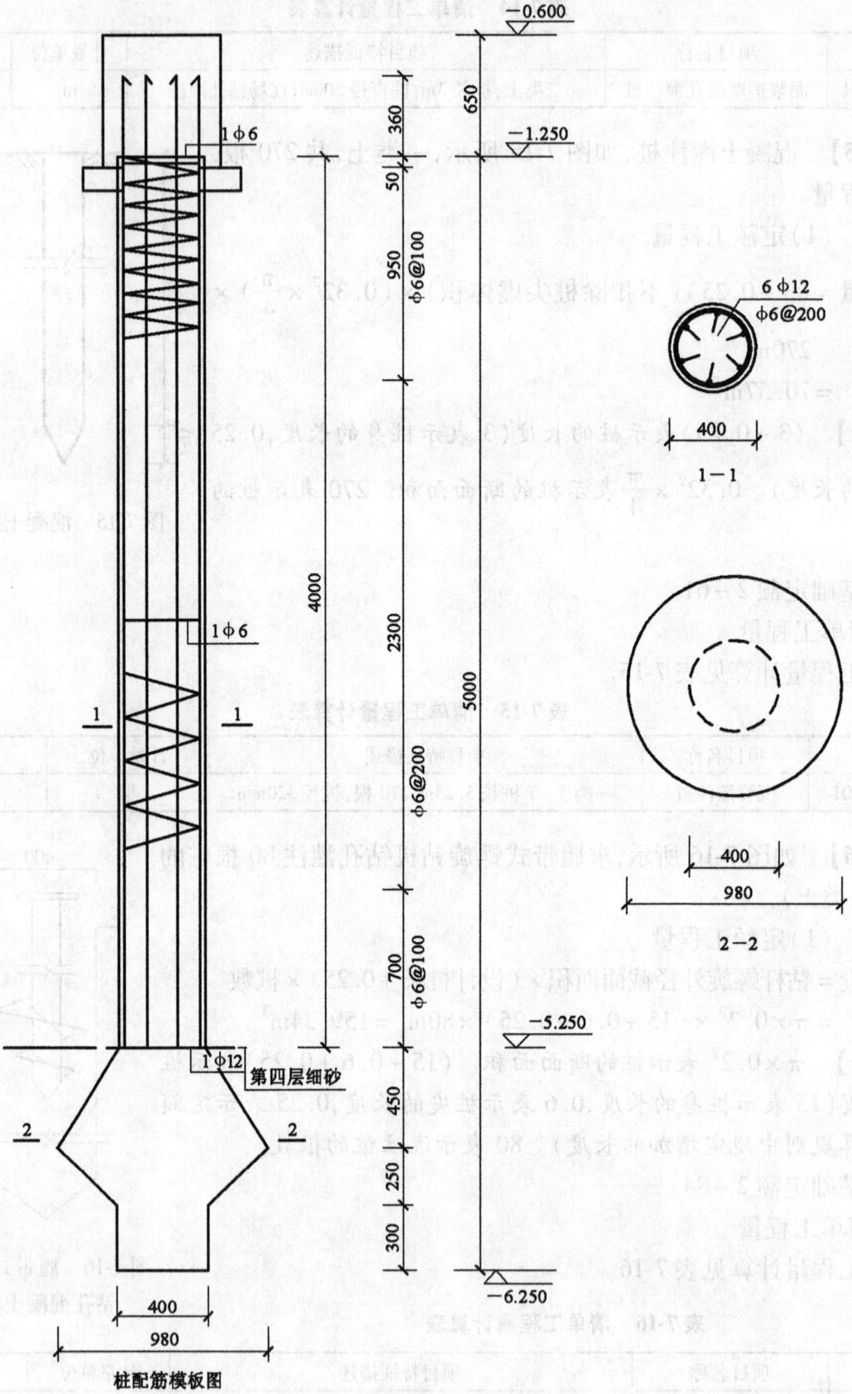

图 7-17　螺旋钻孔混凝土灌注桩

注:1. 本工程室外地坪 -0.6m

2. 螺旋钻孔混凝土灌注桩,混凝土 C20。

【解】 (1)定额工程量

1)螺旋钻孔机成孔公式为：

V=实钻孔长×设计桩截面面积(桩截面面积不同时分段计算)

按图7-17计算钻孔体积：

V=(圆柱体+圆台体+倒圆台体)×根数。

圆柱体积：$V_1=\pi R^2h=\pi\times(\frac{0.4}{2})^2\times(0.65+4+0.3)\text{m}^3=0.622\text{m}^3$

【注释】 $\pi\times(\frac{0.4}{2})^2$表示圆柱的截面面积，(0.65+4+0.3)表示圆柱部分的总长度(0.65表示图示中上面一段圆柱的高度，4表示桩身的高度，0.3表示图示中最下面一段圆柱的高度)。

圆台体积：
$$V_2=\frac{1}{3}\pi h(R^2+r^2+Rr)$$
$$=\frac{1}{3}\times3.1416\times0.45\times(0.49\times0.49+0.2\times0.2+0.49\times0.2)\text{m}^3$$
$$=0.178\text{m}^3$$

【注释】 直接代入圆台的体积公式：$V_2=\frac{1}{3}\pi h(R^2+r^2+Rr)$计算即可。其中$h=0.45$表示圆台的高度，$R=0.49$表示圆台下口圆的半径，$r=0.2$表示圆台上口圆的半径。

倒圆台体积：
$$V_3=\frac{1}{3}\times3.1416\times0.25\times(0.49\times0.49+0.2\times0.2+0.49\times0.2)\text{m}^3$$
$$=0.099\text{m}^3$$

【注释】 圆台的计算公式：$V=\frac{1}{3}\pi h(R^2+r^2+Rr)$。其中$h=0.25$表示倒圆台的高度，$R=0.49$表示倒圆台的上口圆的半径，$r=0.2$表示倒圆台的下口圆的半径。

螺旋钻孔工程量：$V=(V_1+V_2+V_3)\times238=(0.622+0.178+0.099)\times238\text{m}^3=213.96\text{m}^3$

套用基础定额2-78。

【注释】 螺旋钻孔工程量=(圆柱体体积+圆台体体积+倒圆台体体积)×根数。

238表示灌注桩的根数。

补桩钻孔工程量：$V=0.899\text{m}^3\times29=26.07\text{m}^3$

【注释】 0.899=0.622+0.178+0.099表示前面计算出的螺旋钻孔桩的体积。29表示补桩的根数。

试桩钻孔工程量：$V=0.899\text{m}^3\times6=5.39\text{m}^3$

【注释】 0.899=0.622+0.178+0.099表示前面计算出的螺旋钻孔桩的体积。6表示试桩的根数。

2)钻孔桩灌注混凝土工程量计算公式为：

V=(设计桩长+0.25m)×设计截面面积(截面面积不同时分段计算)

按图7-17计算混凝土灌注工程量：

V=(圆柱体+圆台体+倒圆台体)×根数

圆柱体积：$V_1=\pi R^2h=\pi\times(\frac{0.4}{2})^2\times(0.3+4+0.25)\text{m}^3=0.572\text{m}^3$

【注释】 $\pi\times(\frac{0.4}{2})^2$ 表示圆柱截面面积，(0.3 + 4 + 0.25)就表示(设计桩长 + 0.25m)。

圆台体积：$V_2 = \frac{1}{3}\pi h(R^2 + r^2 + Rr)$

$= \frac{1}{3}\times 3.1416\times 0.45\times(0.49\times 0.49 + 0.2\times 0.2 + 0.49\times 0.2)\text{m}^3$

$= 0.178\text{m}^3$

【注释】 圆台体积的计算公式：$V = \frac{1}{3}\pi h(R^2 + r^2 + Rr)$。其中 $h = 0.25$ 表示倒圆台的高度，$R = 0.49$ 表示倒圆台的上口圆的半径，$r = 0.2$ 表示倒圆台的下口圆的半径。

倒圆台体积：$V_3 = \frac{1}{3}\times 3.1416\times 0.25\times(0.49\times 0.49 + 0.2\times 0.2 + 0.49\times 0.2)\text{m}^3$

$= 0.099\text{m}^3$

【注释】 圆台体积的计算公式：$V = \frac{1}{3}\pi h(R^2 + r^2 + Rr)$。其中 $h = 0.25$ 表示倒圆台的高度，$R = 0.49$ 表示倒圆台的上口圆的半径，$r = 0.2$ 表示倒圆台的下口圆的半径。

C20 混凝土灌注桩工程量：

$V = (V_1 + V_2 + V_3)\times 238 = (0.572 + 0.178 + 0.099)\times 238\text{m}^3 = 0.849\times 238\text{m}^3 = 202.06\text{m}^3$

【注释】 螺旋钻孔工程量 = (圆柱体体积 + 圆台体体积 + 倒圆台体体积) × 根数。238 表示灌注桩的根数。

C20 混凝土灌注桩补桩工程量：$V = 0.849\text{m}^3\times 29 = 24.62\text{m}^3$

【注释】 0.849 = 0.572 + 0.178 + 0.099 表示前面计算出的混凝土灌注桩工程量。29 表示补桩的个数。

C20 混凝土灌注桩试桩工程量：$V = 0.849\text{m}^3\times 6 = 5.09\text{m}^3$

【注释】 0.849 = 0.572 + 0.178 + 0.099 表示前面计算出的混凝土灌注桩工程量。6 表示试桩的个数。

(2)清单工程量

清单工程量计算见表 7-17。

表 7-17 清单工程量计算表

项目编码	项目名称	项目特征描述	计量单位	工程量
010302003001	干作业成孔灌注桩	一类土，238 根，螺旋钻孔灌注	根	238

注：钢筋笼制安、凿桩头另按第五章定额项目有关规定计算。

7.5 砂石灌注桩

定额工程量计算规则：

(1)打孔灌注桩：

①混凝土桩、砂桩、碎石桩的体积，按设计规定的桩长(包括桩尖，不扣除桩尖虚体积)乘以钢管管箍外径截面面积计算。

②扩大桩的体积按单桩体积乘以次数计算。

③打孔后先埋入预制混凝土桩尖，再灌注混凝土者，桩尖按定额钢筋混凝土章节规定计算

体积,灌注桩按设计长度(自桩尖顶面至桩顶面高度)乘以钢管管箍外径截面面积计算。

(2)钻孔灌注桩,按设计桩长(包括桩尖,不扣除桩尖虚体积)增加0.25乘以设计断面面积计算。

清单工程量计算规则:按设计图示尺寸以桩长(包括桩尖)计算。

【例18】 计算如图7-18所示现场灌注砂桩860根的工程量并套定额(二类土)。

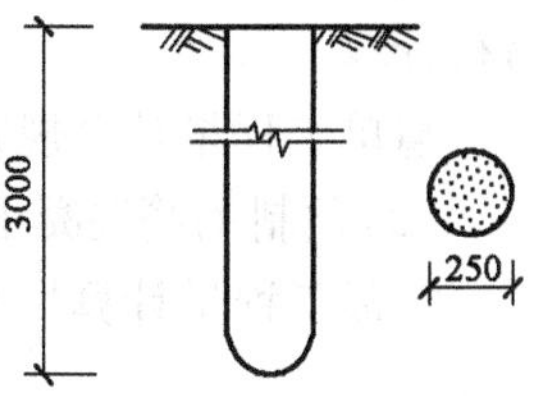

图7-18 灌注砂柱

【解】 (1)定额工程量

工程量 $=3\times(0.25^2\times\pi)/4\times860=126.65\text{m}^3$

采用柴油打桩机打孔,二类土。在定额表第二章第九节"打孔灌注砂石桩"中,查得柴油桩机打孔,桩长10m以内,二类土,应套定额2-100。

【注释】 $3\times(0.25^2\times\pi)/4$ 表示桩截面面积,860表示桩的根数。

(2)清单工程量

$3\times860\text{m}=2580\text{m}$

清单工程量计算见表7-18。

表7-18 清单工程量计算表

项目编码	项目名称	项目特征描述	计量单位	工程量
010201007001	砂石桩	二类土,桩长3m,桩外径250mm,柴油打桩机打孔,860根	m	2580

7.6 灰土挤密桩

定额工程量计算规则:按设计图示尺寸以体积计算。

清单工程量计算规则:按设计图示尺寸以桩长(包括桩尖)计算。

【例19】 某工程处理湿陷性黄土地基,采用冲击沉管挤密灌注粉煤灰混凝土短桩,如图7-19所示,试计算其工程量(共985根桩)。

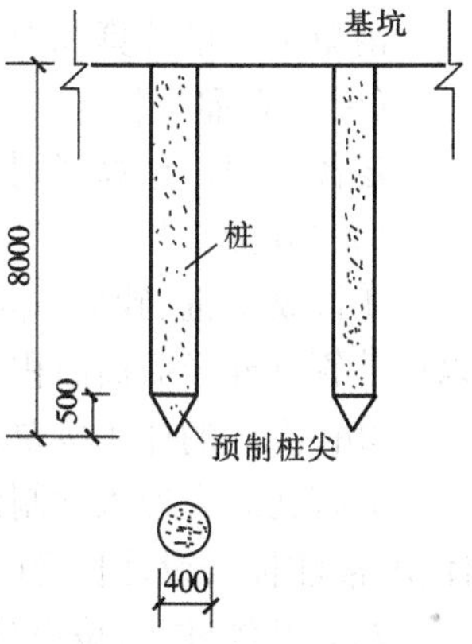

图7-19 灌注桩断面示意图

【解】 (1)定额工程量

灰土挤密桩工程量按其体积计算:

$V=3.1416\times0.2\times0.2\times(8-0.5)\times985\text{m}^3=928.34\text{m}^3$

【注释】 $3.1416\times0.2\times0.2$ 表示灰土挤密桩截面积,$(8-0.5)$ 表示桩身的长度。985表示桩的个数。

预制桩尖不算在内。

套用基础定额2-122。

(2)清单工程量

$8\times985\text{m}=7880\text{m}$

清单工程量计算见表7-19。

表7-19 清单工程量计算表

项目编码	项目名称	项目特征描述	计量单位	工程量
010201014001	灰土挤密桩	二类土,桩长8m,桩外径400mm,985根	m	7880

7.7 桩与地基基础工程清单工程量和定额工程量计算规则的区别

(1)预制钢筋混凝土桩:

定额工程量计算规则:①按设计桩长(包括桩尖,不扣除桩尖虚体积)乘以桩截面面积计算,管桩的空心体积应扣除;如管桩的空心部分按设计要求灌注混凝土或其他填充材料时,应另行计算。

清单工程量计算规则:按设计图示尺寸以桩长(包括桩尖)或根数计算。

(2)预制钢筋混凝土方桩、接桩:

定额工程量计算规则:电焊接桩按设计接头,以个计算;硫磺胶泥接桩按桩断面以平方米计算。

清单工程量计算规则:

①以米计量,按设计图示尺寸以桩长(包括桩尖)计算;

②以立方米计量,按设计图示截面积乘以桩长(包括桩尖)以实体积计算;

③以根计量,按设计图示数量计算。

(3)混凝土灌注桩:

定额工程量计算规则:

1)打孔灌注桩

①混凝土桩、砂桩、碎石桩的体积,按设计规定的桩长(包括桩尖,不扣除桩尖虚体积)乘以钢管管箍外径截面面积计算。

②扩大桩的体积按单桩体积乘以次数计算。

③打孔后先埋入预制混凝土桩尖,再灌注混凝土者,桩尖按定额钢筋混凝土章节规定计算体积,灌注桩按设计长度(自桩尖顶面至桩顶面高度)乘以钢管管箍外径截面面积计算。

2)钻孔灌注桩,按设计桩长(包括桩尖,不扣除桩尖虚体积)增加0.25m乘以设计断面面积计算。

清单工程量计算规则:按设计图示尺寸以桩长(包括桩尖)或根数计算。

(4)砂石灌注桩

定额工程量计算规则:

1)打孔灌注桩

①混凝土桩、砂桩、碎石桩的体积,按设计规定的桩长(包括桩尖,不扣除桩尖虚体积)乘以钢管管箍外径截面面积计算。

②扩大桩的体积按单桩体积乘以次数计算。

③打孔后先埋入预制混凝土桩尖,再灌注混凝土者,桩尖按定额钢筋混凝土章节规定计算体积,灌注桩按设计长度(自桩尖顶面至桩顶面高度)乘以钢管管箍外径截面面积计算。

2)钻孔灌注桩,按设计桩长(包括桩尖,不扣除桩尖虚体积)增加0.25m乘以设计断面面积计算。

清单工程量计算规则:按设计图示尺寸以桩长(包括桩尖)计算。

(5)灰土挤密桩

定额工程量计算规则:按设计图示尺寸以体积计算。

清单工程量计算规则:按设计图示尺寸以桩长(包括桩尖)计算。

第 8 章　金属结构工程

8.1　总说明

金属结构工程在定额中称为金属结构制作工程。

本章主要介绍了钢屋架、实腹柱、空腹柱、钢吊车梁、钢支撑、钢梯、钢栏杆、钢漏斗、钢支架等项目的清单工程量和定额工程量计算规则，通过实例解释计算规则，并介绍了金属结构工程清单工程量和定额工程量计算规则的区别与联系。清单工程量和定额工程量计算规则相同，均按设计图示尺寸以质量计算。不扣除孔眼、切边、切肢的质量，焊条、铆钉、螺栓等不另增加质量，不规则或多边形钢板以其外接矩形面积乘以厚度乘以单位理论质量计算。

8.2　钢屋架

清单工程量和定额工程量计算规则相同，均按设计图示尺寸以重量计算。不扣除孔眼、切边、切肢的重量，焊条、铆钉、螺栓等不另增加重量，不规则或多边形钢板以其外接矩形面积乘以厚度乘以单位理论重量计算。

【例 1】 如图 8-1 所示为某钢屋架，求其制作工程量。

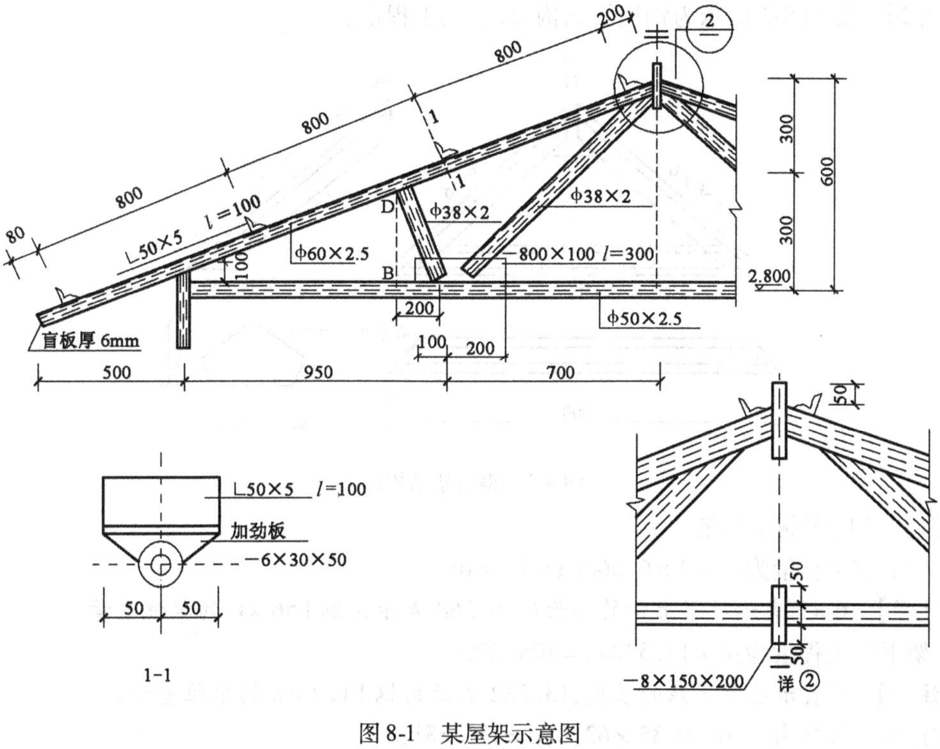

图 8-1　某屋架示意图

【解】 (1)定额工程量

上弦杆($\phi60\times2.5$ 钢管):$(0.08+0.8\times3+0.2)\times2\times3.54\text{kg}=2.68\times2\times3.54\text{kg}$

$=18.97\text{kg}$

【注释】 $(0.08+0.8\times3+0.2)$表示一侧上弦杆的长度,2 表示两侧上弦杆,3.54 是查表得到的,表示 $\phi60\times2.5$ 钢管的单位重量。

下弦杆($\phi50\times2.5$ 钢管):$(0.95+0.7)\times2\times2.93\text{kg}=9.67\text{kg}$

【注释】 $(0.95+0.7)$表示一侧下弦杆的长度,2 表示两侧下弦杆,2.93 也是查表得到的,表示 $\phi50\times2.5$ 钢管的单位重量。

斜杆($\phi38\times2$ 钢管):$(\sqrt{0.6^2+0.70^2}+\sqrt{0.2^2+0.3^2})\times2\times1.78\text{kg}=(\sqrt{0.36+0.49}+\sqrt{0.04+0.09})\times2\times1.78\text{kg}=4.57\text{kg}$

套用基础定额 12-6。

【注释】 $\sqrt{0.6^2+0.70^2}$表示长的那个斜杆的长度,$\sqrt{0.2^2+0.3^2}$表示短的那个斜杆的长度,2 表示两侧斜杆,1.78 表示 $\phi38\times2$ 钢管的单位重量。

(2)清单工程量

工程量 $=(18.97+9.67+4.57)\text{kg}=33.21\text{kg}=0.033\text{t}$

清单工程量计算见表 8-1。

表 8-1 清单工程量计算表

项目编码	项目名称	项目特征描述	计量单位	工程量
010602001001	钢屋架	单榀屋架重 0.033t,$\phi60\times2.5$ 钢管,$\phi50\times2.5$ 钢管,$\phi38\times2$ 钢管	t	0.033

【例 2】 如图 8-2 所示为钢屋架结构,计算其工程量。

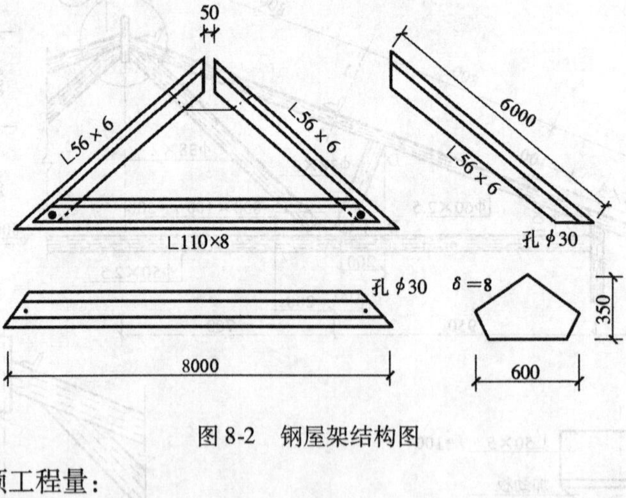

图 8-2 钢屋架结构图

【解】 (1)定额工程量:

屋架上弦工程量为:$6\times2\times6.568\text{kg}=78.816\text{kg}$

【注释】 6×2 表示屋架上弦的总长度,6.568 表示角钢 L56×6 的单位重量。

屋架下弦工程量为:$8\times13.532\text{kg}=108.256\text{kg}$

【注释】 8 表示屋架下弦的长度,13.532 表示角钢 L110×8 的单位重量。

连接板工程量为:$0.6\times0.35\times62.8\text{kg}=13.188\text{kg}$

【注释】 工程量计算规则中规定:不规则图形的面积是按其最大对角线乘以最大宽度来

计算的。0.6×0.35 表示不规则图形的面积,62.8 表示钢板的单位重量。

该屋架工程量合计为:(78.816+108.256+13.188)kg=200.26kg=0.200t

套用基础定额 12-6。

(2)清单工程量计算方法同定额工程量。

清单工程量计算见表 8-2。

表 8-2 清单工程量计算表

项目编码	项目名称	项目特征描述	计量单位	工程量
010602001001	钢屋架	单榀重 0.200t	t	0.200

8.3 实腹柱

清单工程量和定额工程量计算规则相同,均按设计图示尺寸以重量计算。不扣除孔眼、切边、切肢的重量,焊条、铆钉、螺栓等不另增加重量,不规则或多边形钢板,以其外接矩形面积乘以厚度乘以单位理论重量计算,依附在钢柱上的牛腿及悬壁梁等并入钢柱工程量内。

【例 3】 如图 8-3 所示,求钢柱制作工程量。

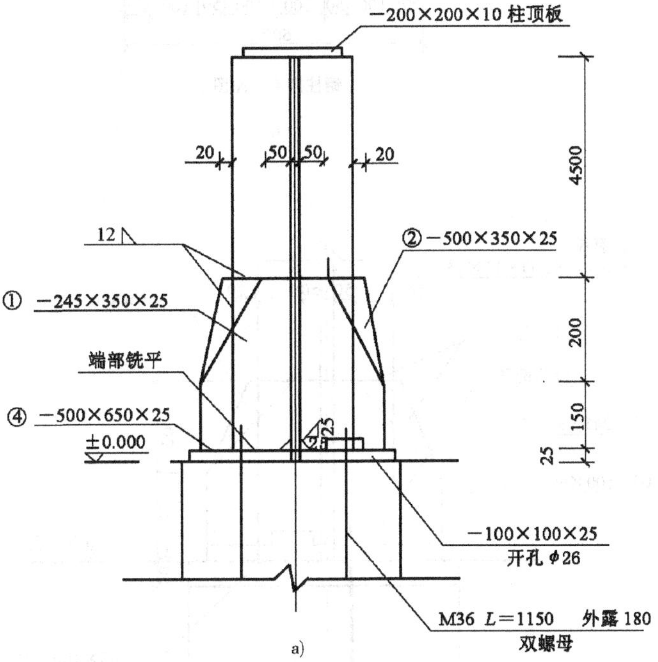

图 8-3 钢柱制作示意图

【解】 (1)定额工程量

柱腹板($\delta=10$mm):(4.5+0.2+0.15)×(0.3+0.025×2)×78.5kg=4.85×0.35×78.5kg

=133.25kg

【注释】 (4.5+0.2+0.15)表示腹板的长度。工程量计算规则中规定:实腹柱、吊车梁、H 型钢均按图示尺寸计算,其中腹板及翼板宽度按每边增加 25mm 计算。所以腹板的宽度为(0.3+0.025×2)。78.5 可查表得到,表示厚度为 10mm 的钢板的单位重量。

柱顶板($\delta=10$mm):0.2×0.2×78.5kg=3.14kg

【注释】 0.2×0.2 表示柱顶板的面积,78.5 表示厚度为 10mm 的钢板的单位重量。

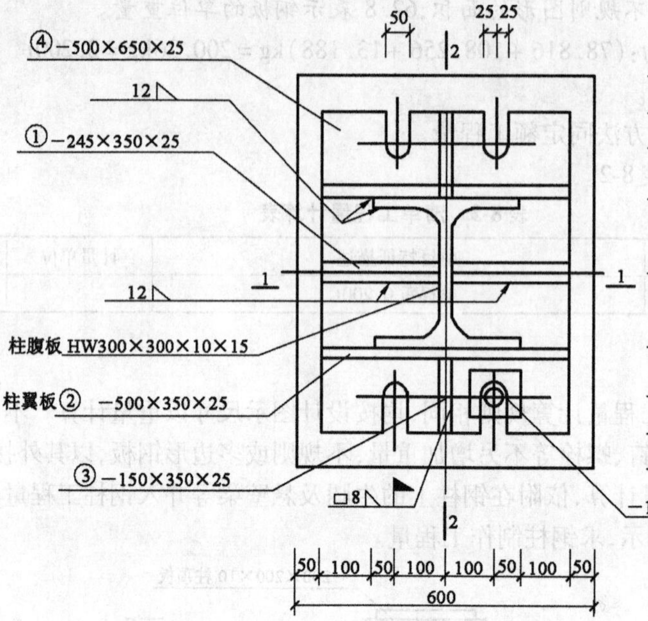

钢柱接点平面图

b)

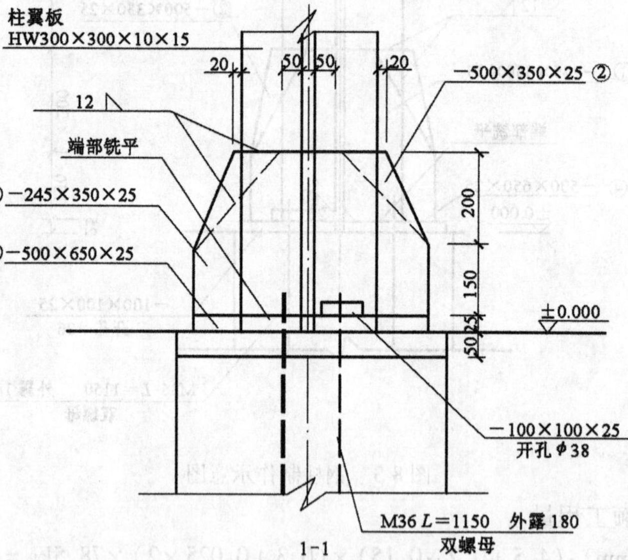

1-1

c)

图 8-3 钢柱制作示意图(续)

柱翼板($\delta=15$mm):$(4.5+0.2+0.15)\times(0.3+0.025\times2)\times2\times117.75$kg $=4.85\times0.35\times2\times117.75$kg $=399.76$kg

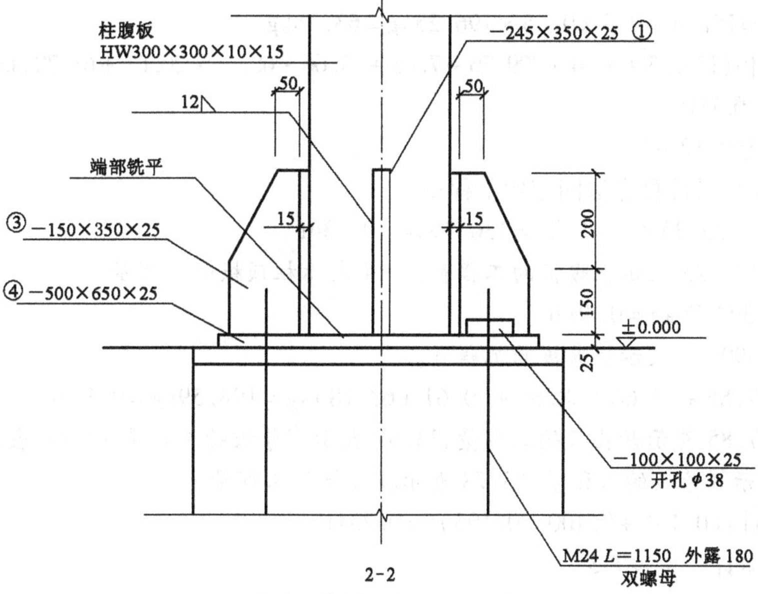

d)

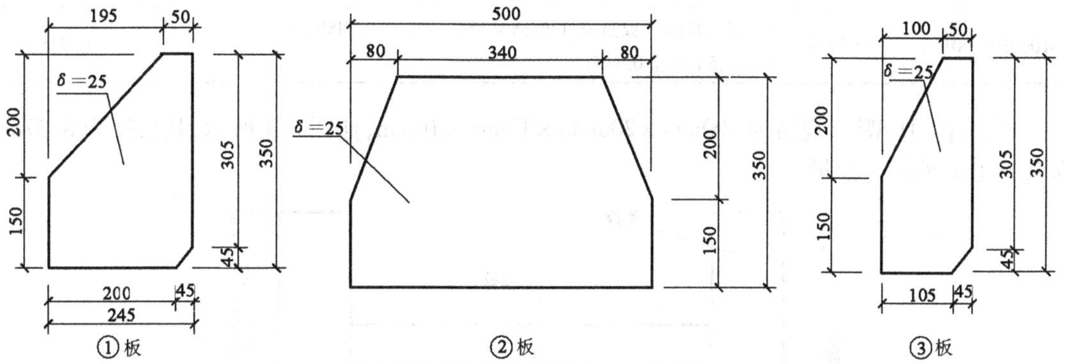

e)

图 8-3　钢柱制作示意图(续)

【注释】 (4.5 +0.2 +0.15)表示翼板的长度,(0.3 +0.025 ×2)表示翼板的计算宽度,等于翼板的实际宽度每边再各加 25mm,2 表示有两块翼板,117.75 表示厚度为 15mm 的钢板的单位重量。

开孔板(δ = 25mm):0.1 ×0.1 ×4 ×196.25kg = 7.85kg

【注释】 0.1 ×0.1 表示开孔板的面积,4 表示有四块开孔板,196.25 表示厚度为 25mm 的钢板的单位重量。

①号板(δ = 25mm):0.245 ×0.35 ×2 ×196.25kg = 33.66kg

【注释】 0.245 ×0.35 表示①号板的面积。2 表示两块①号板。

②号板(δ = 25mm):0.5 ×0.35 ×2 ×196.25kg = 68.69kg

【注释】 0.5 ×0.35 表示②号板的面积。

③号板($\delta = 25mm$):$0.15 \times 0.35 \times 2 \times 196.25kg = 20.61kg$

④号板($\delta = 25mm$):$0.5 \times 0.65 \times 196.25kg = 63.78kg$

工程量合计:$(133.25 + 3.14 + 399.76 + 7.85 + 33.66 + 68.69 + 20.61 + 63.78)kg = 730.74kg = 0.731t$

套用基础定额 12 - 1。

(2)清单工程量计算方法同定额工程量。

$\delta = 10mm$:$(133.25 + 3.14)kg = 136.39kg = 0.136t$

【注释】 133.25 表示柱腹板的工程量,3.14 表示柱顶板的工程量。

$\delta = 15mm$:$399.76kg = 0.400t$

【注释】 399.76 表示柱翼板的工程量。

$\delta = 25m$:$(7.85 + 33.66 + 68.69 + 20.61 + 63.78)kg = 194.59kg = 0.195t$

【注释】 7.85 表示开孔板的工程量,33.66 表示①号板的工程量,68.69 表示②号板的工程量,20.61 表示③号板的工程量,63.78 表示④号板的工程量。

工程量合计:$(0.136 + 0.400 + 0.195)t = 0.731t$

清单工程量计算见表 8-3。

表 8-3 清单工程量计算表

项目编码	项目名称	项目特征描述	计量单位	工程量
010603001001	实腹钢柱	$\delta = 10mm$,板重 0.136t;$\delta = 15mm$,板重 0.400t;$\delta = 25mm$,重 0.195t	t	0.731

【例 4】 H 型钢,规格为 $400mm \times 200mm \times 12mm \times 16mm$,如图 8-4 所示,其长度为 8.37m,求其施工图预算工程量。

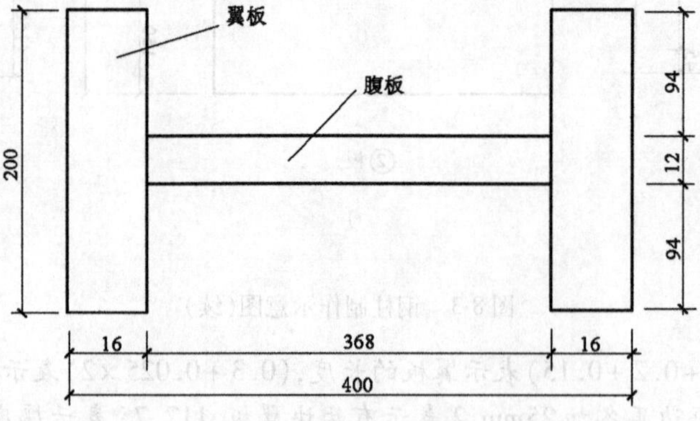

图 8-4 H 型钢示意图

【解】 (1)定额工程量

查表得 12mm 厚钢板的单位理论重量为 $94.20kg/m^2$,16mm 厚钢板的单位理论重量为 $125.60kg/m^2$。由公式:

钢板重量 = 单位理论重量 × 矩形面积

①12mm 厚钢板的工程量为:

$94.20kg/m^2 \times (0.368 + 0.05)m \times 8.37m = 0.330t$

【注释】 $0.05 = 0.025 \times 2$ 表示每边个加上的 25,$(0.368 + 0.05) \times 8.37$ 表示钢板的矩形

面积。

②16mm 厚钢板的工程量为：

$125.60kg/m^2 \times (0.2+0.05)m \times 8.37m \times 2 = 0.263t \times 2 = 0.526t$

【注释】 0.05 = 0.025 × 2 表示每边个加上的 25，(0.2 + 0.05) × 8.37 表示钢板的矩形面积，2 表示有两块翼板。

③总的预算工程量为：

$(0.330+0.526)t = 0.856t$

套用基础定额 12－45。

(2)清单工程量计算方法同定额工程量。

清单工程量计算见表 8-4。

表 8-4 清单工程量计算表

项目编码	项目名称	项目特征描述	计量单位	工程量
010603001001	实腹钢柱	H 型钢，400mm × 200mm × 12mm × 16mm，长 8.37m，单根重 0.855t	t	0.856

【例 5】 计算如图 8-5 所示 10 根钢柱工程量。

【解】 (1)定额工程量

1)方形钢板($\delta=8$)：

每平方米重量 $= 7.85 \times 8kg/m^2 = 62.8kg/m^2$

钢板面积 $= 0.3 \times 0.3m^2 = 0.09m^2$

重量小计：$62.8 \times 0.09 \times 2$(2 块) $= 11.304kg$

【注释】 每平方米的重量乘以钢板面积就得方形钢板的工程量。

2)不规则钢板($\delta=6$)：

每平方米重量 $= 7.85 \times 6kg/m^2 = 47.1kg/m^2$

钢板面积 $= (0.18+0.08) \times 0.8 \times \frac{1}{2}m^2 = 0.104m^2$

重量小计 $= 47.1 \times 0.104 \times 8$(8 块)$kg = 39.19kg$

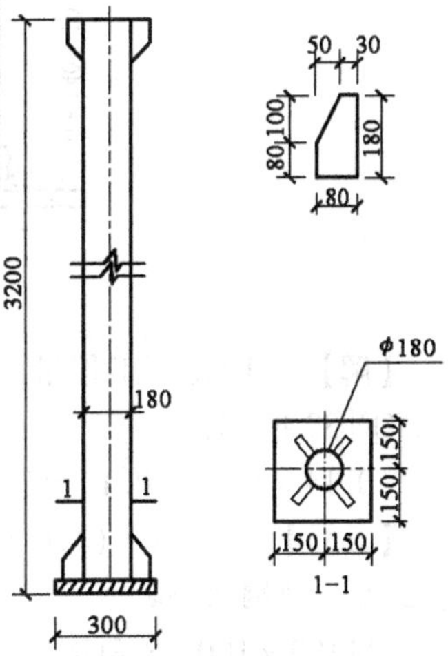

图 8-5 钢柱结构图

3)钢管重量：

3.184(长度) × 10.26(每米重量)kg = 32.67kg

4)10 根钢柱重量：

$(11.304+39.19+32.67) \times 10kg = 831.64kg = 0.832t$

套用基础定额 12－1。

(2)清单工程量

工程量 = 831.64kg = 0.832t

清单工程量计算见表 8-5。

表 8-5 清单工程量计算表

项目编码	项目名称	项目特征描述	计量单位	工程量
010603001001	实腹钢柱	单根柱重 0.083t，方形钢板 $\delta=8mm$，不规则钢板 $\delta=6mm$，钢管	t	0.832

8.4 空腹柱

清单工程量和定额工程量计算规则相同,均按设计图示尺寸以重量计算。不扣除孔眼、切边、切肢的重量,焊条、铆钉、螺栓等不另增加重量,不规则或多边形钢板,以其外接矩形面积乘以厚度乘以单位理论质量计算,依附在钢柱上的牛腿及悬壁梁等并入钢柱工程量内。

【例 6】 如图 8-6 所示为空腹钢柱,计算其钢柱工程量。

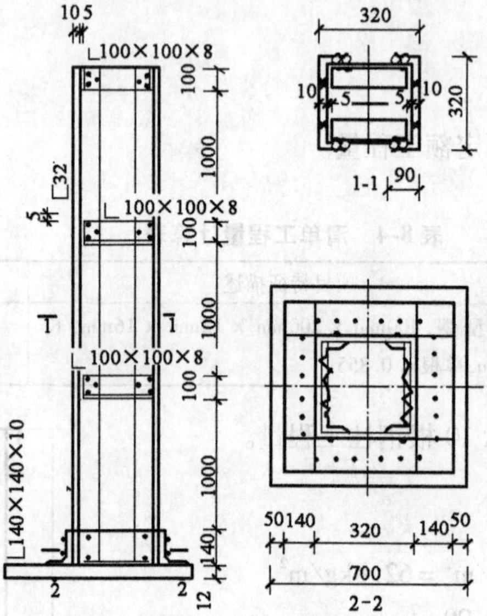

图 8-6 空腹钢柱示意图

【解】 (1)定额工程量

①[32 槽钢:

[0.14 +(1.0 +0.1)×3]×43.25 ×2kg = 297.56kg

【注释】 [0.14 +(1.0 +0.1)×3]表示槽钢的总长,43.25 表示[32 槽钢的单位理论重量,2 表示槽钢的个数。

②∟100 ×100 ×8 角钢:

(0.32 -0.015 ×2)×12.276 ×6kg = 21.36kg

【注释】 (0.32 -0.015 ×2)表示角钢的长度,12.276 表示单位理论重量,6 表示角钢总根数。

③底座 ∟140 ×140 ×10:

(0.32 +0.02)×4 ×21.488kg = 29.22kg

【注释】 0.02 =0.01 ×2 表示角钢的厚度,(0.32 +0.02)表示长度,4 表示角钢的总根数,21.488 表示单位理论重量。

④ -12 钢板:0.7 ×0.7 ×94.20kg = 46.16kg

【注释】 0.7 ×0.7 表示扁钢的矩形面积,94.20 表示扁钢的单位重量。

工程量合计:(297.56 +22.83 +29.22 +46.16)kg = 395.77kg = 0.396t

套用基础定额 12 -4。

(2)清单工程量计算方法同定额工程量。

清单工程量计算见表 8-6。

表 8-6 清单工程量计算表

项目编码	项目名称	项目特征描述	计量单位	工程量
010603002001	空腹钢柱	单根重 0.396t	t	0.396

8.5 钢吊车梁

清单工程量和定额工程量计算规则相同，均按设计图示尺寸以重量计算。不扣除孔眼、切边、切肢的重量，焊条、铆钉、螺栓等不另增加重量，不规则或多边形钢板，以其外接矩形面积乘以厚度乘以单位理论重量计算，制动梁、制动板、制动桁架、车档并入钢吊车梁工程量内。

【例 7】 如图 8-7 所示为某钢吊车梁，求 DL－2 钢吊车梁制作工程量。

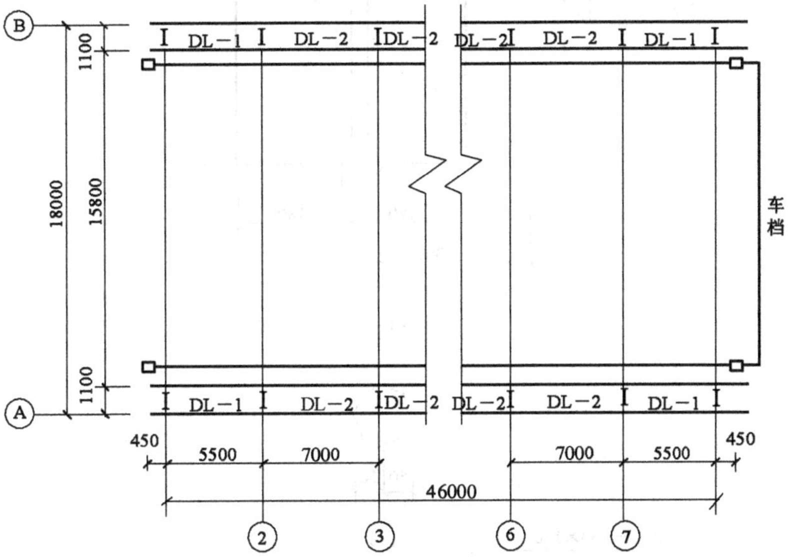

a)

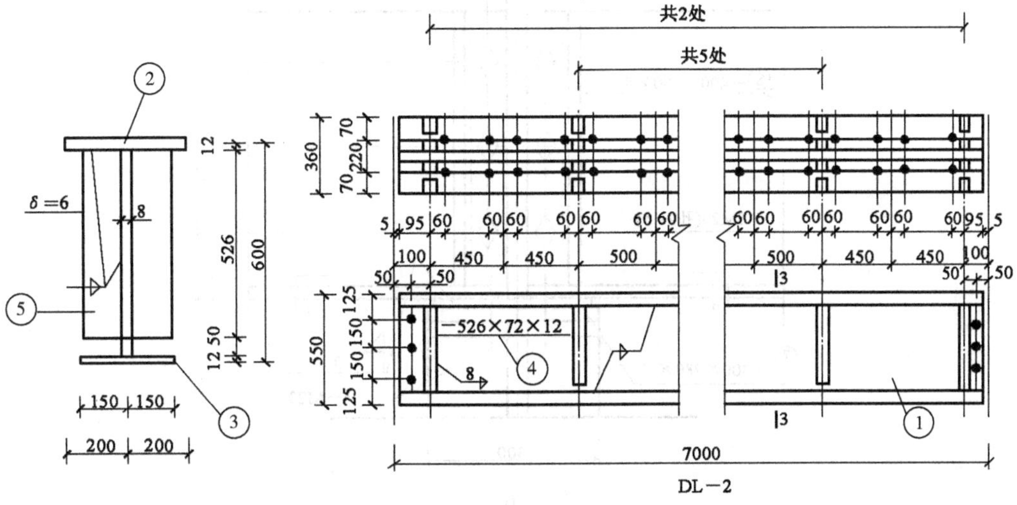

b)

图 8-7 钢吊车梁示意图

a) 平面图 b) 钢吊车梁立面图

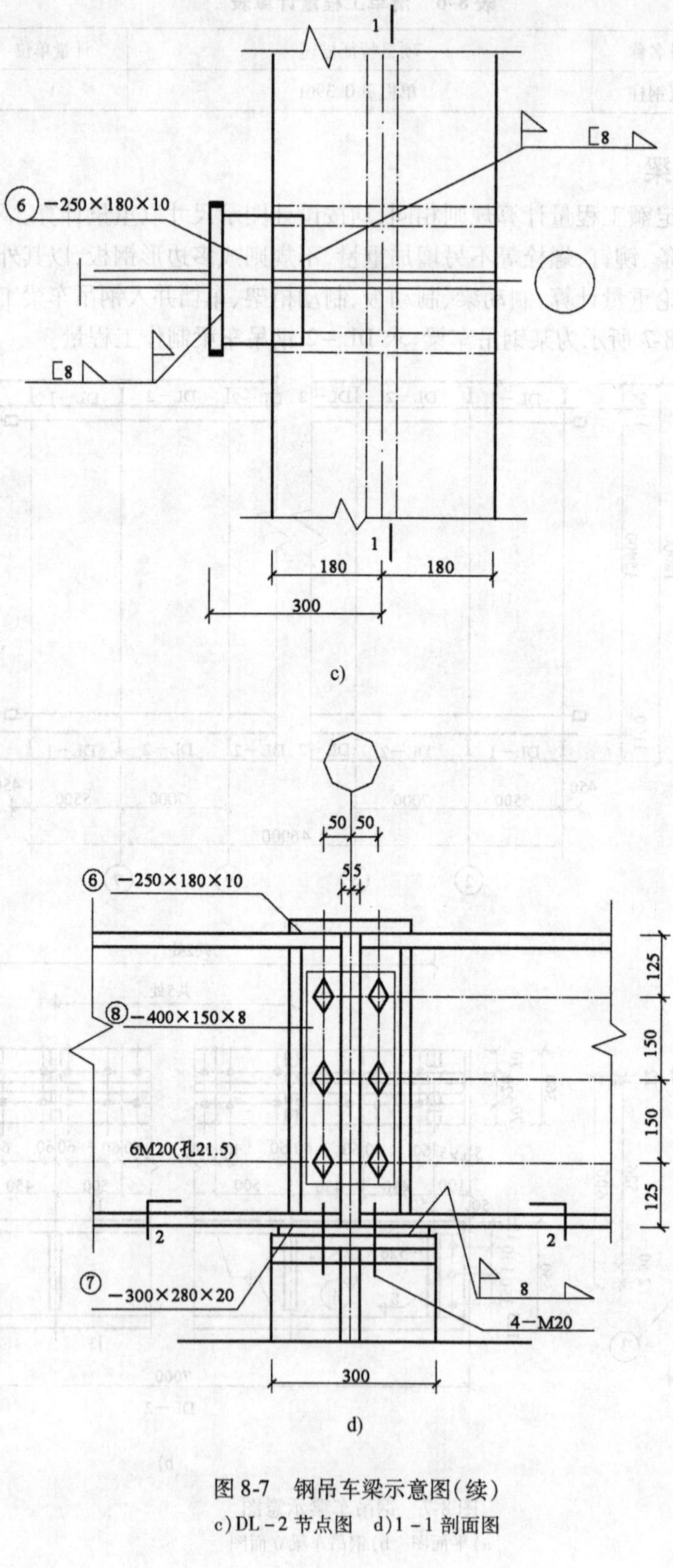

图 8-7 钢吊车梁示意图(续)

c) DL－2 节点图 d) 1－1 剖面图

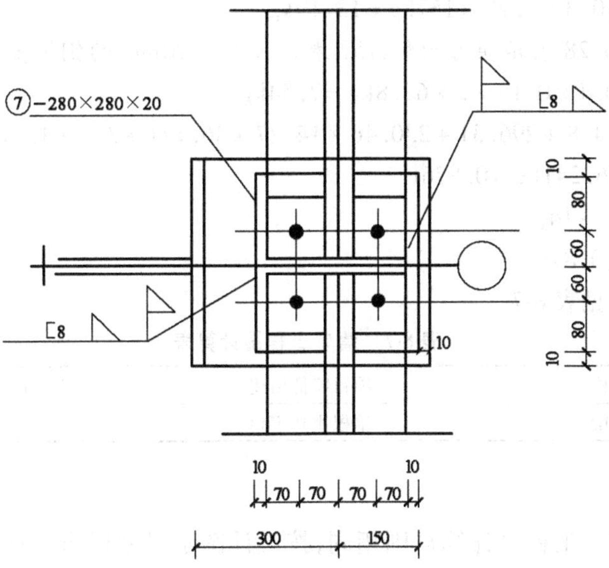

e)

图 8-7　钢吊车梁示意图(续)

e)2-2 剖面图

【解】 (1)定额工程量

①号板($\delta=8$):$(7-0.01)\times(0.6+0.025\times2-0.012\times2)\times62.8$kg $=(6.99\times0.626\times62.8)$kg $=274.80$kg

【注释】 $0.01=0.005\times2$ 对应图 8-7b 来看,两边各减去 5mm。0.025×2 表示腹板两端各加 25mm,0.012×2 表示两端减去的翼板的厚度,$(7-0.01)\times(0.6+0.025\times2-0.012\times2)$表示腹板的矩形面积,62.8 表示钢板重量。

②号板($\delta=12$):$(7-0.01)\times(0.2\times2+0.025\times2)\times94.2$kg $=6.99\times0.45\times94.2$kg $=296.31$kg

【注释】 0.2×2 表示翼板的实际宽度,0.025×2 表示翼板两端各加 25mm,$(7-0.01)\times(0.2\times2+0.025\times2)$表示翼板的面积,94.2 表示钢板重量。

③号板($\delta=12$):$(7-0.01)\times(0.15\times2+0.025\times2)\times94.2$kg $=6.99\times0.35\times94.2$kg $=230.46$kg

【注释】 0.15×2 表示另一端翼板的实际宽度,0.025×2 表示翼板两端各加 25mm,$(7-0.01)\times(0.15\times2+0.025\times2)$表示另一端翼板的面积,94.2 表示钢板重量。

④号板($\delta=12$):$0.526\times0.072\times4\times94.2=14.27$kg

【注释】 0.526×0.072 表示矩形面积,$\times4$ 表示四块板的总面积。

⑤号板($\delta=6$):$0.526\times(0.15-0.004)\times2\times5\times47.1$kg

$=0.526\times0.146\times2\times5\times47.1$kg $=36.171$kg

【注释】 0.004 表示中间腹板厚度的一半,$(0.15-0.004)\times2$ 表示一块板宽,5 表示板个数,47.1 表示板厚为 6mm 的钢板重量。

⑥号板($\delta=10$):$0.25\times0.18\times78.5$kg $=3.5$kg

【注释】 0.25×0.18 表示矩形面积,78.5 表示板厚为 10mm 的钢板重量。

⑦号板($\delta=20$):$0.3\times0.28\times157$kg = 13.19kg

【注释】 0.3×0.28 表示矩形面积，157 表示板厚为 20mm 的钢板重量。

⑧号板($\delta=8$):$0.4\times0.15\times2\times62.8$kg = 7.54kg

工程量合计:(274.8 + 296.31 + 230.46 + 14.27 + 36.171 + 3.5 + 13.19 + 7.54)kg

= 876.241kg = 0.876t

套用基础定额 12 - 14。

(2)清单工程量:0.876t。

清单工程量计算见表 8-7。

表 8-7 清单工程量计算表

项目编码	项目名称	项目特征描述	计量单位	工程量
010604002001	钢吊车梁	单根重 0.876t	t	0.876

8.6 钢支撑

清单工程量和定额工程量计算规则相同，按设计图示尺寸以重量计算。不扣除孔眼、切边、切肢的重量，焊条、铆钉、螺栓等不另增加重量，不规则或多边形钢板以其外接矩形面积乘以厚度乘以单位理论重量计算。

【例 8】 如图 8-8 所示，求钢支撑制作工程量。

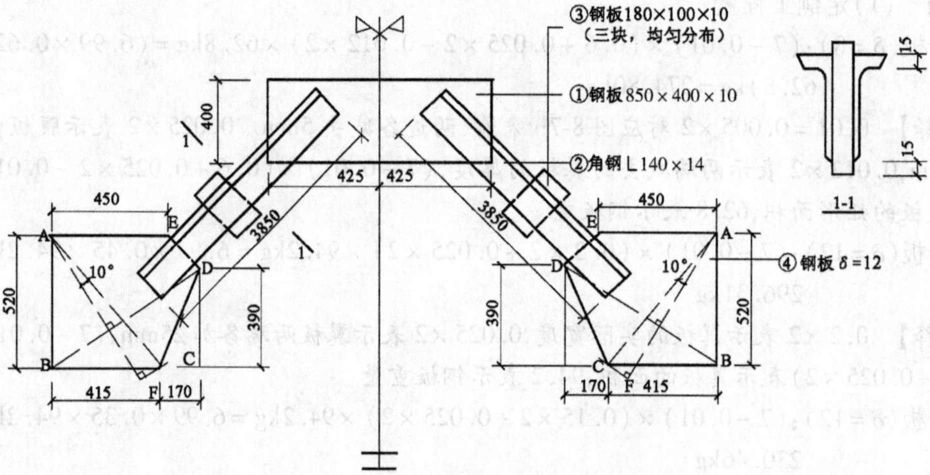

图 8-8 某工程钢支撑示意图

【解】 (1)定额工程量

角钢(L140×14):$3.85\times2\times2\times29.5$kg = 454.3kg

【注释】 3.85 表示一个角钢的长度，×2 表示两个角钢的总长，再乘以 2 表示两边对称部分的长度，29.5 表示单位理论重量。

钢板($\delta=10$):$0.85\times0.4\times78.5$kg = 26.7kg

【注释】 0.85×0.4 表示①号钢板的矩形面积，78.5 表示厚度为 10mm 的钢板重量。

钢板($\delta=10$):$0.18\times0.1\times3\times2\times78.5$kg = 8.478kg

【注释】 0.18×0.1 表示③号钢板的矩形面积，×3 表示每边有三块板，再乘以 2 表示两侧对称部分的面积。

钢板($\delta=12$)：(0.17+0.415)×0.52×2×94.2=0.585×0.52×2×94.2kg=57.3kg

【注释】 (0.17+0.415)×0.52 表示不规则钢板的面积，按照不规则图形的以其外接矩形面积来计算。乘以 2 表示两侧两个不规则钢板的面积，94.2 表示厚度为 12mm 的钢板重量。

工程量合计：(454.3+26.7+8.478+57.3)kg=546.78kg=0.547t

套用基础定额 12－28。

(2)清单工程量

工程量=0.547t

清单工程量计算见表 8-8。

表 8-8 清单工程量计算表

项目编码	项目名称	项目特征描述	计量单位	工程量
010606001001	钢支撑、钢拉条	角钢，钢板，单式	t	0.547

【例 9】 根据图 8-9 所示尺寸，计算柱间支撑制作工程量。

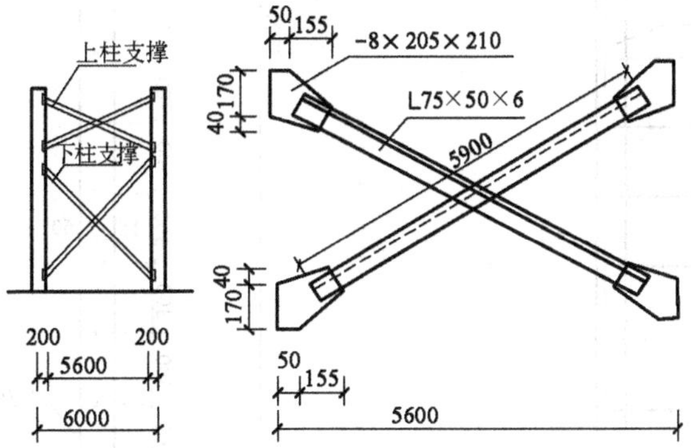

图 8-9 柱间支撑

【解】 (1)定额工程量

角钢每米重=0.00795×厚×(长边+短边－厚)

=0.00795×6×(75+50－6)kg/m

=5.68kg/m

钢板重量=7.85×8kg/m^2=62.8kg/m^2

钢支撑工程量：角钢：5.90×2×5.68kg=67.02kg

【注释】 5.90×2 表示两个钢支撑的长度，5.68 表示角钢的单位重量。

钢板工程量：(0.205×0.21×4)×62.8kg=0.1722×62.80kg=10.81kg

【注释】 0.205=0.05+0.155，0.21=0.17+0.04，(0.205×0.21×4)表示四个不规则图形的面积，是按不规则图形的以其外接矩形面积来计算的。

柱间支撑制作工程量=(67.02+10.81)kg=77.83kg=0.078t

套用基础定额 12－28。

(2)清单工程量计算方法同定额工程量。

清单工程量计算见表 8-9。

表 8-9　清单工程量计算表

项目编码	项目名称	项目特征描述	计量单位	工程量
010606001001	钢支撑、钢拉条	单根重 0.078t，角钢，钢板	t	0.078

8.7　钢梯

清单工程量和定额工程量计算规则相同，按设计图示尺寸以重量计算。不扣除孔眼、切边、切肢的重量，焊条、铆钉、螺栓等不另增加重量，不规则或多边形钢板以其外接矩形面积乘以厚度乘以单位理论重量计算。

【例 10】　如图 8-10 所示，求制作钢直梯工程量。

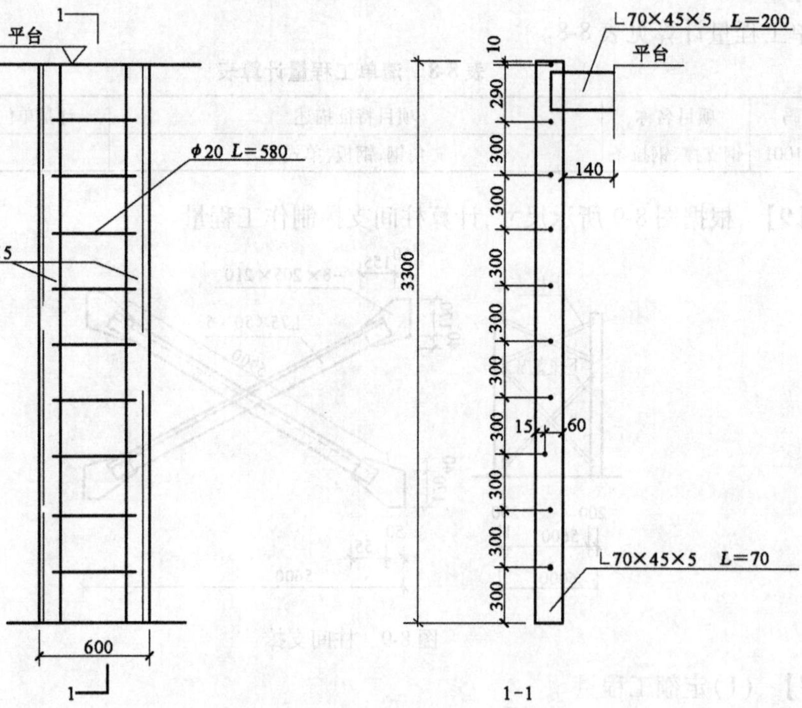

图 8-10　某钢梯示意图

【解】　(1) 定额工程量

角钢：L70 ×45 ×5 = 3.3 ×2 ×4.403kg = 29.06kg

【注释】　3.3 表示一侧角钢的长度，乘以 2 表示钢梯两侧角钢的总长度，4.403 表示角钢的单位理论重量。

L70 ×45 ×5 = 0.2 ×2 ×4.403kg = 1.76kg

【注释】　对应剖面图来看，0.2 表示钢梯与平台连接处的宽度，乘以 2 表示两侧的宽度。4.403 表示角钢的单位理论重量。

L70 ×45 ×5 = 0.07 ×2 ×4.403kg = 0.62kg

【注释】　0.07 表示角钢的长边。4.403 表示角钢的单位理论重量。

ϕ20：0.58 ×10 ×2.47kg = 14.33kg

【注释】　0.58 表示钢梯踏步的长，10 表示有十级楼梯踏步。2.47 表示直径为 20 的钢筋的单位理论重量。

工程量合计：(29.06 + 1.76 + 0.62 + 14.33)kg = 45.77kg = 0.046t

【注释】 把每一部分工程量加起来即可。

套用基础定额 12 − 38。

(2)清单工程量计算方法同定额工程量。

清单工程量计算见表 8-10。

表 8-10 清单工程量计算表

项目编码	项目名称	项目特征描述	计量单位	工程量
010606008001	钢梯	角钢 L70 × 45 × 5, ϕ20 直梯	t	0.046

【例 11】 如图 8-11 所示，计算踏步式铁梯工程量。

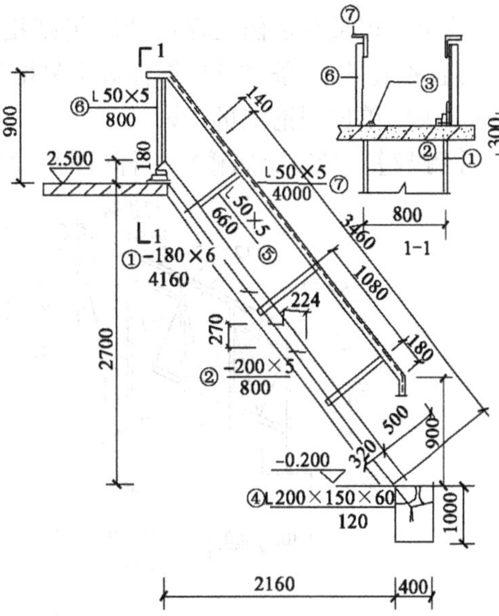

图 8-11 踏步式铁梯示意图

【解】 (1)定额工程量

踏步式铁梯工程量按设计图示几何尺寸，计算出长度后再折算成重量，以重量吨为单位计算，工程量如下：

1)− 180 × 6 L = 4160

2 × 0.18 × 4.16 × 47.1kg = 70.54kg

【注释】 0.18 表示扁钢的宽度，4.16 表示扁钢的长度，2 表示楼梯两侧有两块扁钢，47.1 表示厚度为 6mm 的扁钢重量。

2)− 200 × 5 L = 800

2.7/0.3 × 0.8 × 0.2 × 39.25kg = 9 × 0.8 × 0.2 × 39.25kg = 56.52kg

【注释】 2.7 表示楼梯高度，2.7/0.3 表示扁钢个数，0.8 × 0.2 表示一块扁钢的面积，39.25 表示厚度为 5mm 的扁钢重量。

3)L100 × 10 L = 120

2 × 0.12 × 15.12kg = 3.63kg

【注释】 2 × 0.12 表示两个角钢的长度，15.12 表示角钢的单位理论重量。

4)L200 × 150 × 60 L = 120

4 × 0.12 × 42.34kg = 20.32kg

【注释】 4 × 0.12 表示四个角钢的总长度，42.34 表示角钢的单位理论重量。

5)L50 × 5 L = 660

6 × 0.66 × 3.77kg = 14.93kg

6)L50 × 5 L = 800 2 × 0.8 × 3.77kg = 6.03kg

【注释】 2 × 0.8 表示楼梯两侧的两个角钢长度。

7)L50 × 5 L = 4000 2 × 4 × 3.77kg = 30.16kg

主材总重量：

(70.54 + 56.52 + 3.63 + 20.32 + 14.93 + 6.03 + 30.16) kg = 202.13kg = 0.202t

套用基础定额 12 - 38。

(2) 清单工程量计算方法同定额工程量。

清单工程量计算见表 8-11。

表 8-11　清单工程量计算表

项目编码	项目名称	项目特征描述	计量单位	工程量
010606008001	钢梯	-180×6, -200×5, L100×10, L200×150×60, L50×5, L50×5	t	0.202

8.8 钢栏杆

清单工程量和定额工程量计算规则相同，按设计图示尺寸以重量计算。不扣除孔眼、切边、切肢的重量，焊条、铆钉、螺栓等不另增加重量，不规则或多边形钢板以其外接矩形面积乘以厚度乘以单位理论重量计算。

【例 12】 计算金属楼梯栏杆（图 8-12）的工程量。

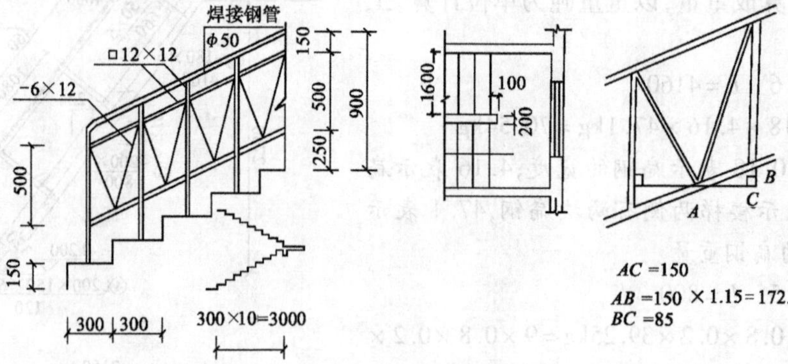

图 8-12　金属楼梯示意图

【解】 (1) 定额工程量

1) □12×12 方钢：

工程量计算公式：

（斜长休息平台转角处水平长度 + 最顶层栏杆长 + 立杆长）× 单位理论重量

$(3\times1.15\times2+0.2+1.6)\times2\times1.13+0.9\times(10\times2+1.6/0.3)\times1.13\text{kg}$

$=(19.662+25.77)\text{kg}=45.43\text{kg}$

【注释】 1.15 表示斜长系数，3×1.15×2 表示两端楼梯的斜长，0.2 表示楼梯井的宽度，1.6 表示最顶层的栏杆长度，2 表示有两根钢管，1.13 表示单位理论重量。0.9 表示一根立杆的长，(10×2 + 1.6/0.3) 表示立杆的总个数（其中 10×2 是两端楼梯上的立杆数，1.6/0.3 是最顶层的立杆数，0.3 表示两立杆的间距）。

2) -6×12 扁钢：

$[(\sqrt{(0.5+0.085)^2+0.15^2}+\sqrt{(0.5-0.085)^2+0.15^2})\times(18+1.6/0.3)\times0.57]\text{kg}$

$=[(\sqrt{0.585^2+0.15^2}+\sqrt{0.415^2+0.15^2})\times23\times0.57\text{kg}$

$=(\sqrt{0.34+0.0225}+\sqrt{0.17+0.0225})\times23\times0.57\text{kg}$

$=(0.602+0.4387)\times 23\times 0.57\text{kg}=13.64\text{kg}$

【注释】 对应下面的放大图来看，$\sqrt{(0.5+0.085)^2+0.15^2}$表示右边的大三角形的斜边长（$BC$段的长度是85mm），$\sqrt{(0.5-0.085)^2+0.15^2}$表示左边的小三角形的斜边长，加起来就是两个立杆之间的斜长和。（18+1.6/0.3）表示前面所计算斜长的个数（其中18=9×2是计算的是两段楼梯上的斜长，因为十根立杆之间有9个间距。1.6/0.3是最顶层处的斜长数），0.57表示扁钢的单位理论重量。

3）ϕ50焊接钢管：

$(3\times 2\times 1.15+0.9+0.2+1.6)\times 4.88\text{kg}=(6.9+0.9+0.2+1.6)\times 4.88\text{kg}=46.85\text{kg}$

工程量合计：

【注释】 1.15是斜长系数，3×2×1.15表示两端楼梯钢管的斜长，0.9表示第一级踏步上的立杆应该是钢管，0.2表示楼梯井，1.6表示最顶层的钢管长度，4.88表示钢管的单位重量。

$(45.43+13.64+46.85)\text{kg}=105.92\text{kg}=0.106\text{t}$

套用基础定额12－38。

（2）清单工程量计算方法同定额工程量。

清单工程量计算见表8-12。

表8-12 清单工程量计算表

项目编码	项目名称	项目特征描述	计量单位	工程量
010606009001	钢护栏	□12×12方钢，－6×12扁钢，ϕ50焊接钢管	t	0.106

【例13】 某工程钢栏杆围墙如图8-13所示，计算9榀围墙方钢栏杆制作的工程量。

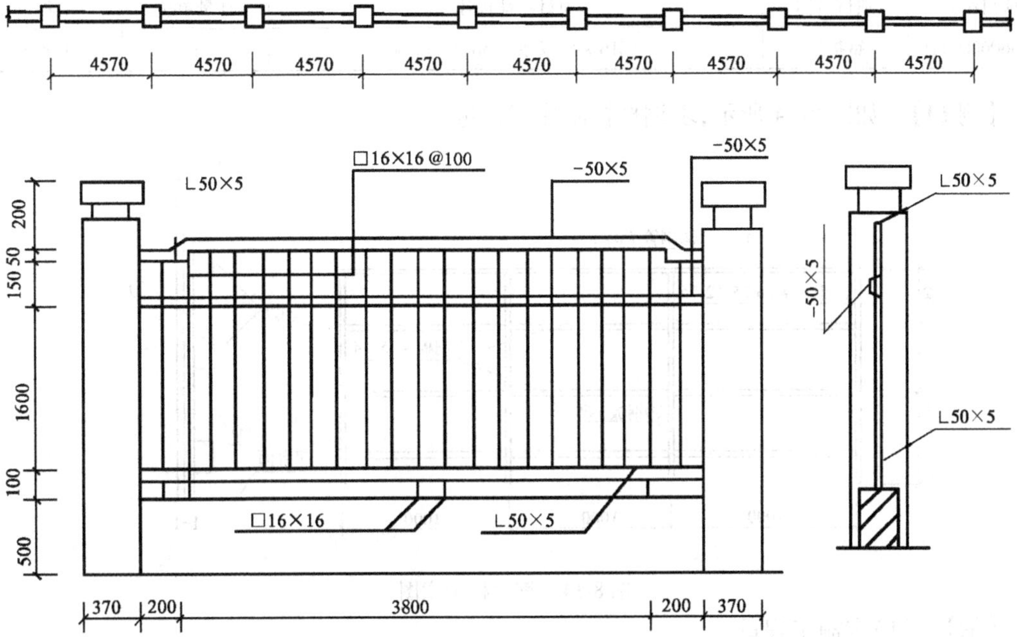

图8-13 钢栏杆围墙示意图

【解】 (1)定额工程量

1)□16×16 方钢:

$[1.75\times4+1.80\times(3.8/0.1-1)+0.1\times4]\times2.01\times9kg=(7+66.6+0.4)\times2.01\times9kg=1338.66kg$

【注释】 1.75×4 表示长为 1.75 的方钢的总长(4 表示根数),(3.8/0.1-1)表示长为 1.85 的方钢个数,0.1×4 表示下面四个 100mm 长的小方钢,2.01 表示方钢单位理论重量。9 表示 9 榀围墙。

-50×5 扁钢:$(3.80+0.20\times2)\times3\times9\times1.963=222.6kg$

【注释】 (3.80+0.20×2)表示扁钢的长度,3 表示根数,9 表示 9 榀围墙,1.963 表示扁钢的单位理论重量。

2)L50×5 角钢:

$(4.2\times2+0.05\times4+0.05\times2)\times9\times3.77kg=(8.4+0.2+0.1)\times9\times3.77kg=8.6\times9\times3.77kg=295.19kg$

【注释】 4.2=(4.57-0.37)表示两围墙间的净长,乘以 2 表示上下两排角钢,0.05×4 表示埋入头长度,0.05×2 表示弯起增加长度,3.77 表示角钢的单位理论重量。

合计工程量:

$(1338.66+222.6+295.19)kg=1856.45kg=1.856t$

套用基础定额 12-42。

(2)清单工程量计算方法同定额工程量。

清单工程量计算见表 8-13。

表 8-13 清单工程量计算表

项目编码	项目名称	项目特征描述	计量单位	工程量
010606009001	钢护栏	□16×16 方钢,L50×5 角钢	t	1.856

【例 14】 如图 8-14 所示,求钢栏杆制作工程量。

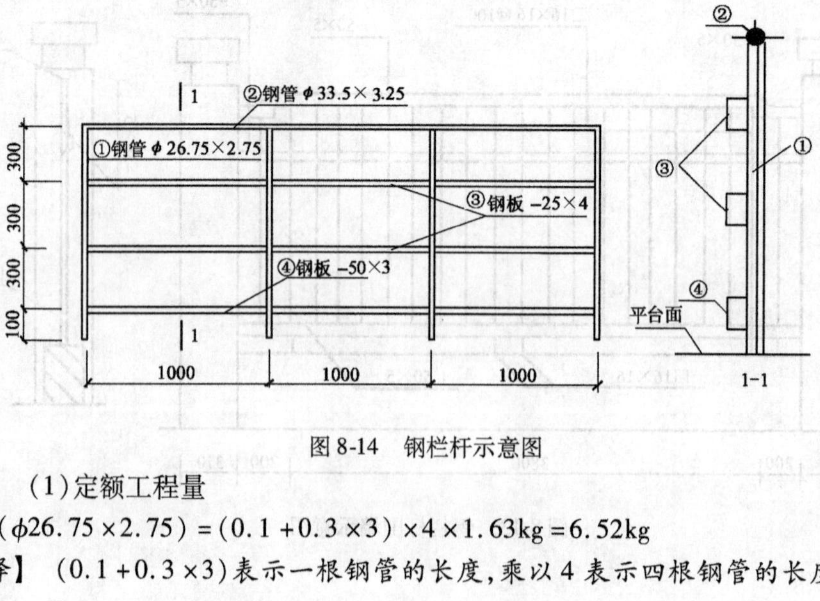

图 8-14 钢栏杆示意图

【解】 (1)定额工程量

钢管(φ26.75×2.75)$=(0.1+0.3\times3)\times4\times1.63kg=6.52kg$

【注释】 (0.1+0.3×3)表示一根钢管的长度,乘以 4 表示四根钢管的长度,1.63 表示

ϕ26.75×2.75 钢管的单位重量。

钢管(ϕ33.5×3.25)=1.0×3×2.42kg=7.26kg

【注释】 1.0×3 表示一根钢管的长度,2.42 表示 ϕ33.5×3.25 钢管的单位重量。

扁钢(−25×4)=1×6×0.785kg=4.71kg

【注释】 看图可知:③号钢板有两排,总长为 1×6 米,0.785 是扁钢的单位重量。

扁钢(−50×3)=1×3×1.18kg=3.54kg

【注释】 对应图形来看,1×3 表示钢板的长度,1.18 表示钢板的单位重量。

工程量合计:(6.52+7.26+4.71+3.54)kg=22.03kg=0.022t

套用基础定额 12−41。

(2)清单工程量计算方法同定额工程量。

清单工程量计算见表 8-14。

表 8-14 清单工程量计算表

项目编码	项目名称	项目特征描述	计量单位	工程量
010606009001	钢护栏	ϕ26.75×2.75,ϕ33.5×3.25,−25×4,−50×3	t	0.022

【例 15】 如图 8-15 所示,计算窗钢栏杆工程量。

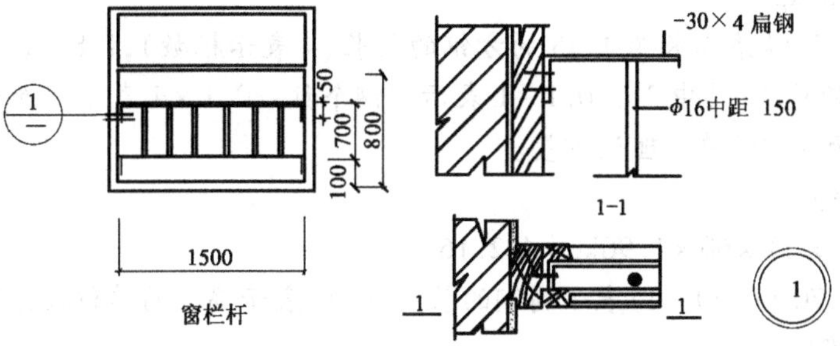

图 8-15 窗铁栏杆示意图

【解】 (1)定额工程量

−30×4 扁钢:(1.5+0.05×2)×2×0.94kg=3.01kg

【注释】 0.05 表示扁钢两端的折起高度,(1.5+0.05×2)表示一根扁钢的长度,乘以 2 表示两根扁钢的长度,0.94 表示扁钢的单位重量。

ϕ16 钢筋:0.7×9×1.58kg=9.954kg

【注释】 0.7 表示每根钢筋的长度,9=1500/150−1 表示钢筋个数,1.58 表示直径为 16 的钢筋的单位重量。

工程量合计:(3.01+9.954)kg=12.964kg=0.013t

套用基础定额 12−41。

(2)清单工程量计算方法同定额工程量。

清单工程量计算见表 8-15。

表 8-15 清单工程量计算表

项目编码	项目名称	项目特征描述	计量单位	工程量
010606009001	钢护栏	−30×4 扁钢,ϕ16 钢筋	t	0.013

【例 16】 如图 8-16 所示，计算某学校围墙方钢栏杆工程量。

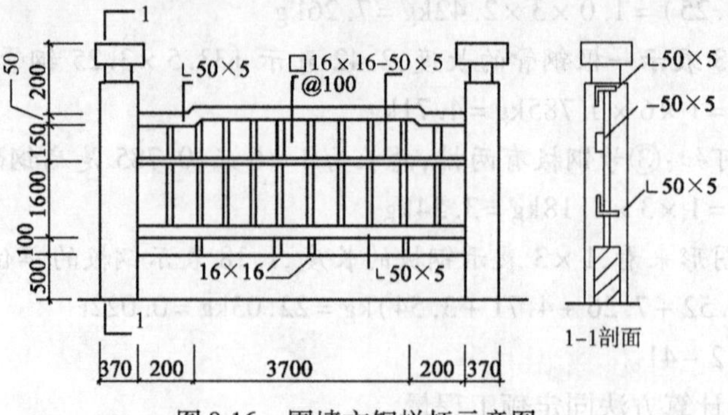

图 8-16 围墙方钢栏杆示意图

【解】 (1)定额工程量

如图 11-23 所示，围墙方钢栏杆共 60 榀，其工程量按设计图纸几何尺寸，以吨为单位计算重量。

1)□16 ×16 方钢：

$[1.75\times4+1.8\times(3.7/0.1-1)+0.1\times4]\times2.01\times60\text{kg}=[7+64.8+0.4)\times2.01\times60\text{kg}=8707.32\text{kg}$

【注释】 1.75 ×4 表示长为 1.75 的方钢的总长(4 表示根数)，1.8 ×(3.7/0.1 −1)表示长为 1.8 的方钢的总长(其中 3.7/0.1 −1 表示方钢个数)，0.1 ×4 表示下面四个 100mm 长的小方钢，2.01 表示方钢的单位理论重量。

2)−50 ×5 扁钢：

$(3.70+0.20\times2)\times60\times1.96\text{kg}=482.16\text{kg}$

【注释】 (3.70 +0.20 ×2)表示扁钢的长度，1.96 表示扁钢的单位理论重量。

3)L50 ×5 角钢：

$(4.1\times2+0.05\times2+0.05\times4)\times60\times3.77\text{kg}=(8.2+0.1+0.2)\times60\times3.77\text{kg}=1922.7\text{kg}$

【注释】 4.1 =3.7 +0.2 ×2 表示两围墙间的净长，2 表示上下两排角钢，0.05 ×4 为埋入头长度，0.05 ×2 为弯起增加长度。3.77 表示角钢的单位理论重量。

工程量合计：(8707.32 +482.16 +1922.7)kg =11112.18kg =11.112t

套用基础定额 12 −42。

(2)清单工程量计算方法同定额工程量。

清单工程量计算见表 8-16。

表 8-16 清单工程量计算表

项目编码	项目名称	项目特征描述	计量单位	工程量
010606009001	钢护栏	□16 ×16 方钢，L50 ×5 角钢	t	11.112

【例 17】 某车间操作平台栏杆如图 8-17 所示，展开长度 4.80m，扶手用 L50 ×4 角钢制作，横衬用−50 ×5 扁钢两道，竖杆用 ϕ16 钢筋每隔 250mm 一道，竖杆长度(高)1.00m。试求栏杆工程量。

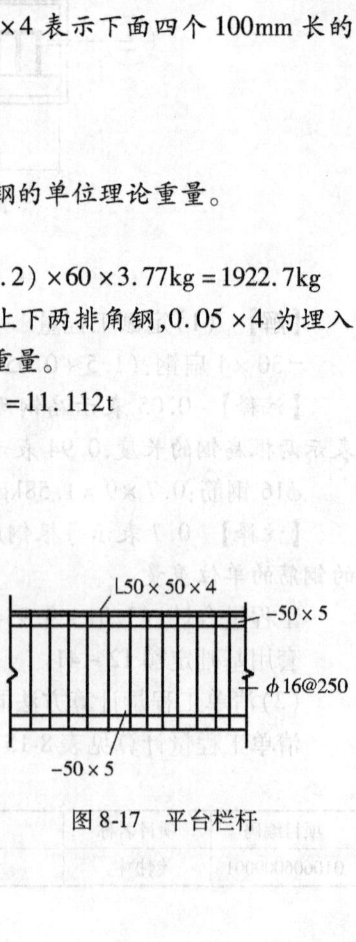

图 8-17 平台栏杆

【解】 (1)定额工程量:

栏杆长度为4.80m,扁钢长度同扶手,竖杆共计19根(4.80/0.25=19)。

1)角钢扶手:

∟50×4 每米重3.059kg;

角钢重量:4.8×3.059kg=14.68kg

【注释】 因为扶手用的是角钢制作,而栏杆长度为4.8m,所以角钢长度也是4.8m。

2)圆钢竖杆:

ϕ16 圆钢每米重1.58kg;

圆钢重量:1.00×19×1.58kg=30.02kg

【注释】 1.00表示一根竖杆的长度,19表示竖杆个数。

3)扁钢横衬:

−50×5 扁钢每米重1.96kg;

扁钢重量:4.80×2×1.96kg=18.82kg

整个钢栏杆工程量为:(14.68+30.02+18.82)kg=63.52kg=0.064t

【注释】 扁钢长度同扶手,所以扁钢长也为4.8,2表示上下两排扁钢。

套用基础定额12−42。

(2)清单工程量计算方法同定额工程量。

清单工程量计算见表8-17。

表8-17 清单工程量计算表

项目编码	项目名称	项目特征描述	计量单位	工程量
010606009001	钢护栏	∟50×4 方钢,ϕ16 圆钢,−50×5 扁钢	t	0.064

8.9 钢漏斗

清单工程量和定额工程量计算规则相同,均按设计图示尺寸以重量计算。不扣除孔眼、切边、切肢的重量,焊条铆钉、螺栓等不另增加重量,不规则或多边形钢板以其外接矩形面积乘以厚度单位理论重量计算,依附漏斗的型钢并入漏斗工程量内。

【例18】 如图8-18所示,求制作钢制漏斗工程量(已知钢板厚2.0mm)。

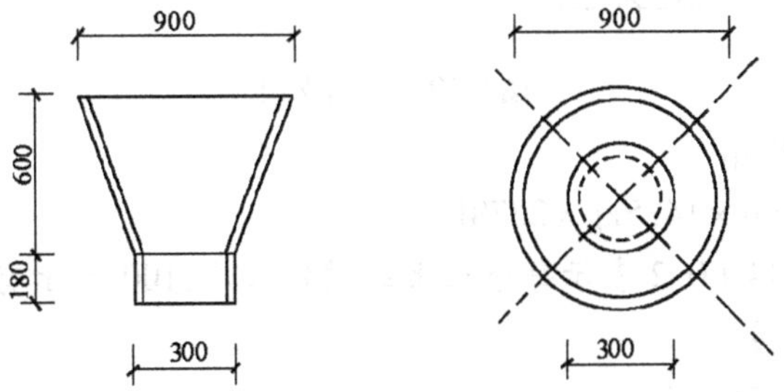

图8-18 钢制漏斗示意图

【解】 (1)定额工程量

上口板长 $=0.9\times\pi\text{m}=2.827\text{m}$

面积 $=2.827\times0.6\text{m}^2=1.696\text{m}^2$

【注释】 周长乘以高度等于展开面积。2.827表示周长,0.6表示高度。

下口板长 $=0.3\times\pi m=0.942m$

面积 $=0.942\times0.18m^2=0.1696m^2$

【注释】 0.3×π 表示周长,0.18 表示高度。

重量 $=(1.696+0.1696)\times15.70kg=29.29kg=0.029t$

【注释】 15.70 表示每平方米的单位理论重量。

套用基础定额 12－44。

(2)清单工程量计算方法同定额工程量。

清单工程量计算见表 8-18。

表 8-18　清单工程量计算表

项目编码	项目名称	项目特征描述	计量单位	工程量
010606010001	钢漏斗	钢板厚 2.0mm	t	0.029

8.10　钢支架

清单工程量和定额工程量计算规则相同,均按设计图示尺寸以重量计算。不扣除孔眼、切边、切肢的重量,焊条、铆钉、螺栓等不另增加重量,不规则或多边形钢板以其外接矩形面积乘以厚度乘以单位理论质量计算。

【例 19】 金属支架如图 8-19 所示,计算 100 个在钢筋混凝土柱上安装的金属管道支架制作工程量。

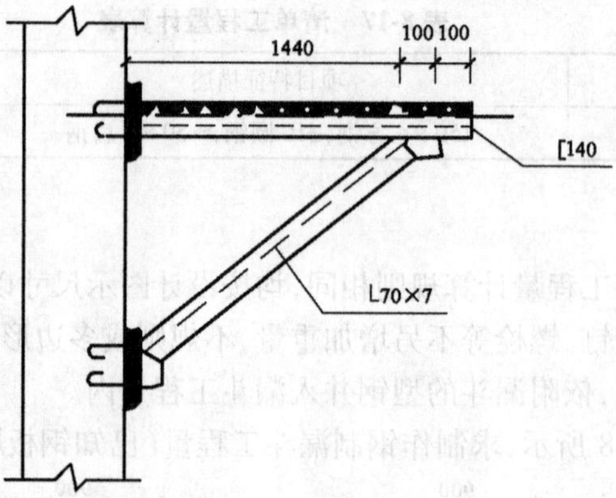

图 8-19　金属支架

【解】 (1)定额工程量

[140 槽钢:$1.64\times100\times14.5kg=2378kg$

【注释】 1.64＝1.44＋0.2 表示每根柱上的槽钢长度,100 表示有一百个钢筋混凝土柱,14.5 表示槽钢的单位重量。

L70×7 角钢:$(\sqrt{1.44^2+1.2^2}+0.2)\times100\times7.4kg$

$=(\sqrt{2.0736+1.44}+0.2)\times100\times7.4kg=1535.1kg$

【注释】 $\sqrt{1.44^2+1.2^2}$ 表示利用直角三角形的性质计算出斜边长度,0.2 表示两端各加上 0.1, 7.4 表示角钢的单位理论重量。

工程量合计:$(2378+1535.1)kg=3913.10kg=3.913t$

套用基础定额 12－34。

(2)清单工程量

工程量＝3.913t

清单工程量计算见表 8-19。

表 8-19　清单工程量计算表

项目编码	项目名称	项目特征描述	计量单位	工程量
010606012001	钢支架	单件重 0.04t	t	3.913

8.11　金属结构工程清单工程量和定额工程量计算规则的联系

(1)钢屋架：

钢屋架工程量均按设计图示尺寸以重量计算。不扣除孔眼、切边、切肢的重量，焊条、铆钉、螺栓等不另增加重量，不规则或多边形钢板以其外接矩形面积乘以厚度乘以单位理论重量计算。

(2)实腹柱：

实腹柱工程量是均按设计图示尺寸以重量计算。不扣除孔眼、切边、切肢的重量，焊条、铆钉等不另增加重量，不规则或多边形钢板，以其外接矩形面积乘以厚度乘以单位理论重量计算，依附在钢柱上的牛腿及悬臂梁等并入钢柱工程量内。

(3)空腹柱：

同实腹柱。

(4)钢吊车梁：

钢吊车梁工程量均按设计图示尺寸以重量计算。不扣除孔眼、切边、切肢的重量，焊条、铆钉、螺栓等不另增加重量，不规则或多边形钢板，以其外接矩形面积乘以厚度乘以理论重量计算，制动梁、制动板、制动桁架、车档并入钢吊车梁工程量内。

(5)钢支撑：

同钢屋架。

(6)钢梯：

同钢屋架。

(7)钢栏杆：

同钢屋架。

(8)钢漏斗：

同钢屋架。

(9)钢支架：

同钢屋架。